全国高等职业教育技能型紧缺人才培养培训推荐教材

建筑设备基本技能操作训练

（建筑设备工程技术专业）

本教材编审委员会组织编写

主编　邢玉林
主审　杜　渐

中国建筑工业出版社

图书在版编目（CIP）数据

建筑设备基本技能操作训练/本教材编审委员会组织编写
邢玉林主编 . —北京：中国建筑工业出版社，2006
全国高等职业教育技能型紧缺人才培养培训推荐教材 .
建筑设备工程技术专业
ISBN 978-7-112-07154-8

Ⅰ.建 . . . Ⅱ.①本 . . . ②邢 . . . Ⅲ.房屋建筑设备—高等
学校：技术学校—教材　Ⅳ.TU8

中国版本图书馆 CIP 数据核字（2006）第 069892 号

全国高等职业教育技能型紧缺人才培养培训推荐教材

建筑设备基本技能操作训练

（建筑设备工程技术专业）

本教材编审委员会组织编写

主编　邢玉林

主审　杜　渐

*

中国建筑工业出版社出版、发行（北京西郊百万庄）

各地新华书店、建筑书店经销

北京千辰公司制作

北京密东印刷有限公司印刷

*

开本：787×1092 毫米　1/16　印张：15　字数：362 千字
2006 年 9 月第一版　　2013 年 3 月第四次印刷
定价：**26.00** 元
ISBN 978-7-112-07154-8
（20932）

本教材是根据"高等职业教育建设行业技能型紧缺人才培养培训指导方案"编写的，是高职院校建筑设备工程技术专业系列教材之一。

本教材内容包括：钳工、管工、焊工、钣金工、建筑电工等五大工种所必备的安全常识、材料要求、机具设备、操作工艺、质量标准等基本知识。

本教材可作为建筑设备工程技术、建筑水电技术、供热通风与卫生工程技术、空调与制冷技术、建筑电气安装等专业基本操作技能训练使用教材，也可作为中专、技校培养技术工种的实训教材。

本书在使用过程中有何意见和建议，请与我社教材中心(jiaocai@china-abp.com.cn)联系。

＊　　　＊　　　＊

责任编辑：齐庆梅
责任设计：董建平
责任校对：张树梅　张虹

本教材编审委员会名单

主　　任：张其光

副主任：陈　付　刘春泽　沈元勤

委　　员：(按拼音排序)

陈宏振　丁维华　贺俊杰　黄　河　蒋志良　李国斌

李　越　刘复欣　刘　玲　裴　涛　邱海霞　苏德全

孙景芝　王根虎　王　丽　吴伯英　邢玉林　杨　超

余　宁　张毅敏　郑发泰

序

　　改革开放以来，我国建筑业蓬勃发展，已成为国民经济的支柱产业。随着城市化进程的加快、建筑领域的科技进步、市场竞争的日趋激烈，急需大批建筑技术人才。人才紧缺已成为制约建筑业全面协调可持续发展的严重障碍。

　　面对我国建筑业发展的新形势，为深入贯彻落实《中共中央、国务院关于进一步加强人才工作的决定》精神，2004年10月，教育部、建设部联合印发了《关于实施职业院校建设行业技能型紧缺人才培养培训工程的通知》，确定在建筑施工、建筑装饰、建筑设备和建筑智能化等四个专业领域实施技能型紧缺人才培养培训工程，全国有71所高等职业技术学院、94所中等职业学校、702个主要合作企业被列为示范性培养培训基地，通过构建校企合作培养培训人才的机制，优化教学与实训过程，探索新的办学模式。这项培养培训工程的实施，充分体现了教育部、建设部大力推进职业教育改革和发展的办学理念，有利于职业院校从建设行业人才市场的实际需要出发，以素质为基础，以能力为本位，以就业为导向，加快培养建设行业一线迫切需要的高技能人才。

　　为配合技能型紧缺人才培养培训工程的实施，满足教学急需，中国建筑工业出版社在跟踪"高等职业教育建设行业技能型紧缺人才培养培训指导方案"编审过程中，广泛征求有关专家对配套教材建设的意见，组织了一大批具有丰富实践经验和教学经验的专家和骨干教师，编写了高等职业教育技能型紧缺人才培养培训"建筑工程技术"、"建筑装饰工程技术"、"建筑设备工程技术"、"楼宇智能化工程技术"4个专业的系列教材。我们希望这4个专业的系列教材对有关院校实施技能型紧缺人才的培养培训具有一定的指导作用。同时，也希望各院校在实施技能型紧缺人才培养培训工作中，有何意见及建议及时反馈给我们。

建设部人事教育司

2005年5月30日

前　言

　　本教材根据教育部、建设部"高等职业教育建设行业技能型紧缺人才培养培训指导方案"，为适应全国建设行业对建筑设备工程技术领域人才的需求，进一步强化学生的实际动手能力的培养，提高操作技能和技术服务能力编写了本教材。

　　本教材是建筑设备工程技术专业有关实际操作的实训教材，包括本专业所涉及的安装钳工、管工、焊工、钣金工、建筑电工等工种的基本操作训练和相关知识，通过实训初步掌握基本操作技术，能够进行安全文明操作，为从事工程管理、指导施工奠定基础。

　　本教材具有图文结合、直观易懂、结合实际、可操作性强等特点。各校可根据自己的办学条件与侧重点开展教学。

　　本教材由黑龙江建筑职业技术学院邢玉林主编，南京职业教育中心杜渐主审。

　　参加本教材编写工作的有：黑龙江建筑职业技术学院邢玉林（单元1）、黑龙江建筑职业技术学院吴耀伟、邢玉林（单元2）、东方集团杨德友、盛建公司史玉玺（单元3）、齐齐哈尔建设局高鹏（单元4）、黑龙江建筑职业技术学院王欣（单元5）。

　　由于编者水平有限，编写时间仓促，教材中难免有不当之处，恳请读者批评指正。

目　　录

绪　论

0.1　建筑业的发展加大了对具有操作能力的技能型人才的需求

建筑业的快速发展，对现代建筑安装企业的施工与管理提出了更高要求，对技能型专业人才的社会需求不断增大，作为担负培养技能型人才的高等职业院校，教育的任务也更加繁重。要求从事建筑安装工程施工与管理的专业技术人员，不仅具有较高的综合素质与专业能力，同时，还应具有基本的操作能力。应是懂专业、会管理、能操作，有较强的动手能力的复合型、技能型人才。为此，在建筑安装工程施工中，对不可或缺的并占有重要地位的工种，主要涉及钳工、焊工、管工、钣金工和建筑电工等五大工种，对工种操作的培训是施工安装的需要，也是搞好施工管理水平的基础。加强对建筑安装施工企业的专业技术人员操作技能的培训，对于提高施工管理水平，保证施工质量与安全，适应社会对人才规格质量的需求，都具有重要意义。

0.2　课程的基本内容

本课程按工种分为五个单元，其中单元1安装钳工，主要内容包括：安全技术操作规程；材料要求；钳工常用的工具、机具设备；划线、锉削、冲眼、钻孔、锯割、攻丝等基本操作。

单元2焊工，主要内容包括：安全技术操作规程；材料要求；焊工常用的工具、机具设备；手工电弧焊；气焊与气割等基本操作。

单元3管工，主要内容包括：安全技术操作规程；材料要求；管工常用的工具、机具设备；调直、套丝、连接、管件加工制作等基本操作。

单元4钣金工，主要内容包括：安全技术操作规程；材料要求；钣金工常用的工具、机具设备；划线、放样、剪切、卷圆、折方、咬口、安装等基本操作。

单元5建筑电工，主要内容包括：安全技术操作规程；材料要求；建筑电工常用的工具、机具设备；导线的连接、室内配线敷设、照明（灯具、配电箱、开关、导线）安装等基本操作。

并且结合本单元主题，在每单元后面安排了1~2个实操训练作业项目和多个复习思考题。

0.3　学习的基本要求

（1）基本操作能力的训练，要根据教学计划组织实训教学，有目的、有计划、有组织地进行。

（2）建立明确的规章制度，制定严格的安全操作规程，认真贯彻"安全第一，预防为主"的方针，始终要把操作安全放在第一的重要位置。

（3）在工种操作训练之前，必须进行安全技术教育，学习安全技术操作规程。凡没有经过安全教育和操作训练者，不得独立操作。

（4）熟悉作业现场和机具设备有关知识，熟知本工种的安全操作规程，充分了解机具的性能，掌握操作要领。明确工作危险部位和危险设备及操作应注意的事项，然后方能独立操作。

（5）操作练习要循序渐进，不是简单的重复。通过不同工种的反复操作练习，掌握1~2个工种的操作方法，并经过考核取得操作岗位资格证书。

（6）进入作业现场的操作人员，禁止穿背心、短裤、拖鞋、高跟鞋。必须穿戴好劳动防护用品。

（7）在操作之前必须检查作业地点的安全防护设施，操作设备是否完好，能否满足安全操作要求。发现隐患及时处理，不准冒险操作，保证安全可靠。

（8）堆放地面的材料注意不要滚动伤人，放在高处架上的工具、材料等物品应注意落下伤人，应经常对堆放材料场地和操作地点进行清理，排除安全隐患。

（9）操作中要思想集中、坚守岗位，严格遵守安全规章制度。作到安全、文明。

（10）指导教师或兼职安全员必须对操作环境、机具设备，进入现场操作人员进行监督检查，发现问题及时纠正解决。

单元1 安装钳工

知识点： 安全技术操作规程；钳工常用的工具、机具设备；划线、锉削、钻孔、锯割、攻丝等基本操作。

教学目标： 掌握安全技术操作规程；熟悉钳工常用的工具、机具设备；能正确使用机具设备；能依据一般图样的要求选择加工方法；初步掌握钳工的划线、锯割、锉削、钻孔、攻丝等基本操作技能；培养独立完成加工的实际工作能力。

课题1 安全常识

1.1.1 使用的台虎钳应用螺栓稳固在操作台上，工件应夹在钳口中心。夹紧工件时不得用力过猛，或用锤和其他物件击打夹紧手柄，不得在手柄上加套管或用脚蹬。应经常检查和复紧工件。所夹工件不得超过钳口最大行程的2/3。

1.1.2 在同一工作台两边的台虎钳上进行凿、铲加工物件时，中间应设防护网，单面工作台要一面靠墙放置。

1.1.3 使用锉刀、刮刀、錾子、扁铲等工具时不得用力过猛，錾子或扁铲有卷边毛刺或有裂纹、缺陷时，必须磨掉。凿削时，錾子或扁铲不宜握得过紧，操作中凿削方向不得有人。

1.1.4 使用扳手时，扳口尺寸应与螺栓帽规格相符，不得在扳手的开口中加垫片，应将扳手靠紧螺母或螺钉，扳手在每次扳动前，应将活动钳口收紧，先用力扳一下，试其紧固程度，然后将身体靠在一个固定的支撑物上，双脚分开站稳，再用力扳动扳手。高处作业时，应使用死扳手，如用活扳手必须用绳子栓牢，操作人员必须站在安全可靠位置，系好安全带。使用套筒扳手，扳手套上螺母或螺钉后，不得有晃动，并应把扳手放到底。螺母或螺钉上有毛刺，应进行清理。不得使用手锤等将扳手打入。扳手不得加套管以接长手柄。不得用扳手拧扳手，不得当手锤使用。

1.1.5 使用手锤、大锤时严禁带手套，手和锤柄均不得有油污。甩锤方向附近不得有人停留。

1.1.6 锤柄应采用胡桃木、檀木或蜡木等，不得有虫蛀、节疤、裂纹，锤的端头内要用楔铁楔牢。使用中经常检查，发现木柄有裂纹必须更换。

1.1.7 使用钢锯切割工件时，应夹紧工件，锯割用力要均匀，工件将锯断时，用手或支架托住。

1.1.8 砂轮机必须有钢板防护罩，操作砂轮机严禁站在砂轮机的直径方向操作，并应戴防护眼镜。磨削工件时，应缓慢接近，不要猛烈碰撞，砂轮与磨架之间的间隙以3mm为宜。不得在砂轮上磨铜、铅、铝、木材等软金属和非金属物件。砂轮磨损直径大于夹板25mm时，必须更换，不得继续使用。更换砂轮应切断电源，安装好经试运确认无误，方准使用。

1.1.9 操作钻床，严禁带手套，袖口应扎紧，长发必须戴工作帽，并将长发挽入帽内。小型工件钻孔操作时，应使用平口钳或压板压住，严禁用手直接握持工件。钻孔铁屑不得卷得过长，清除铁屑应用钩子或刷子，严禁用手直接清除。钻孔要选择适当冷却剂冷却钻头。停电或离开钻床时必须切断电源，锁好箱门。

1.1.10 手持电钻应采用220V或36V交流电源，为保证安全，在使用电压为220V的电钻时，应戴绝缘手套。

1.1.11 操作手电钻、风钻等钻具钻孔时，钻头与工件必须垂直，用力不宜过大，人体和手不得摆动；孔将钻通时，应减少压力，以防钻头扭断。

课题2 材 料 要 求

在建筑设备安装工程中，使用机具对金属材料的加工和使用，首先要了解其使用性能和工艺性能。使用性能反映金属材料在使用过程中所表现出来的特性，如机械性能、物理性能、化学性能等。工艺性能，反映金属材料在加工制造过程中所表现出来的特性，即铸造性能、塑性成形性、焊接性和切削加工性等。热处理可有效地提高改善材料的机械性能。只有在全面地了解金属材料的各种性能基础上，才能正确、经济、合理、节约的选用材料。

1.2.1 金属材料的机械性能

金属材料通常分为有色金属和黑色金属两大类，金属的机械性能是衡量金属材料的重要指标。金属材料的机械性能主要有：弹性、塑性、强度、硬度、冲击韧性和疲劳强度等。

(1) 弹性和塑性。金属材料受外力作用时产生变形，当外力作用去掉后恢复原来的形状的性能，叫做弹性。随着外力消失而消失的变形为弹性变形。而产生永久变形不致引起破坏的性能叫塑性。而在外力作用消失后留下来的这部分不可恢复的变形为塑性变形。

(2) 强度。在工程上常用来表示金属材料强度的指标，有屈服强度和抗拉强度。是表示金属材料在外力作用下抵抗变形和断裂的一种能力。

(3) 硬度。金属材料抵抗硬的物体压入其内的能力，叫硬度。表示金属材料在一个小的体积范围内抵抗弹性变形、塑性变形或破断的能力。

(4) 冲击韧性。金属材料抵抗载荷的能力，叫冲击韧性。

(5) 疲劳强度。受交变应力的零件，发生断裂时的应力，远低于该材料的屈服强度，这种现象叫做疲劳破坏；当金属材料在无数次重复交变载荷作用下而不致引起断裂的最大应力，叫疲劳强度。

1.2.2 碳素钢

(1) 按钢的含碳量分类，可分为：低碳钢、中碳钢、高碳钢。

(2) 按钢的质量分类，可分为：普通碳素钢、优质碳素钢、高级碳素钢和特级碳素钢。

(3) 按钢的用途分类，可分为：碳素结构钢、碳素工具钢、特殊用途钢。

普通碳素结构钢简称为"普碳钢"。按国家标准，它可分为：甲类钢、乙类钢、特类钢三类。优质碳素结构钢与普通碳素结构钢不同，必须同时保证钢的化学和机械性能。根据化学成分不同，优质碳素结构钢又分为普通含锰钢和较高含锰钢两类。碳素工具钢：碳素工具钢含碳量一般在0.7%以上。

1.2.3 合金钢

为了提高钢的机械性能，工艺性能或物理、化学性能，在冶炼时特意往钢中加入一部分合金元素，这种钢称为合金钢。按照用途合金钢可分为三大类：合金结构钢、合金工具钢、特殊性能钢。

（1）合金结构钢主要包括合金钢、易切削钢、调质钢、渗碳钢、弹簧钢、滚动轴承钢等几类。

（2）合金工具钢。用于制造刀具、模具、量具等工具的钢，按成分可分为：碳素工具钢与合金工具钢。

（3）特殊性能钢。指具有特殊物理、化学性能的钢。常用的有铬不锈钢、铬镍不锈钢。铬不锈钢含碳量较少，强度、硬度不高，塑性韧性较好。铬镍不锈钢硬度不高，塑性韧性较好，比铬不锈钢具有更好的耐磨性。

1.2.4 铸铁

从铁碳合金相图知道，含碳量大于 2.11% 的铁碳合金称为铸铁。在成分上铸铁与钢的主要不同就是：铸铁含碳和含硅量较高，杂质元素硫、磷多。铸铁的强度、塑性和韧性较差，一般都不能进行锻造，但它却具有良好的铸造性、减磨性、切削加工性等。

根据铸铁在结晶过程中的石墨化程度不同，铸铁可分为灰口铸铁、白口铸铁。根据铸铁在石墨结晶形态的不同，铸铁又可分为灰口铸铁、可锻铸铁和球墨铸铁。

（1）灰口铸铁：其断口呈灰色，硬度高，脆性大，较难加工。

（2）白口铸铁：其断口呈白亮色，硬度高，脆性大，加工难，很少直接用它来制造机器零件。

（3）可锻铸铁：又称马铁或玛钢，是由白口铸铁在固态下，经长时间石墨化退火而得到的具有团絮状石墨的一种高强度铸铁。其性能优于灰口铸铁，有较高的塑性和韧性，其延伸率可达到 12%。因此，也称展性铸铁或韧性铸铁。

（4）球墨铸铁：球墨铸铁是通过在浇铸前向铁水中加入一定量的球化剂进行球化处理，并加入少量的孕育剂以促进石墨化，在浇铸后可直接得到具有球状石墨结晶的铸铁，即球墨铸铁。球墨铸铁的机械性能比灰口铸铁和可锻铸铁高，其抗拉强度、塑性、韧性与相应组织的铸钢差不多。常用于要求较高的零件，如柴油机曲轴、减速箱齿轮等。

1.2.5 钢的热处理

就是把钢在固态下加热到一定的温度，进行必要的保温，并以适当的速度冷却，以改变钢的内部组织结构，从而得到所需性能的工艺方法。

热处理过程一般分为加热、保温和冷却三个步骤。由于加热温度、保温时间和冷却速度的不同，可使钢产生不同的组织转变。钢的热处理工艺主要有退火、正火、淬火、回火和表面淬火等。

（1）退火：退火是将钢件加热到高于或低于钢的临界面点，保温一定时间，随后在炉中或埋入导热性较差的介质中缓慢冷却，以获得接近平衡状态组织的一种热处理工艺。

退火的目的在于：降低硬度，以利于切削加工；细化晶粒，改善组织，提高机械性能；消除内应力，并为下一道淬火工序做好准备；提高钢的塑性和韧性，便于进行冷冲压和冷拉拔加工。

（2）正火：正火的作用与退火相似。由于正火是在空气中冷却，冷却速度比退火快，钢经过正火处理后，所获得的组织比退火后的更细。

（3）淬火：就是把钢件加热到某一温度，经过保温，然后在水或油中快速冷却，以获得高硬度组织的一种热处理工艺。淬火的目的在于提高钢的硬度，各种工具、模具、量具、滚动轴承等都需要通过淬火来提高硬度和耐磨性。

（4）回火：就是把淬火后的钢重新加热到某一温度，保温一段时间后，然后置于空气或水中冷却的热处理工艺。

回火的目的是为了消除淬火时应冷却过快而产生的内应力，降低淬火钢的脆性，使它具有一定的韧性。故回火总是伴随在淬火之后进行的。根据加热温度的不同，回火可分为低温回火、中温回火和高温回火。

（5）表面淬火：就是将钢件的表面层淬透到一定的深度。而中心部仍保持未淬火状态的一种局部淬火方法。表面淬火的目的是获得高硬度的表面和有利的残余应力分布，以提高工件的耐磨性或疲劳强度。

课题 3 机 具 设 备

1.3.1 常用工量机具

在建筑设备安装中经常要运用安装钳工知识与技能，如凿削、锉削、锯割、钻孔、攻丝和套丝等，因此，要熟悉量具、工具和机械设备。如常用的量具：钢尺、卡尺、水平仪、千分尺、塞尺；工具：划针、画规、划线盘、划线平台、压力案、台虎钳、套丝板、圆丝板、活扳手、手锯、手锤、大锤、錾子、锉刀；机械设备：台式钻床、套丝机等的使用方法，正确掌握操作技能。

（1）钢尺

钢尺有钢直尺和卷尺之分。

①钢直尺又称钢板尺，有多种规格，按长度分为 150mm、300mm、500mm、1500mm 等。使用钢直尺测量或划线下料时，要将钢直尺紧贴工件，注意尺的零线对准所测工件边缘，不得将钢直尺悬空。读数时钢尺不要远离工件，视线与尺面垂直。如图 1.3-1 所示。

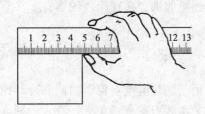

图 1.3-1 钢直尺的下料

②钢卷尺按长度不同有小钢卷尺和大钢卷尺两种，小钢卷尺携带和使用方便。使用时，应视所量工件大小，拉出适宜长度即可。如图 1.3-2 所示。

使用大钢卷尺时，注意不要扭曲打折，测量结束时，应将尺带抬离地面，将尺面尘土污物擦拭干净，平直卷入尺盘内。

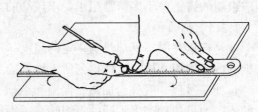

图 1.3-2 小钢卷尺

（2）直角尺

直角尺是用来测量直角和划平行线与垂直线的导向工具，直角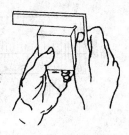尺按结构分为整体和组合直角尺，整体直角尺是用整块金属制成，组合直角尺是由尺座和带有刻度的尺苗组成。使用时，将尺座靠紧工件基准面，尺苗向工件的另一面靠拢，观察尺苗与工件的贴合处，用缝隙是否均匀来判断工件两邻面是否垂直。如图1.3-3所示。

（3）游标卡尺

图1.3-3 直角尺的使用

游标卡尺是比较精密的量具，可测量工件的内外尺寸。游标卡尺由主尺和副尺（游标）组成。按其读数的准确度可以分为1/10mm、1/20mm、1/50mm三种，测量范围有0~125mm、0~200mm、0~300mm等多种规格。其构造如图1.3-4所示。

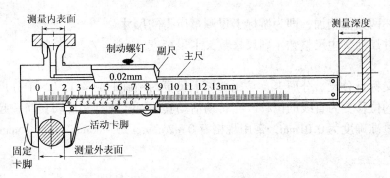

图1.3-4 游标卡尺的构造

使用游标卡尺的测量方法是：当测量工件外部尺寸时，将工件放在两卡脚中间，紧靠在固定卡脚上，然后用轻微的压力，把活动卡脚推过去，通过副尺刻度与主尺刻度相对位置，便可读出工件尺寸。如图1.3-5（a）所示。当测量工件内径时，应将卡脚伸入内径后，再轻拉活动卡脚，使两卡脚紧贴工件，就可读出工件尺寸。如图1.3-5（b）所示。

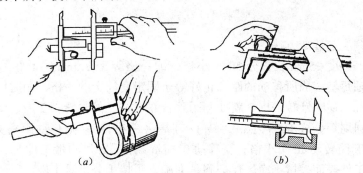

图1.3-5 用游标卡尺测量工件
（a）测量工件外部尺寸；（b）测量工件内部尺寸

游标卡尺的刻线原理和读数方法举例：

如图1.3-6（a），为1/50的游标卡尺，其刻线原理是：当主副两尺的卡脚贴合时，副尺（游标）上的零线对准全尺的零线，主尺每一小格为1mm，取主尺49mm长度在副尺上等分为50格，即主尺上49mm刚好等于副尺上50格。副尺每格长度 = 49/50 = 0.98mm。主尺与副尺每格之差 = 1mm - 0.98mm - 0.02mm。如图1.3-6（b）所示。

7

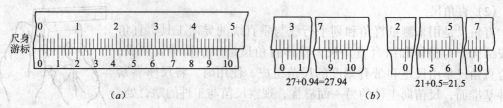

27+0.94=27.94   21+0.5=21.5

图 1.3-6   1/50 的游标卡尺刻线原理

读数方法可分三个步骤，对照游标卡尺的刻线。

①先读整数：副尺零线左边主尺上的第一条刻线是整数的毫米值；

②再读小数：在副尺上找出那一条刻线与主尺刻度对齐，从副尺上读出毫米的小数值；

③将上述两数值相加，即为游标卡尺测量所得的尺寸。

即：工件尺寸 = 主尺整数 + 副尺格数 × 卡尺精度。

（4）千分尺

千分尺又称百分尺、分厘卡。是比游标卡尺更为精确的测量工具，千分尺是利用螺旋副尺将角度的位移变为直线的位移。当转动活动套筒时，螺杆和活动套筒一起向左或向右移动。其测量准确度为 0.01mm，常用规格有 0 ~ 25mm、25 ~ 30mm、50 ~ 75mm 等几种，如图 1.3-7 所示。

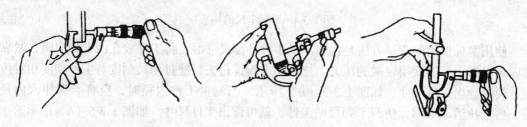

图 1.3-7   千分尺图

千分尺的刻度与读数方法：

活动套筒上刻度 25mm 长，分 50 个小格，即一格等于 0.5mm，正好等于螺杆测轴的螺距。螺杆测轴每转一周所移动的距离正好等于固定套筒上的一格，顺时针转一周，就使测距缩短 0.5mm，逆时针转一周，就使测距延长 0.5mm。如果转 1/2 周，就移动 0.25mm。将活动套筒沿圆周等分成 50 个小格，转 1/50 周（一小格），则移动距离为 0.5 × 1/50 = 0.01mm；活动套筒转动 10 个小格，就移动 0.1mm。用千分尺测量工件时，先检查零位的准确性，并将工件表面擦拭干净，保证测量准确。手持千分尺对工件进行测量，一般先转动活动套筒，当千分尺的测量面刚接触到工件表面时改用棘轮，当听到测力控制装置发出嗒塔声时，停止转动，即可读数。读数时，先看清内套筒（固定套筒）上露出的刻度线，读出毫米数或半毫米数，然后，再看清外套筒（活动套筒）的刻度线所对齐的数值（每格为 0.01mm），将两个读数相加，其结果就是测量值。即固定套筒整数值 + 活动套筒格数 × 0.01 = 工件尺寸。千分尺的读数如图 1.3-8 所示。

要注意：不可扭动活动套筒进行测量，只能转动棘轮。若因条件限制不便查看尺寸，可旋紧止动销，然后取下千分尺来读数。

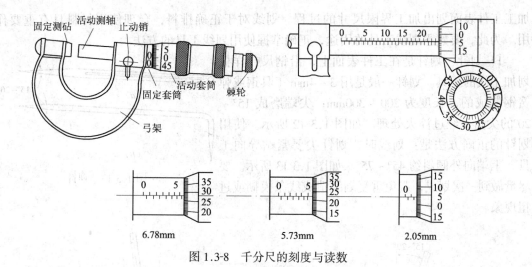

固定测砧　活动测轴　止动销

固定套筒　活动套筒　棘轮

弓架

6.78mm　　　　　　5.73mm　　　　　　2.05mm

图 1.3-8　千分尺的刻度与读数

（5）塞尺

塞尺又称测微片或厚薄规。主要用来测量两个工件的缝隙以及平板、直角尺和工作物间的缝隙。塞尺是由一些不同厚度的钢片组成的测量工具。将各片一端钉在一起，如扇骨一样可活动。在每一片钢片上都刻有不同厚度的尺寸数字。塞尺的长度有 50mm、100mm 和 200mm 等三种，如图 1.3-9 所示。

（6）水平仪

水平仪又称水准尺，主要是用来检验工件表面的平直度和设备安装的相对水平位置，较长的水平仪还可测量设备安装的垂直度等。常用的水平仪有普通水平仪和框式水平仪。

用普通水平仪测量工件时，观察水准器（即气泡）位置，可读出两端高低差值。如图 1.3-10 所示。

框式水平仪的每个侧面均可为工作面。每个侧面保持精确的直角关系，并有纵向、横向两个水准器。如图 1.3-11 所示。

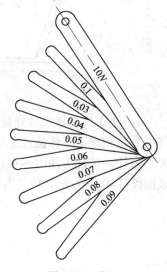

图 1.3-9　塞尺

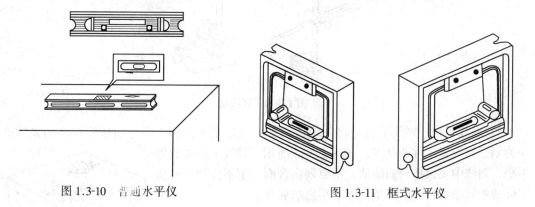

图 1.3-10　普通水平仪　　　　　　图 1.3-11　框式水平仪

（7）常用划线工具

划线是对钳工的基本要求，根据图样和实物的尺寸，使用划线工具准确地在毛坯或拟加工工件表面划出加工界限尺寸的过程。划线对于正确排料，合理使用材料具有重要作用。为此，要熟悉划线工具的用途，正确掌握使用划线工具的方法。

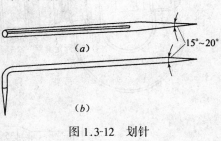

1）划针　划针是在工件表面上，沿钢尺或样板划加工线的工具。划针一般是用 3～4mm 工具钢或弹簧钢制成的，长度为 200～300mm，尖端磨成 15°～20°的尖角，经过淬火处理。如图 1.3-12 所示。使用划针的正确方法是：划线时，划针尖要紧贴导向工具，上端向外倾斜约 45°～75°。如图 1.3-13 所示。要尽量做到一次划成，避免重复划线造成线条模糊或过粗现象。

图 1.3-12　划针

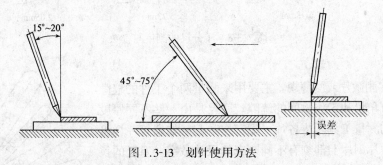

图 1.3-13　划针使用方法

2）划线盘　划线盘分普通划线盘和精密划线盘两种。如图 1.3-14 所示。是用于在工件上划线和校正工件位置常用的工具。使用划线盘划线时，划线盘应处于水平位置，牢固夹紧划针，且针头伸出不宜过长。移动时应使它的底座紧贴平台，划针沿划线方向与工件表面保持 40°～60°的夹角。当划线盘不用时，在划针尖上套上塑料管朝下放，不使针尖露出。

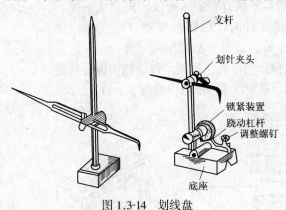

支杆
划针夹头
锁紧装置
跷动杠杆
调整螺钉
底座

图 1.3-14　划线盘

3）划线平台　划线平台是将一块铸铁平板经过刮削精刨，使一面达到较高的光洁度，作为划线时放置工件的基准，如图 1.3-15 所示。划线平台要放置平稳，划线中要保持台面清洁，不要划伤台面，更不许使用硬质工件或工具敲击台面，以免台面不平影响划线质量。

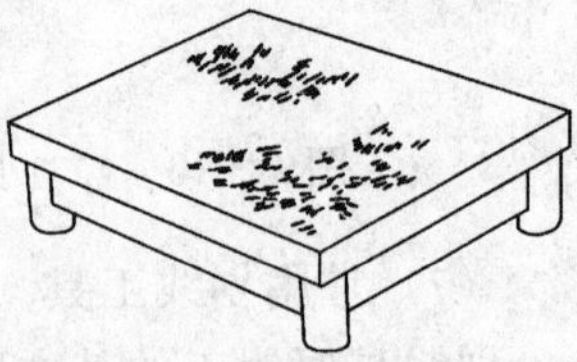

4）划规　划规是用来划弧或圆，等分线段、角度、测量两点间距离，量取尺寸的用具。如图 1.3-16 所示。

图 1.3-15　划线平台

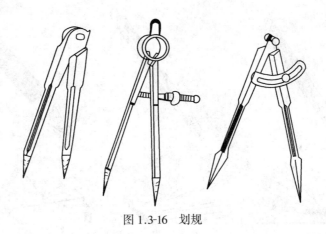

图 1.3-16　划规

划规一般用工具钢制造，划规足尖锐利耐磨，经过淬火硬化。使用划规划线要掌握正确方法：划线段、角度、圆时，要以一足尖为中心，稍加用力，以免滑位。划规在钢直尺上量尺寸时，要对准刻度，为减少误差，应反复量几次。

（8）样冲

样冲也称中心冲，是在划好的线上冲小眼作标记的工具，由工具钢制成，尖端要磨成45°～60°，经淬火硬化处理，如图1.3-17所示。为了看清工件上的划线，要求划线后要用样冲在线条上打上均匀的小眼做标记。在使用划规划圆和使用电钻钻孔前都要用样冲打眼便于钻头对准位置。

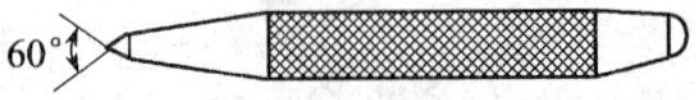

图 1.3-17　样冲

（9）台虎钳

台虎钳又称老虎钳，是加工、修配用以夹持工件进行钳工操作常用的基本工具。台虎钳分为固定式和回转式两种。

将台虎钳用螺栓固定在钳台上，安装时将固定钳身的钳口工作面处于钳台边缘之外，以保证夹持较长工件时操作不受影响。如图1.3-18所示为不同样式的台虎钳。

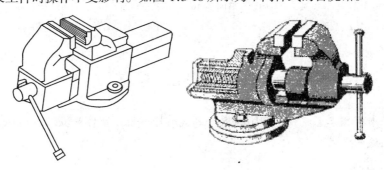

图 1.3-18　不同样式的台虎钳

（10）錾子

錾子又称凿子，是切削工作中一种最简单的刀具。根据凿削工艺的需要设计，经过用碳素工具钢锻打成形后进行刃磨，经过淬硬和回火处理制成。常用的錾子和作用是：扁錾，用于平面加工；圆口錾，用于加工一定形状；尖錾，用于雕凿槽；油槽錾，用于在弧形面雕凿槽；冲錾，用于击穿板材上预钻的孔；锻工錾用于切断板材和型材，如图1.3-19所示。

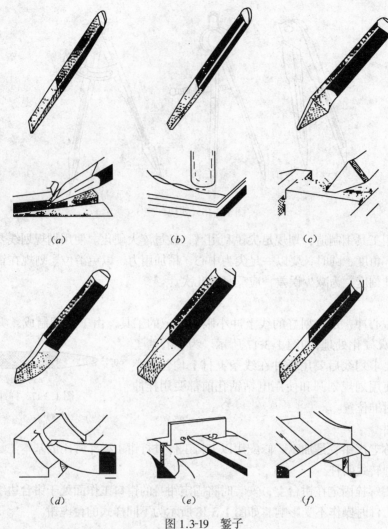

图 1.3-19　錾子

（*a*）扁錾；（*b*）圆口錾；（*c*）尖錾；（*d*）油槽錾；（*e*）冲錾；（*f*）锻工錾

课题4　操作工艺

1.4.1　基本操作工艺流程：选用材料—划线放样—加工操作—安装—调试运行

1.4.2　划线的方法

（1）工件的涂色

为使工件表面划的线条清晰，采用涂一层涂料附着在工件表面上。一般常用的涂料有：白灰浆（白石灰、水胶加水）、白粉笔（适于表面粗糙的工件）、酒精色溶液（紫颜料加漆片与酒精混合）

（2）选择划线基准

划线时，选择一个或几个平面（线）作为划线的根据，其他尺寸线以此为基准。选定的基准应尽量与图样上的设计基准一致。常见的划线基准类型有：以两条中心线为基准；以两个互成直角的平面为基准；以一个平面和一条中心线为基准。一般平面划线可选两个基准面。

划线前要注意做好对毛坯工件的找正，使毛坯表面与基准面处于水平或垂直的位置。目的是使加工表面与不加工表面之间保持尺寸均匀，并使各加工表面的加工余量得到均匀合理的分布。同时，由于毛坯工件在尺寸、形状和位置上存在一定的缺陷和误差，当误差不大时，通过试划和调整使工件加工表面都有一定的加工余量，从而弥补加工件的缺陷和误差。

（3）划平行线

①用靠边角尺划平行线，将角尺紧靠工件的基准面，并用钢尺度量尺寸后沿角尺边划平行线，如图 1.4-1 所示。

②用靠边角尺划垂直线，以靠边角尺紧靠工件的一边划出垂直线。如图 1.4-2 所示。

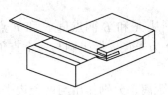 

图 1.4-1　用靠边角尺划平行线　　　　图 1.4-2　用靠边角尺划垂直线

③用作图法划平行线方法一：已知平行线间的距离，以此为半径，用圆规在一直线上分别划圆弧，然后在两圆弧划同一条切线即为平行线。如图 1.4-3 所示。

④用作图法划平行线方法二：已知 AB 直线和点 P，通过点 P 做直线与 AB 直线平行。可在直线 AB 上取一点 O，并以 O 为圆心，OP 为半径划圆弧与直线 AB 相交于 a 和 b 两点。然后，分别以 a 和 b 两点为圆心，以 aP 为半径划圆弧与 OP 为半径的圆弧直线相交于 P 和 C，连接 P 和 C 两点成直线平行于 AB 直线。如图 1.4-4 所示。

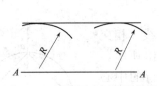 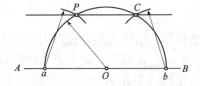

图 1.4-3　用作图法划平行线①　　　　图 1.4-4　用作图法划平行线方法②

（4）划垂直线

①用作图法划垂直线方法。通过 P 点向 AB 直线作一条垂直线，以点 P 为圆心，以 R 为半径划弧，使之与 AB 直线相交于 a 和 b 两点，再以 a 和 b 两点为圆心，以 r 为半径划弧，两弧相交于 O 点，连接 PO 线垂直于 AB 直线。如图 1.4-5 所示。

②用量角器划角度线。在 AB 直线上的 C 点做一条直线 CD 与 AB 直线成 α 角，将透明量角器的圆心对准 C 点，按量角器上的刻度在工件表面划出划痕，再将划痕与 C 点连线即可，如图 1.4-6 所示。

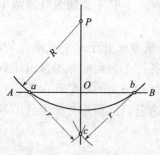

图 1.4-5 划垂直线方法

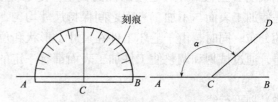

图 1.4-6 用量角器划角度线

（5）划圆弧线

①在直角上划圆弧。以规定的圆弧半径 R 为距离，从 A 点分别在直角边量取 M、N 两点从 M、N 两点做垂线相交于 O 点，以 O 点为圆心，以 R 为半径划弧相切于 M、N 两点即可，如图 1.4-7 所示。

②在两直角间划半圆。以 $AB/2$ 为距离，分别从 A 和 B 两点量 E 和 F 点，并使 $AF = BE = AB/2$，以 EF 的中心 O 点为圆心，以 $EF/2$ 为半径，做半圆与三个直角边相切即可，如图1.4-8所示。

③在锐角上划圆弧。以规定的圆弧半径 R 为距离，分别作出与两条边平行的两条平行线，其交点 O 为相切圆的圆心，以 R 为半径划弧与两边相切即成，如图 1.4-9 所示。

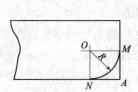

图 1.4-7 在直角上划圆弧

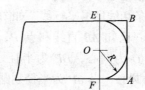

图 1.4-8 在两直角间划半圆

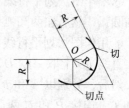

图 1.4-9 在锐角上划圆弧

（6）划正多边形

①在已知圆内划正方形，在圆内划互相垂直的中心线，相交于圆周 a、b、c、d 四点，将四点连线即成，如图 1.4-10 所示。

②在已知圆内划正六边形，在圆内划与要求边平行的中心线，相交于圆周 a、b 两点，以 a、b 两点为圆心，以圆半径为半径划圆弧分别与圆周交于 c、d、e、f 四点，连接 ad、ac、ce、df、fb 即成，如图 1.4-11 所示。

（7）直线的等分

如图 1.4-12 所示，作直线 AC，与已知直线 AB 成任意角度，再在 AC 上截取 $1'$、$2'$、$3'$、$4'$、$5'$……n 个等分，连接 nB，再从 AC 上各截取点作 nB 的平行线，得出 1、2、3、4、5……各点，这样 AB 即被分成 n 个等分。

（8）三等分直角

如图 1.4-13 所示，以 B 点为圆心，任意长度 R 为半径划圆弧，交于直角两边 1、2 两

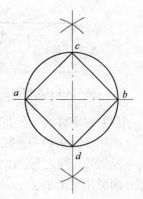

图 1.4-10 在圆内划正方形

点；再以 1、2 两点为圆心，R 为半径，分别划两圆弧得交点 3、4；连接 B-3、B-4，即为直角∟ABC 的三等分线。

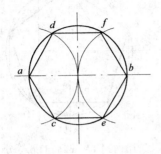

图 1.4-11　在圆内划正六边形

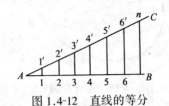

图 1.4-12　直线的等分

（9）圆弧的等分

①圆的等分，通过圆心引出直径，把圆周分为两等分。如把圆周分为 4、8、16、32……等分，先引两个相互垂直的直径，这两个直径就把圆周分成 4 等分，然后，把每一等分依次二等分，即得 8、16、32 等分。

如把圆周分成 3、6、12、24……等分，可以半径 R 在圆周上截取六次，把圆周分成六等分，如图 1.4-14 所示。每隔一点连接圆弧和平分这些圆弧，可得圆周的 3、12、24……等分。

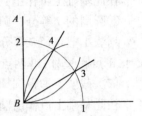

图 1.4-13　三等分直角

②任意弧的等分，等分圆弧的划法可采用平分弦法，而对于其他等分数目的划法，可采用渐进法。把任意半径的一段圆弧五等分，做法如图 1.4-15 所示。

图 1.4-14　圆的六等分

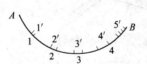

图 1.4-15　渐进法等分圆弧

从圆弧的一个端点 A 开始，依次用约 1/5 弧长，用划规量取 5 次，得分点 $1'$、$2'$、$3'$、$4'$、$5'$ 各点，如果 $5'$ 点与圆弧另一端点 B 不能重合，则说明划规两脚距离需要调整。使划规的距离约等于目测的 $5'B$ 的 1/5，如此重复以上步骤，使 $5'$ 和 B 重合。

③半圆的任意等分，已知一半圆，分该半圆为 5 等分，其做法如图 1.4-16 所示。

把半圆的直径分为 5 等分，分别以 A、B 为圆心，AB 长为半径，划圆弧交于 O 点，作 O 与各分点 1、2、3、4 的连线，并延长交半圆于 $1'$、$2'$、$3'$、$4'$，则各点将半圆弧 $\overarc{AB}$ 分为 5 等分。

按照此法可把半圆弧任意等分。

④圆周的 5 等分，做法如图 1.4-17 所示。过圆心做互垂线，再作 0-2 的中垂线得 3 点；以 3 点为圆心，3-4 线段为半径划弧与水平直径交于 5 点，以线段 4-5 为定长在圆周上依次截取，即得圆周的 5 等分。

15

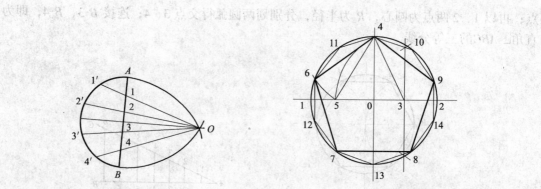

图 1.4-16　等分半圆　　　　　　　图 1.4-17　圆周的五等分

在此基础上可作出圆周的 10 等分、20 等分。

⑤圆周的 7 等分，圆周的 7 等分有两种划法，

划法 1 把直径 7 等分，以 8 点为圆心，直径 8-1 线段为半径划弧与 8-1 线段的中垂线交于 A 点，过 A、3 两点作直线与圆周交于 9 点，线段 1-9 即为 7 等分中的一等分，在圆周上依次截取，即得圆周的 7 等分。如图 1.4-18 所示。

在此基础上可作出圆周的 14 等分。

划法 2 把直径 7 等分，以其 3 等分为定长，在圆周上依次截取，与圆周的各交点即为圆周的 7 等分。如图 1.4-19 所示。

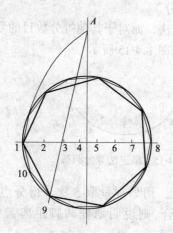
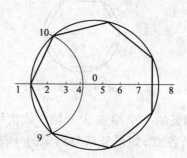

图 1.4-18　圆周的 7 等分划法之一　　　图 1.4-19　圆周的 7 等分划法之二

1.4.3　使用样冲打样冲眼的方法

（1）手执样冲对准划线位置，先将样冲向外倾斜，便于看到样冲尖端是否对准正线正中。对正后再将样冲直立冲眼。如图 1.4-20 所示。

（2）样冲尖对准线的中心，手要放实，锤击力度要适当、均匀。

（3）根据工件大小、线条长度。孔的大小决定冲眼之间的距离及冲眼大小，一般在加工线上的样冲眼不宜过大或过深，以能看清加工线为准。在较薄的工件上打样冲眼用力不可过大，以防工件变形。样冲眼的密度应掌握直线稀、曲线密、交点必须有的原则。

（4）对于粗糙的毛坯和加工孔的中冲眼应大和深一些，以利于钻孔对正中心。冲眼打

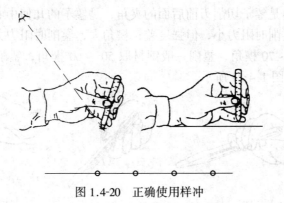

图 1.4-20　正确使用样冲

歪时要及时修正。

（5）对位置要求精确的孔划线、打样冲眼。圆孔线划好后，在圆与十字中心线的交点上应打四个样冲眼，为便于检查钻孔后的位置是否正确，再划一个比所钻孔直径大的检查圆，检查圆上不打样冲眼，以免与加工界限圆混淆，如图 1.4-21 所示。

钻大孔时，可以在孔的加工界限里面多划几个同心圆，以便开始钻孔时，检查钻头中心是否对准孔中心，如图 1.4-22 所示。

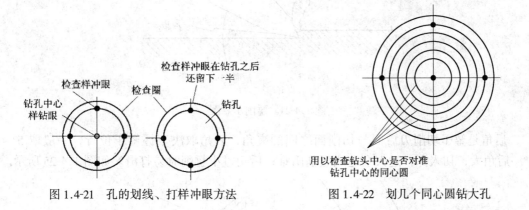

图 1.4-21　孔的划线、打样冲眼方法　　　　　图 1.4-22　划几个同心圆钻大孔

1.4.4　錾削

錾削也称凿削，是用手锤击打錾子对金属进行切削技术加工。主要用于剔除工件毛坯上的毛刺、凸缘、分割材料、凿削沟槽、平面等。

（1）錾子握法，常用的三种。

①正握法，手心向下，用虎口夹住錾身，拇指、食指自然伸开，其余三指握住錾身。錾子顶部伸出虎口一般 10～15mm，錾子顶部伸出过长易抖动，影响锤击准确度，这种握錾方法适于在平面上进行錾削，如图 1.4-23（a）所示。

②反握法，手心向上，手指自然握住錾身，手心悬空。这种握法适于小量的平面或侧面錾削，如图 1.4-23（b）所示。

③立握法，虎口向上，以拇指和其他四指握住錾子，这种握法适于垂直錾切工件，如图 1.4-23（c）所示。

在錾削时，錾子的刃口要根据加工材料性质不同，选用合适的几何角度。其中主要的是楔角和后角。楔角是錾子切削刃前后面的夹角，是錾子的几何中心线等分。楔角愈小錾子的刃口愈锋利，錾削时阻力小，但强度差；楔角大，錾削时阻力大，錾子强度高，錾削硬钢和铸铁时取 60° ~ 70°楔角，錾削一般钢材取 50° ~ 60°楔角，錾削铜、铝等材料时一般取 30° ~ 50°楔角。如图 1.4-24 所示。

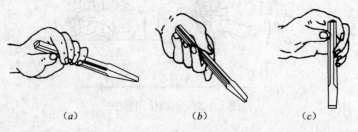

图 1.4-23　錾子握法
（a）正握法；（b）反握法；（c）立握法

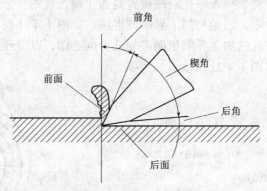

图 1.4-24　錾削示意图

后角是錾子切削刃后面与切削面之间的夹角，后角取决于握錾子位置，一般取 5° ~ 8°。后角大，切入深，过大会造成錾削困难；后角过小錾削时易打滑。如图 1.4-25 所示。

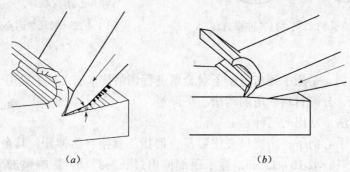

图 1.4-25　錾削原理
（a）太陡；（b）太浅

（2）握锤与挥锤

①手锤是钳工常用的敲击工具，由锤头和锤柄组成。常用的规格按照锤头的重量有：0.25kg、0.5kg、0.75kg、1kg。握锤的方法有紧握法和松握法两种，手握锤柄位置应在锤柄尾部 15 ~ 30mm 处。如图 1.4-26 所示。

紧握法是挥锤时手紧握锤柄，松握法是抬手紧握锤柄，随着上举过程手指依次放松，在锤击瞬间迅速握紧手柄，这样可以减轻疲劳，加强锤击力度。

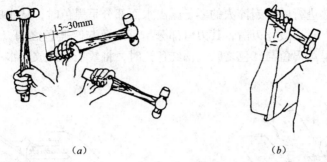

图 1.4-26　手锤握法
（a）紧握法；（b）松握法

②挥锤方法有腕挥、肘挥、臂挥三种。腕挥，一般用于开始和收尾及需要轻微敲击阶段，如图 1.4-27（a）所示。肘挥也称小臂挥动，是靠手腕和肘的运动。锤击力度大，用处多，如图 1.4-27（b）所示。

臂挥是靠腕、肘、臂的联合动作，臂挥挥击力量大，适于使用大锤，如图 1.4-27（c）所示。

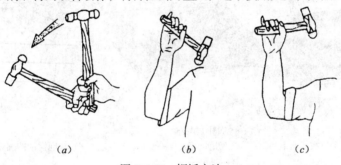

图 1.4-27　挥锤方法
（a）腕挥；（b）肘挥；（c）臂挥

③站位与姿势

操作时要注意正确的站姿，錾削时，身体与台虎钳中心线大约成 45°角，上身略向前倾，左脚跨前半步，膝部自然弯曲，右脚站直。站立时胸自然挺立，腰部放松，头要正，眼睛不离錾子与工件接触处，精神集中，使手锤不易打手，保证加工质量。

④锤击速度

锤击要准、稳、有力度，有节奏，一般腕挥速度每分钟约 50 次左右，肘挥和臂挥速度每分钟约 40 次左右。为增加锤击力量，挥锤应具有加速度。手锤从它的质量（m）和手或手臂提供的速度（mv）获得动能，其表达式为：$W = mv^2/2$，即当手锤的质量增加一倍，而速度增加一倍，动能将是原来的四倍。

（3）錾削操作，如图 1.4-28 所示。

1.4.5　錾子的刃磨

为保证錾子的刃度，应按加工要求磨出合适的楔角。刃磨时，双手握凿，加压不要过大，凿刃在砂轮面上平稳均匀移动，两面交替，磨出要求的楔角。刃磨时要经常蘸水冷却，以防退火。如图 1.4-29（a）、（b）所示。刃磨后要经过淬火和回火处理，以增加硬度和韧性。淬火是将錾子切削部分，加热至 750～780℃（呈樱红色）后迅速取出，垂直把錾子浸入水中约 5～6mm，并沿水面缓慢移动，以便加速冷却，提高淬火硬度。回火是利用錾子本身的余热进行的，当淬火的錾子露出水面部分呈黑色时，从水中取出，擦去氧化皮观察刃部颜色，对一般宽刃凿，其刃口部分呈紫红色与暗蓝色之间（紫色），对一般窄凿，其刃口部分呈黄褐色与红色之间（褐红色）时，将錾子再次放入水中冷却。即完成了回火。

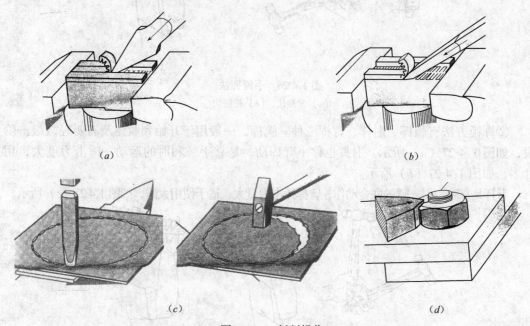

图 1.4-28 錾削操作
(a) 在宽面上凿槽；(b) 切削窄面；(c) 切削圆弧线；(d) 錾削锈蚀的螺母

图 1.4-29 錾的刃磨
(a) 正面刃磨；(b) 侧面刃磨

1.4.6 錾削操作应注意的问题

(1) 錾削时为防切削飞出伤人，前面应加防护网，操作者应带防护眼镜。

(2) 要掌握正确的錾削角度，防止角度过小，锤击时錾子滑出。

(3) 要经常保持錾刃口锋利，以免錾削时打滑，不仅影响工效，而且凿出的工件表面粗糙。

（4）切掉的金属屑不得用手擦和用嘴吹，要用刷子刷。及时磨去錾子头部明显的毛刺。

1.4.7 锉削

按照图纸尺寸、形状和表面光洁度，使用锉刀对工件表面进行切削加工，称为锉削。

（1）锉刀选用

常用的普通锉刀分为平锉（或称板锉）、方锉、三角锉、半圆锉，如图 1.4-30 所示。

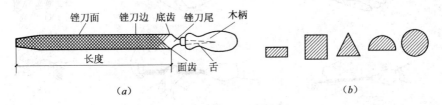

图 1.4-30　锉刀及锉刀截面图
（a）锉刀；（b）锉刀截面图

锉刀的齿纹有单齿纹和双齿纹两种。单齿纹锉刀用于锉削软金属，其他均用双齿纹锉刀。双齿纹由上齿纹和下齿纹构成，如图 1.4-31 所示，又分为粗、中、细等齿纹。根据加工的材料、加工余量大小、光洁度要求选用。

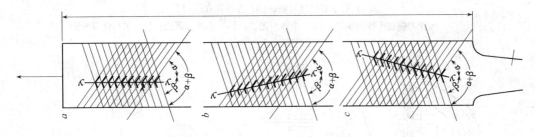

图 1.4-31　锉刀齿纹

（2）操作姿势

①锉刀握法

根据锉刀大小、形状不同，锉刀握法不同。一般大于 250mm 的锉刀握法，应右手紧握锉刀柄、柄端抵在大拇指根部的手掌上；大拇指放在锉刀柄上部；左手将拇指后部压在锉刀头上，拇指自然伸直，其余四指弯曲，用中指、无名指捏住锉刀前端。右手推动锉刀并决定锉刀的推动方向，左手协同右手使锉刀保持平衡。如图 1.4-32 所示。

②锉削姿势时双脚自然站立，要方便用力和适于锉削操作要求，如图 1.4-33 所示。

锉削平面工件，在推锉过程中，必须使锉刀保持直线运动，锉不要出现上下摆动，必须使锉刀在工件任意位置，前后两端所受的力矩保持平衡。推进时右手压力要随锉刀的推进而逐渐增加，左手压力要逐渐减少。如图 1.4-34 所示。锉削速度一般为每分钟 40 次左右，推进时较慢，回程时稍快，动作要自然协调。

锉削时，两手握住锉刀放于工件上面，左臂弯曲，小臂与工件锉削面的左右方向基本保持平行。锉削动作如图 1.4-35（a）、（b）、（c）、（d）所示。右小臂要与工件锉削面的前后方向保持水平，身体约前倾 10° 左右，右肘尽量后缩如图 1.4-35（a）所示，锉刀行程时，身体应随锉刀一起向前，如图 1.4-35（b）所示。锉刀运行 1/3 时的姿势如图 1.4-35（c）所示。锉刀运行 2/3 时身体停止前进，锉刀继续推进到头，同时身体自然退回到 15°左右，如图 1.4-35（d）所示。用锉刀操作全程结束时，身体又开始前倾，重复运动。

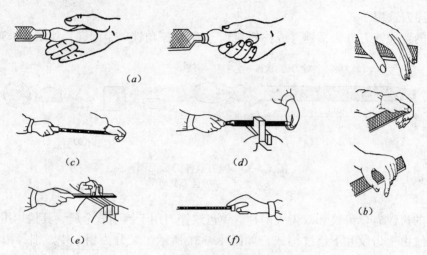

图 1.4-32 锉刀握法

（a）右手紧握锉刀柄；（b）左手压在锉刀头上；
（c）大锉刀握法中锉刀握法；（d）中锉刀握法；（e）小锉刀握法；（f）更小锉刀握法

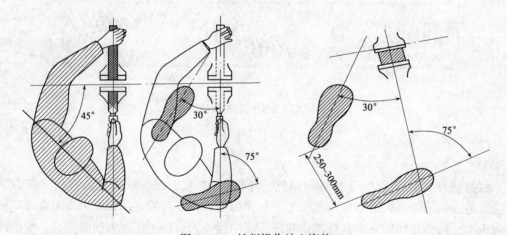

图 1.4-33 锉削操作站立姿势

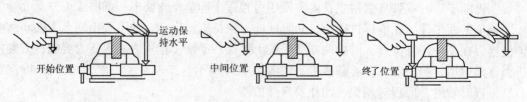

图 1.4-34 锉削的力矩平衡

③夹持工件

工件要夹持在台虎钳中心位置，既牢靠又不使工件变形，露出适当高度便于操作，不发

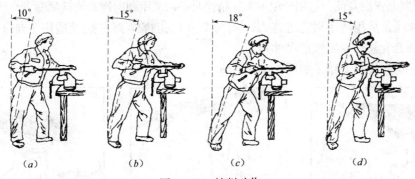

图 1.4-35　锉削动作

生颤动。当夹持已加工或精度较高的工件时，应在钳口和工件之间垫入钳口铜皮或其他软金属保护衬垫；对不便直接夹持的工件可借助辅助工具，如图 1.4-36 所示。对表面不规则的工件，夹持时要加垫块垫平夹稳；大而薄的工件，夹持时可用两根长度相应的角钢夹住工件，并一起夹持在钳口上。

图 1.4-36　板材的夹持

④锉削方法

锉平直的平面，必须使锉刀保持直线运动；推进过程中锉刀不要上下摆动，右手压力要随锉刀的推进逐渐增加，左手压力要逐渐减小必须使锉刀在工件任意位置前后两端所受力矩保持平衡。锉削速度一般为每分钟 40 次左右，推进时较慢回程时稍快，如图 1.4-37 所示。

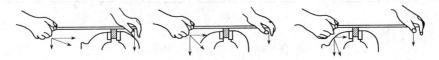

图 1.4-37　锉削的力矩平衡

基本锉法有：顺向锉、交叉锉、推锉。如图 1.4-38 所示。

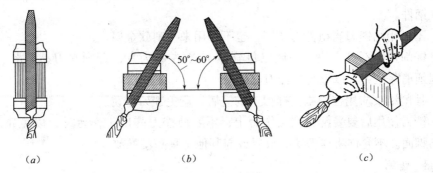

图 1.4-38　锉削的基本锉法
(a) 顺向锉；(b) 交叉锉；(c) 推锉

(A) 顺向锉，锉刀推进方向与工件夹持方向保持一致。一般适用于锉削不大的平面和最后的精锉。

(B) 交叉锉，是从两个方向交叉锉削。锉刀运行方向与工件夹持方向成 50° ~ 60°可根据锉纹交叉情况判断锉面高低，适用于粗加工，精锉时必须采用顺向锉，使锉痕变直，纹理一致。

（C）推锉，是用两手对称握锉刀，用两个大拇指推锉刀。推锉适用于加工狭长的平面，宜于加工余量较少或修正尺寸用。

锉削不同形状的工件，如图 1.4-39 所示。

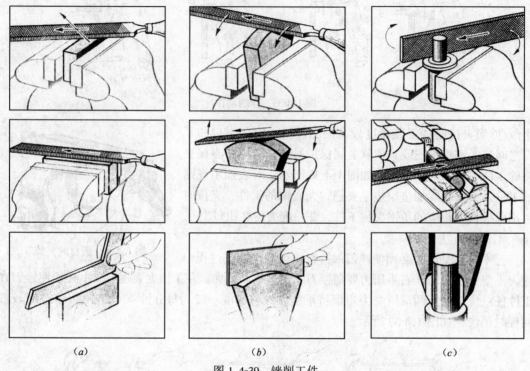

(*a*)　　　　　　　　(*b*)　　　　　　　　(*c*)

图 1.4-39　锉削工件
(*a*) 锉平面；(*b*) 锉圆弧；(*c*) 锉圆柱

⑤使用锉刀应注意的问题

（A）切不可用锉刀的主要工作面来锉削氧化铁、附着在工件上的砂质硬皮表面及未退火的硬钢件。

（B）不可用细锉刀当粗锉刀使用，也不可用来锉削软金属。

（C）锉削速度不可太快，一般以每分钟 40 次左右为宜，否则锉刀易打滑、易磨损。锉削回程须消除压力，以免磨损锉刀。

（D）锉削结束应用锉刷刷去锉刀上的锉屑，避免锉刀生锈。

（E）锉刀使用后要妥善放在工作台上，不要使锉刀露出工作台外，以免碰落摔坏锉刀或砸伤脚面。不允许将锉刀重叠放置或与其他工具随便堆放。

1.4.8　锯割

使用手锯或机具切割工件或锯出沟槽的操作称锯割。钳工主要使用手锯进行切割。

（1）手锯构造

手锯由锯弓和锯条两部分组成。

①锯弓：是用来安装和张紧锯条的工具，有固定式和可调试两种。可调试锯弓由两段组成，上面有不同长度的卡口，可使用几种不同长度的锯条，锯柄便于用力。如图 1.4-40 所示。

②锯条：手用锯条一般是长 300mm 的单面有锯齿的锯条，由齿根、齿距、齿槽组成，其构造如图 1.4-41 所示根据锯齿的齿距大小，分为细齿（1.1mm）、中齿（1.4mm）、粗齿（1.8mm），锯割时锯入工件越深，锯缝的两边对锯条的摩擦阻力就越大，如图 1.4-41（a）所示为光滑锯片，两侧阻力大；如图 1.4-41（b）所示齿比锯片宽，两侧阻力小；因此，锯齿有规律的向左右倾斜，使锯齿成波浪状或交错形的排列，如图 1.4-41（c）、（d）所示，应根据材料的软硬厚薄选用锯条。

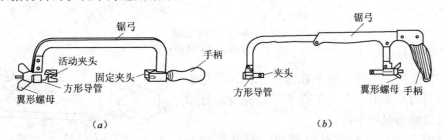

图 1.4-40　锯弓
(a) 固定式；(b) 可调式

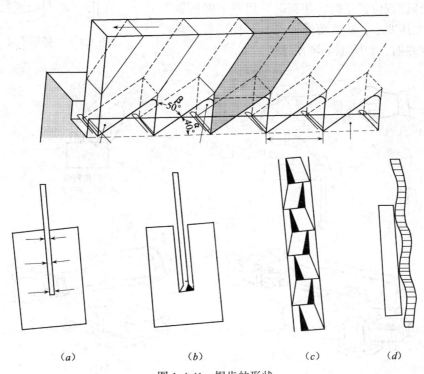

图 1.4-41　锯齿的形状
(a) 光滑锯片；(b) 齿比锯片宽；(c) 锯齿错开；(d) 锯齿成波浪状

③锯条安装，应将齿尖朝前，手锯在前推时起切削作用。将锯条装入锯弓夹头的销钉上，用翼型螺母调整，锯条松紧适当。如图 1.4-42 所示。

（2）锯割姿势

锯割操作时，身体自然站立与台虎钳中心线大约成 45°角，左脚跨前半步，腿部稍有弯曲，右脚站稳腿部自然伸直。右手握住锯柄，左手握住锯弓前端，如图 1.4-43 所示。

25

拉锯时，身体略向前倾。双臂前后拉动，推锯时，适当加压，使锯齿起切削作用。向回拉不切削，应将锯稍微提起，减轻对锯齿的磨损。

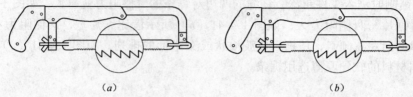

图 1.4-42 锯条安装
(a) 正确；(b) 错误

（3）锯割操作方法

①工件夹持，工件一般夹在钳口左侧，夹持要牢固，但要防止夹力过大使工件变形，锯缝靠近钳口并与钳口侧面保持平行。

②起锯方法：起锯有近起锯和远起锯两种方法，一般薄型工件宜用近起锯，厚型工件要用远起锯。为保证锯割位置正确，起锯时，用左手拇指靠住锯条，加压要小，速度要慢，往复行程要短，起锯角约 15°左右，如图 1.4-44 所示。

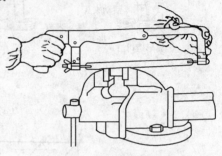

图 1.4-43 握锯手法

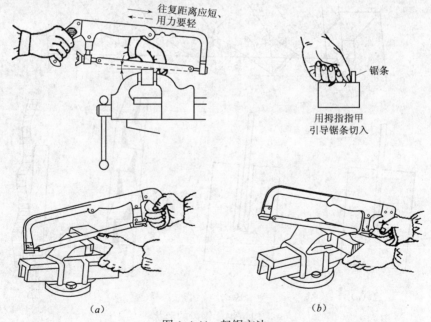

图 1.4-44 起锯方法
(a) 近起锯；(b) 远起锯

③锯割速度压力：锯割时尽量利用锯条全长，一次往复距离不小于 2/3。锯割速度以每分钟 20~40 次为宜，锯割软材料可快些，硬材料慢些。锯割时加压适中，视不同工件及材料的软硬程度。锯硬材料压力大些以免锯齿打滑，锯软材料压力要小些，以免切入过深，发生卡锯现象。锯割管子时至少有 3 个齿能同时咬住，管壁锯透时要转动方向。锯割薄壁工件，如图 1.4-45（a）、（b）、（c）所示。在工件快锯断时，要减轻压力，放缓速

度，缩短行程，用手扶住即将离断部分。

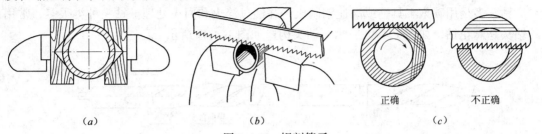

（a）　　　　　　　　　（b）　　　　　　　正确　　　　不正确
（c）

图 1.4-45　锯割管子

（a）管子的夹持；（b）锯割圆管；（c）锯管子的方法

④锯割操作应注意的问题：在锯弓上安装锯条松紧要适当，锯割时压力不要过大，行进速度不要过快，以防锯条折断伤人；工件快要锯断时要用手扶住或用物支住，以防锯下的工件坠落伤人和损坏工件。

1.4.9　钻孔

利用钻头在实体材料上加工孔眼的操作，称为钻孔，钻孔设备有台式钻床和手持电钻。

（1）台式钻床，简称台钻。用于加工小型工件上不大于 12mm 的孔洞。台钻可上下左右调节。如图 1.4-46 所示。

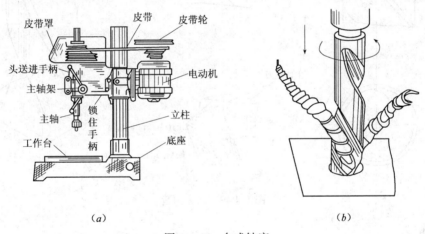

（a）　　　　　　　　　　　　　　　　　（b）

图 1.4-46　台式钻床

（a）钻床构造；（b）工件钻孔

（2）手持电钻，有手枪式和手提式两种，手持电钻常用电源为交流电 220V 和 36V，如图 1.4-47 所示。

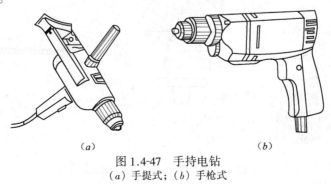

（a）　　　　　　　　　　　　（b）

图 1.4-47　手持电钻

（a）手提式；（b）手枪式

（3）钻头

钻头多是用碳素工具钢或高速钢制成，并经过淬火和回火处理。钻头种类很多，常用的钻头是麻花钻，如图 1.4-48 所示。钻头构造如图 1.4-49 所示。

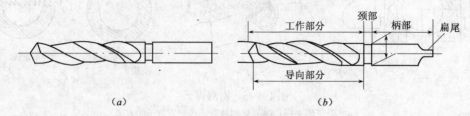

图 1.4-48　麻花钻头
（a）直柄钻头；（b）锥柄钻头

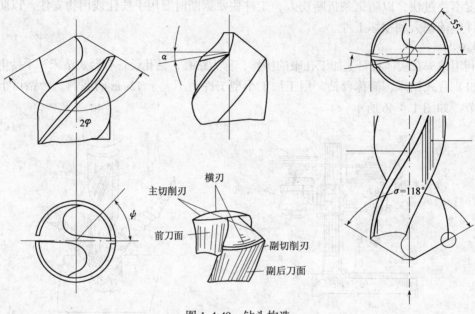

图 1.4-49　钻头构造

（4）钻头夹

直柄式钻头安装在钻头夹具上，用钻头夹钥匙旋紧或放松夹头，如图 1.4-50 所示。

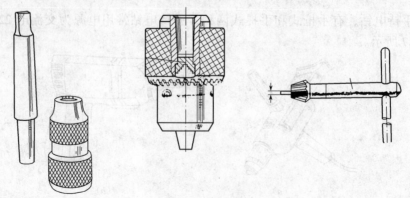

图 1.4-50　直柄钻头夹具与钥匙

锥柄钻头用钻头套筒夹持与取下钻头的方法，如图 1.4-51 所示。

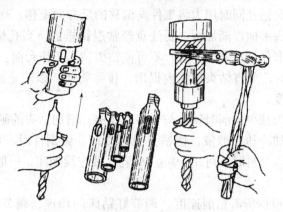

图 1.4-51　直柄钻头夹具安装与拆卸

（5）钻孔方法

①划线冲眼：按孔的位置，划好孔位的十字中心线并使用样冲打出小的中心样冲眼，按孔径大小划孔的圆周线和检查圆，再将中心样冲眼打深。

②工件的夹持：为便于钻孔，应根据不同工件采用不同的夹持方法。一般使用的方法有：（A）手握法，对于钻孔直径在 8mm 以下，表面平整适合直接用手把握的工件，可用手握牢钻孔。体积过小，薄型材料或有毛刺、缺口、快口的工件不得采用手握法。（B）钳夹法，有平口钳（适于钻较大孔径的工件或精度较高的工件）和手虎钳（适于手握法不能把持的工件）两种。（C）螺栓定位法，适用于较长和钻孔较大的工件。（D）压板夹持法，适用于圆柱形的工件。夹持不同的工件。短工件在钻孔时的夹持如图 1.4-52 所示。

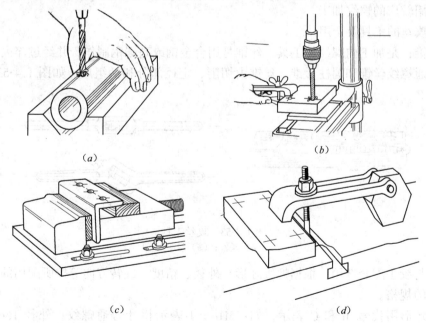

图 1.4-52　短工件的夹持

（a）用手夹持；（b）夹持短工件；（c）螺栓定位法；（d）压板夹持法

③钻孔操作：将钻头对准中心样冲眼进行试钻，试钻出的浅坑应在中心位置，如有偏移，要及时校正。可在钻孔同时用力将工件向偏移的反方向推移，逐步校正钻孔。当试钻达到孔位要求后，钻头手柄逐渐加压，要注意经常退钻排屑。当孔快钻透时减小进给力，以防折断钻头或工件卡住钻头发生危险。不可使钻头钻入工作台面。钻深孔时，一般在钻孔深量达直径的3倍时，要将钻头从孔内提出，排除切屑，以防止钻头过度磨损、折断、或影响孔壁表面粗糙度。

④钻头的冷却：为减少钻削时钻头与工件的摩擦，增加钻头的耐用度和改善加工孔表面的质量，钻孔时需加冷却润滑液，使钻头散热冷却。钻钢件时，可用3%～5%的乳化液；钻铜、铝及铸铁等材料时，可用5%～8%乳化液连续加注，一般可不加。

⑤钻孔安全技术

（A）开钻前，要根据所需钻削速度，调节好钻床的档速，调节时，必须切断钻床的电源开关。检查是否有钻头钥匙或斜铁插在钻轴上，工作台面上不能放置量具和其他工件等杂物。

（B）钻孔操作时必须带工作帽，袖口要扎紧，不可带手套。

（C）工件必须夹紧，孔将钻穿时，要减小进给力。

（D）保持台面清洁，尽可能在停车时清除切屑。不可用嘴吹、直接用手或棉纱，要用毛刷或棒钩清除切屑。

（E）严禁在开车状态下拆工件或清洁钻床，停车时应让主轴自然停止，严禁用手捏刹钻头。

1.4.10　攻丝与套丝

攻丝是用丝锥加工工件内螺纹，套丝是用板牙套制外螺纹的操作方法。一般用于直径不大，使用较广的螺纹加工。

（1）攻丝的工具及选用

①丝锥：是加工内螺纹的工具，丝锥是用合金钢或高碳钢制作，并经过淬火处理，常用的有普通螺纹丝锥和圆柱形锥。丝锥由切削、定径部分和柄组成。如图1.4-53（a）所示。

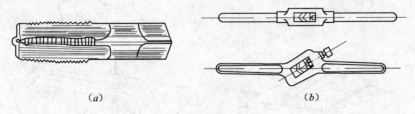

（a）　　　　　　　　　　　（b）

图1.4-53　攻丝工具
（a）丝锥；（b）绞手

丝锥与绞手配套选用，根据螺纹牙形、外径、精度、旋转方向等按所配用的螺栓大小选用丝锥的规格。

螺纹牙形用代号M和G表示，如：M16×1表示粗牙普通螺纹，外径16mm，牙距1mm；G1/2″表示圆柱管螺纹，配用的管子为1/2in（英寸）。

②绞手：绞手是用来夹持丝锥的工具，如图1.4-53（b）所示。常用的是活络绞手，

绞手长度应根据丝锥尺寸来选择。≤ M6 的丝锥，选用长度为 150 ~ 200mm 的绞手；M8 ~ M10的丝锥，选用长度为 200 ~ 250mm 的绞手；M12 ~ M14 的丝锥，选用长度为 250 ~ 300mm 的绞手；≥M16 的丝锥，选用长度为 400 ~ 450mm 的绞手。攻丝钻头直径的匹配如表 1.4-1 所示。

精度一般为 3 和 3b 两级，通常选用 3 级，3b 级适用于攻丝后尚需镀锌或镀铜的工件。转向分左旋和右旋，通常选用右旋的一种。

攻丝钻头直径的匹配 表 1.4-1

螺　纹	钻孔孔径（mm）		螺　纹	钻孔孔径（mm）	
	脆性材料	韧性材料		脆性材料	韧性材料
M1	0.75	0.75	1/16″	1.1	1.15
M1.2	0.95	0.95	3/32″	1.75	1.85
M1.4	1.1	1.1	1/8″	2.5	2.6
M1.7	1.3	1.3	5/32″	3.1	3.2
M2	1.5	1.6	3/16″	3.6	3.7
M2.3	1.8	1.9	7/32″	4.4	4.5
M2.6	2.1	2.1	1/4″	5	5.1
M3	2.4	2.5	5/16″	6.4	6.5
M3.5	2.8	2.9	3/8″	7.7	7.9
M4	3.2	3.3	1/2″	10.25	10.5
M5	4.1	4.2	9/16″	11.75	12
M6	8.2	5	5/8″	13.25	13.5
M8	6.5	6.7	11/16″	14.75	15
M10	8.2	8.4	3/4″	16.25	16.5
M12	9.9	10	13/16″	17.75	18
			7/8″	19	19.25

（2）攻丝操作方法

①攻丝前在工件上划线并钻出适宜的底孔，底孔直径应比螺纹小径略大。可按表 1.4-2 所列公式确定工件材料底孔直径。

确定工件底孔直径 表 1.4-2

材　　料	公　　式		底孔的两面孔口用 90°钻倒角，倒角的最大直径与螺纹公称直径相等。便于起削，防孔口螺纹崩裂
钢和塑性较大的材料	$D \approx d - t$	D—底孔直径，mm d—螺纹大径，mm t—螺纹距，mm	
铸铁等脆性材料	$D \approx d - 1.05t$		

②将工件正确夹持在虎钳上，选用合适的绞手。先用头攻起攻，将丝锥切削部分对准工件孔内，使丝锥与工件表面垂直。用一只手掌按住绞手中部加压，另一只手配合作顺时针旋转。或用两手均匀加压旋转，如图 1.4-54 所示。

③检查校正丝锥位置。操作中两手用力均匀，旋转平稳。当丝锥攻入一二圈后，从间隔 90°的两个方向用角尺检查校正丝锥位置垂直，如图 1.4-55 所示。

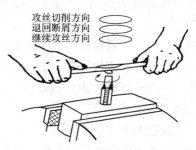

攻丝切削方向
退回断屑方向
继续攻丝方向

图 1.4-54 丝锥起攻方法

当削刃切进后，两手不再加力，只用平稳的旋转力将丝攻出。根据材料性质的不同选用并加注冷却润滑液，每当旋转 1/2～1 圈时将丝锥反转 1/4 圈，以割断和排除切削，防止切削堵塞，损坏丝锥。

④头攻完成后，换用二攻、三攻扩大及修光螺纹。换用丝锥时，先用手将丝锥旋入已攻过的螺纹中，使其得到良好的引导后，再装上绞手，按照上述方法，前后旋转直到攻丝完成。

图 1.4-55　检查攻丝垂直度

（3）套丝工具

①板牙：是加工外螺纹的工具，主要由切削、修光（定径）、排屑孔组成。常用的有圆板牙和圆柱管板牙两种。圆板牙形如螺母，内有排屑孔和刀刃外圆上有四个螺钉坑，便于在绞手上用螺钉固定板牙。另有一条 V 形槽，当板牙磨损后，可用片状砂轮或锯条沿 V 形槽将板牙磨割出一条通槽，用于绞手上方两个螺钉顶入板牙上面的两螺钉坑内，即可使板牙的螺纹尺寸变小。

②板牙绞手：板牙绞手是与板牙配套并安装固定板牙的工具，上有四只螺钉固定板牙，另一只螺钉插入板牙 V 形槽内，用于调节大板牙螺纹尺寸，如图 1.4-56 所示。

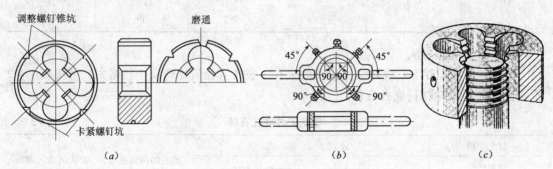

图 1.4-56　套丝工具
（a）板牙；（b）绞手；（c）套丝

③板牙的选用：圆柱体或圆柱管的外径要小于螺纹大径，确定外径由下式计算：

$$D \approx d - 0.13t$$

式中　D——圆柱体外径，mm；

　　　d——螺纹外径，mm；

　　　t——螺纹距，mm。

（4）套丝操作

将圆柱形工件牢固的夹持在虎钳上，套丝部分尽可能靠近钳口，先用锉刀将圆柱体端部锉成 15°～20°的锥度，倒角锥体的小头应比螺纹内径小些，便于板牙对正与套丝起削。操作中两手用力要始终保持平衡，避免将螺纹套偏，可及时调整两手力量，将偏斜部分校正。套丝完成后，使用游标卡尺、千分尺、螺距规进行螺纹的检验，如图 1.4-57 所示。

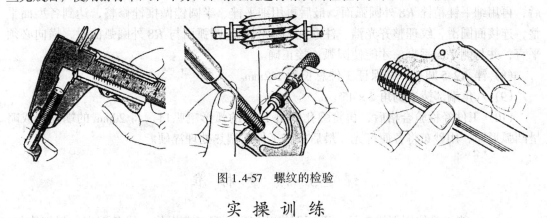

图 1.4-57　螺纹的检验

实 操 训 练

錾口榔头的制作

制作手工工具錾口榔头是对钳工划线、锉削、锯割、钻孔以及精度测量等操作进行的综合训练，也是对手工操作基本技能的全面考核。操作要领及要求如下：

（1）錾口榔头的制作图样，如图 1.4-58 所示。

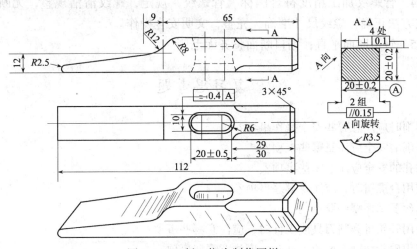

图 1.4-58　錾口榔头制作图样

（2）截取一金属长方体为加工材料，并要求锉成 20mm×20mm×116mm 的尺寸。

（3）按图样尺寸划 4～3.5×45°倒角加工线，进行锉削加工。先用圆锉锉出 R3.5 圆弧，然后，使用粗、细平锉进行粗、精锉倒角，再用圆锉精加工 R3.5 圆弧；然后用推锉法休整，并用砂布打光；要求加工四角 R3.5 内圆弧时横向要锉准锉光。

（4）按图样尺寸划出腰孔加工线及检查线，并用 9.8mm 的钻头钻孔。要求孔位正确，否则，易造成加工余量不足，影响腰孔正确加工。

（5）使用圆锉锉腰孔，然后使用整形锉按尺寸锉好。要求先锉两侧平面，后锉两端弧面，锉平面时注意不要锉坏弧面。

（6）按划线在 $R12$ 处钻 $\phi5$ 孔，然后用手锯按加工线锯去多余部分，要求留出锉削余量。

（7）用半圆锉按加工线粗锉 $R12$ 的内圆弧面，用平锉粗锉斜面与 $R8$ 外圆弧面。最后，再用细平锉精锉 $R8$ 外圆弧面。最后再用细平锉、半圆锉做推锉修整，达到各型面平整，连接面圆滑，纹理整齐光洁。注意加工 $R12$ 的内圆弧面与 $R8$ 外圆弧面时，横向必须平直，并与侧平面垂直，才能使圆弧连接正确。

（8）锉 $R2.5$ 圆头，并保证工件总长为 112mm。

（9）八角端部棱边倒角 $2 \times 45°$。

（10）工件经检验合格后，再将腰孔倒出 1mm 的弧形喇叭口，将 20mm 的端面锉成略呈凸弧形面，用砂布将各面打光。最后，将工件两端热处理淬硬。

课题5　质量标准

1.5.1　能正确使用划线工具，平面划线及打样冲眼正确操作。线条清晰，粗细均匀，无重线。检验样冲眼分布合理。

1.5.2　凿削操作安全文明，握凿正确自然。握锤与挥锤动作正确，锤击稳健有力，落点准确。凿削角度掌握稳定。

1.5.3　锉削操作站立和身体姿势正确，握锉正确，锉削动作协调自然。工件表面锉纹整齐。四面的平面度、垂直度不大于 0.1。

1.5.4　管螺纹加工精度符合国标《管螺纹》规定，螺纹清洁规整，无断丝或缺丝，加工螺纹方法正确，螺纹尺寸准确，完整，文明安全操作。

1.5.5　管道断面平直，锯口断面整齐无毛刺。

复习思考题

1. 錾削时应注意哪些安全操作事项？
2. 锉削的安全应注意哪些事项？
3. 钻孔的安全应注意哪些事项？
4. 使用台虎钳时，应注意哪些事项？
5. 套丝要掌握哪些要点？
6. 使用砂轮机磨削刀具或工件时，应注意哪些事项？
7. 使用砂轮切割机截断工件时，应注意哪些事项？
8. 用样冲冲眼要掌握哪些要点？
9. 使用普通水平仪应注意哪些事项？
10. 锉削方法有哪些？各有什么特点？
11. 攻丝应如何正确操作？
12. 锯割工件时应注意哪些安全操作事项？
13. 锯割操作应掌握哪些动作要领？
14. 工件钻孔应如何正确操作？
15. 套丝应如何正确操作？

单元2 焊 工

知 识 点：安全操作规程；常用机具及防护用品；电弧焊、气焊与气割操作工艺；焊接质量缺陷与检验标准。

教学目标：掌握电弧焊操作安全及劳动保护方面的基本知识；掌握常用的焊条、电弧焊设备的选择；正确使用电弧焊的常用工具；初步掌握电弧焊的基本操作技能；了解气焊与气割的基本知识；了解焊接缺陷的种类与质量检验标准。

课题1 安全常识

2.1.1 焊条电弧焊操作安全知识

(1) 金属焊接作业人员，必须经专业安全技术培训。经考试合格取得有关劳动安全监察管理部门颁发的"特种作业操作证"方可上岗独立操作。非电焊工严禁进行电焊作业。

(2) 操作前，应先检查焊机和工具，焊钳和焊枪的绝缘、焊机外壳保护接地和焊机的各接线点等，确认安全合格方可作业。

(3) 操作时，应穿电焊工作服、绝缘鞋、电焊手套和脚盖、防护面罩等安全防护用品，高处作业时系安全带。

(4) 电焊周围10m范围内不得堆放易燃易爆物品。

(5) 雨、雪、风力六级及以上的天气不得露天作业，雨、雪后应清除积水、积雪后方可作业。

(6) 严禁在易燃易爆气体或液体扩散区域内，运行中的压力管道和装有易燃易爆物品的容器内以及受压力构件上焊接和切割。

(7) 焊接曾存储过易燃易爆物品的容器时，应根据介质进行多次置换和清洗，并打开所有孔口，经检验确认安全后方可施焊。

(8) 在密封容器内施焊时，应采取通风措施。间歇作业时焊工应到外面休息。容器内照明电压不得超过12V。焊工身体应用绝缘材料与焊件隔离。焊接时，必须设专人监护，监护人应熟知焊接操作规程和抢救方法。

(9) 焊接铜、铝铅、锌合金金属时，必须穿戴防护用品，在通风良好的地方作业。在有害介质场所焊接时，应采取防毒措施，必要时进行强制通风。

(10) 施焊地点潮湿或焊工身体出汗后而使衣服潮湿时，严禁靠在带电钢板或工件上，焊工应在干燥的绝缘板或胶垫上作业，配合人员应穿绝缘鞋或站在绝缘板上。

(11) 焊接时临时接地线头严禁浮搭，必须固定、压紧，用胶布包严。

(12) 操作时遇下列情况必须切断电源：

①改变电焊机接头时。

②更换焊件需要改接二次回路时。

③转移工作地点搬动焊机时。

④焊机发生故障需进行检修时。

⑤更换保险装置时。

⑥工作完毕或临时离开操作现场时。

（13）高处作业必须遵守下列规定：

①必须使用标准的防护安全带，并系在可靠的构架上。

②必须在作业点正下方5m外设置护栏，并设专人监护。必须清除作业点下方区域易燃易爆物品。

③必须戴盔式面罩。焊接电缆应绑紧在固定处，严禁绕在身上，或搭在背上作业。

④焊工必须站在稳固的操作平台上作业，焊机必须放置平稳、牢固，设有良好的接地保护装置。

（14）操作时严禁焊钳夹在腋下去搬被焊工件或将电缆挂在脖颈上。

（15）焊接时二次线必须双线到位，严禁借用金属管道、金属脚手架、轨道及结构钢筋作回路地线。焊把线无破损，绝缘良好。焊把线必须加装电焊机触电保护器。

（16）焊接电缆通过道路时，必须架高或采取其他保护措施。

（17）焊把线不得放在电弧附近或炽热的焊缝旁。不得碾压焊把线。应采取防止焊把线被尖利器物损伤的措施。

（18）清除焊渣时应佩戴防护眼镜或面罩。焊条头应集中堆放。

（19）下班后必须拉闸断电，必须将地线和把线分开，并确认火已熄灭方可离开现场。

2.1.2 气焊操作安全常识

（1）点燃焊（割）炬时，应先开乙炔阀点火，然后开氧气阀调整火焰。关闭时应先关闭乙炔阀，再关氧气阀。

（2）点火时，焊炬口不得对着人，不得将正在燃烧的焊炬放在工件或地面上。焊炬带有乙炔气和氧气时，不得放在金属容器内。

（3）作业中发现气路或气阀漏气时，必须立即停止作业。

（4）作业中若氧气管着火应立即关闭氧气阀门，不得折弯胶管断气；若乙炔管着火，应先关熄炬火，可用弯折前面一段软管的办法止火。

（5）高处作业时，氧气瓶、乙炔瓶、液化气瓶不得放在作业区域正下方，应与作业点正下方保持在10m以上的距离。必须清除作业区域下方的易燃物。

（6）不得将橡胶软管背在背上操作。

（7）作业后应卸下减压器，拧上气瓶安全帽，将软管盘起捆好，挂在室内干燥处；检查操作场地，确认无着火危险后方可离开。

（8）冬天露天作业时，如减压阀软管和流量计冻结，应使用热水（热水袋）、蒸汽或采暖设备化冻，严禁用火烘烤。

（9）使用氧气瓶应遵守下列规定：

①氧气瓶应与其他易燃气瓶、油脂和易燃、易爆物品分别存放。

②存储高压气瓶时应旋紧瓶帽，放置整齐，留有通道，加以固定。

③气瓶库房应与高温、明火地点保持10m以上的距离。

④氧气瓶在运输时应平放，并加以固定，其高度不得超过车厢槽。

⑤严禁用自行车、叉车或起重设备吊运高压钢瓶。

⑥氧气瓶应设有防振圈和安全帽，搬运和使用时严禁撞击。

⑦氧气瓶阀不得沾有油脂、灰土。不得用带油脂的工具、手套或工作服接触氧气瓶阀。

⑧氧气瓶不得在强烈日光下暴晒，夏季露天工作时，应搭设防晒罩、棚。

⑨氧气瓶与焊炬、割炬、炉子和其他明火的距离不小于 10m，与乙炔瓶的距离不得小于 5m。

⑩开启氧气阀门时，操作人员不得面对减压器，应用专用工具。开启动作要缓慢，压力表指针应灵敏、正常。氧气瓶中的氧气不得全部用尽，必须保持不小于 49kPa 的压强。

⑪严禁使用无减压器的氧气瓶作业。

⑫安装减压器时，应首先检查氧气瓶阀门，接头不得沾有油脂，并略开阀门清除油垢，然后安装减压器。关闭氧气阀门时，必须先松开减压器的活门螺栓。

⑬作业中，如发现氧气瓶阀门失灵或损坏不能关闭时，应待瓶内的氧气自动逸尽后，再行拆卸修理。

⑭检查瓶口是否漏气时，应使用肥皂水涂在瓶口上观察，不得用明火试。

（10）使用乙炔瓶应遵守下列规定：

①现场乙炔瓶存储量不得超过 5 瓶，如 5 瓶以上时，应放在储存间。储存间与明火的距离不得小于 15m，应通风良好，设有降温设施、消防设施和通道，避免阳光直射。

②储存乙炔瓶时，乙炔瓶应直立，并必须采取防止倾斜的措施。严禁与氯气瓶、氧气瓶及其他易燃、易爆物同间储存。

③储存间必须设专人管理，应在醒目的地方设安全标志。

④应使用专用小车送乙炔瓶。装乙炔瓶的动作应轻、不得抛、滑、滚、碰。严禁剧烈振动和撞击。

⑤汽车运输乙炔瓶时，乙炔瓶应妥善固定。气瓶宜横向放置，头向一方。直立放置时，车厢高度不得低于瓶高的 2/3。

⑥乙炔瓶在使用时必须直立放置。

⑦乙炔瓶与热源的距离不得小于 10m。乙炔瓶表面温度不得超过 40℃。

⑧乙炔瓶使用时必须装设专用减压器，减压器与瓶阀的连接应可靠，不得漏气。

⑨乙炔瓶内气体不得用尽，必须保留不小于 98kPa 的压强。

⑩严禁铜、银、汞等及其制品与乙炔接触。

（11）使用液化石油气瓶应遵守下列规定：

①液化石油气瓶必须放置在室内通风良好处，室内严禁烟火，并按规定配备消防器材。

②液化气瓶冬季加温时，可用 40℃ 以下温水，严禁火烤或用沸水加温。

③气瓶在运输、存储时必须直立放置，并加以固定，搬运时不得碰撞。

④气瓶不得倒置，严禁倒出残液。

⑤瓶阀管子不得漏气、丝堵、角阀丝扣不得锈蚀。

⑥气瓶不得充满液体，应留出 10%～15% 的气化空间。

⑦胶管和衬垫材料应采用耐油性材料。

⑧使用时应先点火，后开气，使用后关闭全部阀门。

（12）使用减压器应遵守下列规定：

①不同气体的减压器严禁混用。

②减压器出口接头与胶管应扎紧。

③安装减压器前，应略开氧气阀门，吹除污物。

④减压器冻结时应采用热水或蒸汽加热解冻，严禁用火烤。

⑤安装减压器前应进行检查，减压器不得沾有油脂。

⑥打开氧气阀门时，必须慢慢开启，不得用力过猛。

⑦减压器的调压螺丝虽已旋松，但低压气表有缓慢上升发生自流现象（或称直风）时，必须迅速关闭氧气瓶气阀，卸下减压器进行修理。

（13）使用焊炬和割炬应遵守下列规定：

①使用焊炬和割炬前必须检查射吸情况，射吸不正常时，必须修理，正常后方可使用。

②焊炬和割炬点火前，应检查连接处和各气阀的严密性，连接处和气阀不得漏气；焊嘴、割嘴不得漏气、堵塞。使用过程中，如发现焊炬、割炬气体通路和气阀有漏气现象，应立即停止作业，修好后再使用。

③严禁在氧气阀门和乙炔阀门同时开启时用手或其他物体堵住焊嘴或割嘴。

④焊嘴或割嘴不得过分受热，温度过高时，应放入水中冷却。

⑤焊炬、割炬的气体通路均不得沾有油脂。

（14）橡胶软管应遵循下列规定：

①橡胶软管必须能承受气体压力；红色为氧气管，绿色或黑色为乙炔管，各种气体的软管不得混用。

②胶管的长度不得小于5m，以10～15m为宜，氧气软管接头必须扎紧。

③使用中，氧气软管和乙炔软管不得沾有油脂，不得触及灼热金属或尖刃物体。

课题2 材 料 要 求

（1）焊接结构使用的金属材料有不同的型号。使用时应根据金属材料的型号，金属材料应有出厂质量检验证明书（合格证），对于没有出厂合格证或出厂质量检验证明书的材料必须进行化学成分分析、机械性能试验及可焊性试验后才能使用。

（2）焊接碳钢和合金钢所用的焊丝表面不应有氧化皮、锈蚀、油污等。其化学成分应满足国家标准或部颁标准；必要时在使用前，对焊丝应进行化学成分校核、外部检查及直径测量。

（3）焊条的外表质量、化学成分、机械性能、焊接性能等应符合国家标准和使用的要求。对焊条的化学成分及机械性能进行检查时，首先用这种焊条焊成焊缝，然后对其焊缝进行化学成分和机械性能测定，合格的焊条其焊缝金属的化学成分及机械性能应符合其说明书所规定的要求。

应使用焊接性能良好的焊条，焊条容易起弧、电弧稳定、飞溅少、药皮熔化均匀、熔渣流动性好、覆盖均匀、焊缝成形好、脱渣容易，并且在一般情况下，焊缝中不应有裂缝、气孔、夹渣等工艺缺陷。

（4）焊条的药皮要牢固地紧贴在焊芯上并且有一定的强度，直径小于4mm的焊条，从0.5m处平放自由落在钢台上，药皮不损坏。药皮覆盖在焊芯上应同心。贴附紧密，没有气孔、裂纹、肿胀和未调匀的药团。使用焊条时，不得有损伤和受潮变质。不能使用变质和损伤的焊条。焊条施焊前需经烘干，以去除水分。

焊剂颗粒度、成分、焊接性能及湿度符合使用要求。焊剂应与焊丝配合使用方能保证焊缝金属的化学成分及机械性能合乎要求，焊接不同种类的钢材，则要求不同类型的焊剂配合。具有良好性能的焊剂，其电弧燃烧稳定，焊缝金属成型良好，脱渣容易，焊缝中没有气孔、裂缝等缺陷。焊剂的湿度要求取 100g 焊剂经 300～400℃烘干 2h，含水分不得超过 1%。焊剂在使用前，必须按规定的要求烘干，有注明要求的均须经 250℃烘 1～2h。

（5）手工弧焊的工具包括面罩、手把、电缆等。这些工具对焊接质量和焊接工作也会有一定的影响。

①面罩，是用来保护焊工的眼睛和面部的。焊工可以通过镶在它上面的护目玻璃观察电弧燃烧情况及熔池情况。焊工可通过控制熔池和电弧的情况来减少和消除夹渣、未焊透及气孔。应正确选用面罩上的护目玻璃。其选用可参考表 2.2-1。

面罩上的护目玻璃的选用 表 2.2-1

玻璃牌号	颜色深浅	用途
11	最暗	供电流大于 350V 焊接用
10	中等	供电流 100、350V 焊接用
9	较浅	供电流小于 100V 焊接用

②手把（焊钳），是用来夹持焊条和传导电流的。质量优良的手把应满足使用要求：在夹持面中，能夹紧和便于更换几种所需角度的各种直径电焊条；电缆与夹头连接导电良好，发热小，把柄绝缘好；重量轻便。

③电缆是连接焊机与工件以及焊机与手把的导线。焊接使用的电缆一般采用多股细铜丝组成。外表包裹着橡胶绝缘层。要求柔软、轻便、使用时不发热、绝缘好。使用长度最好在 20～30m。过长的电缆线会增大电压降，影响焊接的稳定性，过大的电压降，甚至会使焊接不能引弧。通常要求额定电流下电缆线上的电压降不大于 4V。电缆的导线断面的选用如表 2.2-2。

导线断面与额定电流 表 2.2-2

导线断面（mm²）	16	25	35	50	70	95	120	150
最大额定电流（A）	105	140	175	225	280	335	400	460

（6）气焊、气割对材料的要求：

①低碳钢的焊接性能良好，焊接时一般不需要采取特殊的工艺措施。但在个别情况下，当母材或焊条成分不合格时（如碳量过高，硫量过高等），或在低温条件下焊接刚性大的结构时，也可能出现裂纹。

②低碳钢进行气割时，工艺性能良好。因此气割是低碳钢下料的主要方法。

中碳钢与低碳钢相比，由于碳的含量增高，气焊时易产生热裂纹，特别是第一层焊道或焊接收尾处，在火焰保护不良，焊速太快，焊缝结尾火焰撤离太快时，易出气孔。尽管气焊有预热、缓冷的作用，但在冬季野外施工且工件刚性较大时，气焊中碳钢仍可能在焊缝边缘产生冷裂纹；中碳钢采用气割时，工艺性能良好。

高碳钢主要用来做工具，这类钢的焊接特点与中碳钢基本相似，由于含碳量更高，使得焊后硬化和裂纹倾向更大，也即可焊性更差。所以，这类材料不用于制造焊接结构。高碳钢进行气割时，工艺性能尚良好。

（7）有色金属材料用的焊辅材料（焊丝、焊药）的选用要求

常用的有色金属系指铜，铝及其合金。铜、铝及其合金与气焊用的焊丝，熔剂的选用原则是一样的。对于焊丝来说，尽量选用与焊接材料化学成分相同或相近的标准焊丝，如果没有标准焊丝，则可采用母材金属的剪条。气焊熔剂也尽量选用标准熔剂，如没有时，也可自己配制。

课题3 机具设备

2.3.1 手工电弧焊的工具

包括：面罩、手把、电缆等。辅助工具有渣锤、钢丝刷、凿子等，如图 2.3-1 所示。

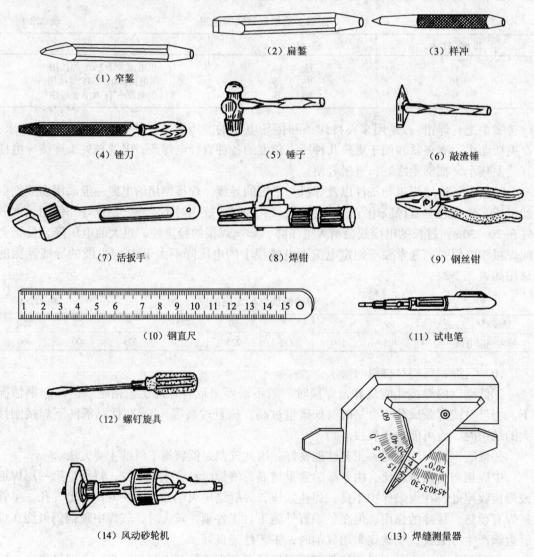

（1）窄錾
（2）扁錾
（3）样冲
（4）锉刀
（5）锤子
（6）敲渣锤
（7）活扳手
（8）焊钳
（9）钢丝钳
（10）钢直尺
（11）试电笔
（12）螺钉旋具
（13）焊缝测量器
（14）风动砂轮机

图 2.3-1 电弧焊常用的工具

2.3.2 气焊工具

包括：焊枪、割枪、氧气表、乙炔表、夹具、量具、防护镜、橡皮管、钢丝刷、手锤、锉刀、钢丝钳、活扳子、三棱式钢质通针、氧气瓶、乙炔瓶、工作台等。

2.3.3 电气焊设备

包括：交流、直流弧焊机、自动气割机、半自动气割机、数控气割机、乙炔发生器、回火防止器等。

2.3.4 电焊机

(1) 电焊机是利用焊接电弧产生的热量来熔化焊条和焊件，进行焊接的设备。焊接是将工件接头加热至熔化状态使之原子间结合达到永久性连接起来的一种加工方法。电焊机按输出电流的性质可分为直流弧焊机，如图2.3-2所示。交流弧焊机，如图2.3-3所示。

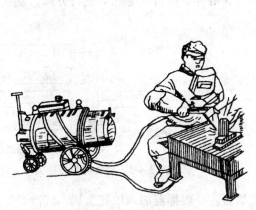 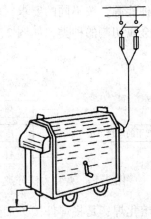

图 2.3-2　直流弧焊机　　　　　　　图 2.3-3　交流弧焊机

① 直流焊机适宜焊接薄钢板、铸铁、铝合金、铜合金、合金钢以及其他焊件。交流焊机具有结构简单、效率高、成本低、维护保养容易等特点，但电弧稳定性较差。

② 按电源的结构不同，可分为弧焊变压器、旋转式弧焊发电机、弧焊整流器和逆变电源等类型。常用的是交流弧焊机。逆变式弧焊电源具有工作效率高、体积小、质量轻，可进行交直流转换，是一种新型的很有发展前途的弧焊设备。

(2) 电焊钳和面罩

① 电焊钳：是用来夹持焊条并传导焊接电流进行焊接的工具，如图2.3-4所示。

② 面罩：如图2.3-5所示。

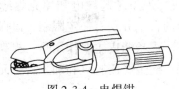 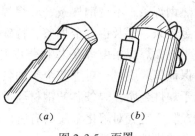

图 2.3-4　电焊钳　　　　　　　　　图 2.3-5　面罩
　　　　　　　　　　　　　　　　　(a) 手持式；(b) 头盔式

③电焊手套和脚盖：电焊手套是保护焊工手臂不受损伤和防止触电的专用护具。脚盖是保护焊工的脚面不被焊渣烫伤的保护用品。

④清理焊件工具：用于清除焊渣药皮和修理焊缝，剔除焊缝中的缺陷等焊工使用的工具。主要有：尖头渣锤、凿子、钢丝刷、锉刀、榔头等。

课题4 操 作 工 艺

2.4.1 焊接基本知识

(1) 焊接与切割是金属结构制作与安装常用的工艺方法，是焊工必备的操作技能。焊接就是通过加热和加压的方法，使两个分离的物体之间借助于内部原子之间的扩散与结合作用，使其连接成一个整体的工艺过程。焊接方法分类，如图 2.4-1 所示。金属的切割是使用各种能源，按不同的要求，将整体的金属构件、板材或毛坯等进行分离、割孔或局部切除。金属切割的种类，如图 2.4-2 所示。

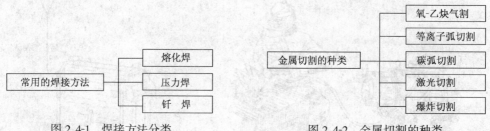

图 2.4-1 焊接方法分类   图 2.4-2 金属切割的种类

①熔化焊：是将焊件接头加热到熔化状态，一般都需加入填充金属，经冷却结晶后形成牢固的接头，使焊件成为一个整体。根据热源的形式不同，熔化焊接方法分为电弧焊（以气体导电时产生的热为热源）；电阻焊、缝焊（以焊件本身通电时电阻热为热源）；电渣焊（以熔渣导电时电阻热为热源）；气焊（以氧、乙炔或其他可燃气体燃烧火焰为热源）；铝热焊（以铝热剂放热反应所产生的热为热源）；以及电子束焊、激光焊等。

②压力焊：是将两块金属的接头处加压，不论进行加热或不加热，在压力的作用下使之焊接起来。

③钎焊：是利用比金属焊件熔点低的钎料与焊件一同加热，使钎料熔化后填满焊件连接处的间隙，待钎料凝固后，将两块焊件彼此连接起来。

(2) 焊条的选择：根据国家标准规定，焊条分为：低碳钢和低合金高强度钢焊条、钼和铬钼耐热钢焊条、不锈钢焊条、堆焊焊条、低温钢焊条、铸铁焊条、镍及镍合金焊条、铜及铜合金焊条、铝及铝合金焊条、特殊用途焊条等。

①手工电弧焊焊条由焊条芯和药皮两部分组成。焊条芯起导电和填充焊缝金属的作用，为了保证焊缝质量，对焊芯金属的各合金元素的含量分别有一定限制，以保证焊缝的性能不低于焊件金属，焊条芯的钢材经过特殊冶炼。焊条药皮主要作用是：提高焊接电弧的稳定性，防止空气对熔化金属的有害作用，保证焊缝金属的脱氧和加入合金元素，以提高焊缝金属的机械性能。

②根据焊条药皮熔化后的熔渣特性，又可分为酸性焊条和碱性焊条两类。酸性焊条由

于碳的氧化造成熔池沸腾，有利于已熔入熔池中的气体逸出，所以对铁锈、油脂、水分敏感性不大，适用于一般低碳钢和强度较低的普通低合金钢的焊接。

③碱性焊条又称低氢焊条，能使焊缝金属具有良好的机械性能，特别是冲击韧性较高，抗裂缝性能较强。主要用于重要结构如压力容器、合金结构钢等的焊接。但稳弧性差，焊缝成型不美观，脱渣困难，要求直流反接，并应注意排除有毒气体（氟化氢）。

④焊条的型号是以国家标准为依据，反映焊条主要特性的一种表示方法。直径是用焊条芯的直径表示的，有 2.0mm、2.5mm、3.2mm、4.0mm、5.0mm、5.8mm、6.0mm 等规格。常用的焊条直径为 φ3~2.5、φ3.2、φ4.0、φ5.0，长度为 250~450mm。通用的焊条牌号是以相应的汉语拼音字母与阿拉伯数字表示。如：E5018、J422 等。举例如下：

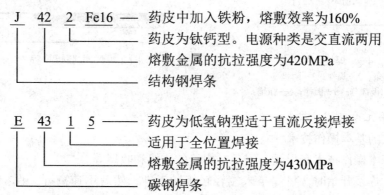

⑤选用焊条的直径主要取决与焊接工件的厚度。一般焊条的直径不超过焊件的厚度。厚度在 4~12mm 的焊件选用焊条直径 3.0~4.0mm，不同直径的焊条选用不同的电流值。φ3.2 的焊条电流是 100~130A，φ4.0 的焊条电流是 180A 左右。焊条直径的选择可参考表 2.4-1。

焊条直径的选择　　　　　　　　　　　　　　　　　　　　　　　表 2.4-1

焊件厚度（mm）	≤1.5	2	3	4~5	6~12	≥13
焊条直径（mm）	1.5	2	3.2	3.2~4	4~5	5~6

（3）焊接电流与电弧：由直流电源产生的电弧叫直流电弧，在直流电弧焊中，焊接电弧包括阴极区、弧柱和阳极区三部分，焊接电弧的基本构成如图 2.4-2 所示。这种把阳极接在焊件上，阴极连在焊条上，使电弧中的热量大部分集中在焊件上的连接形式叫做正接法。它可加快焊件的熔化速度，多用于厚的焊件。如果将阴极接在焊件上，阳极连在焊条上，叫反接法，常用于焊接较薄的焊件或焊接不需要高热的焊件如焊接合金钢等。

焊接电弧产生于焊条（阴极）与工件（阳极）之间，阴极区位于焊条末端，而阳极区则位于工件表面，弧柱位于两极之间，呈锥形，四周被弧焰包围，同时，电弧放出的热量分布是不同的。交流电焊机的电弧中阳极与阴极时刻在变化，焊件与焊条的热量是相等的，这时没有正反接法的差别。电弧的热量多少与焊接电流和电压的乘积成正比。电流愈大电弧产生的总热量就愈大。当电弧稳定燃烧时，焊件与焊条之间所保持的一定电压主要与电弧长度（焊条与工件间的距离）有关。电弧长度愈大，电弧电压也愈高，一般情况下，电弧电压在 16~35V 范围内。如图 2.4-3 所示。

金属焊件本身称为基本金属，焊接时，由于电弧的吹力，使基本金属焊件底部形成一个凹坑，称为熔池。基本金属表面到熔池底部的距离称为熔深。焊条熔化末端到熔池表面的距离称为弧长。焊条熔滴过渡到熔池上的金属称为焊着金属。焊着金属与基本金属在高温下熔合，冷却后形成焊缝。在焊缝上附着的一层渣壳称为焊渣，如图2.4-4所示。

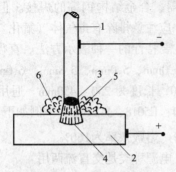

图2.4-3　焊接电弧示意图
1—焊条；2—焊件；3—阴极部分；
4—阳极部分；5—弧柱；6—弧焰

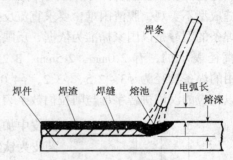

图2.4-4　电弧焊过程

2.4.2　手工电弧焊

（1）焊工的基本操作技术

焊工的基本操作技术有引弧、运条、焊缝的连接和收尾等。

①引弧。焊接开始时，将焊条末端轻轻接触工件，然后迅速离开，保持一定的距离（2～4mm）后产生电弧的过程称为引弧。引弧方法一般有两种：碰击法引弧与划擦法引弧。碰击法一般适用于酸性焊条，划擦法一般适用于碱性焊条。

（A）碰击法引弧

碰击法引弧，是先将焊条末端对准焊缝，然后将手腕放下，轻微碰一下焊件，随后迅速地将焊条提起3～4mm，电弧引燃后立即使弧长保持在焊条直径所要求的范围内，如图2.4-5（a）所示。

（B）划擦法引弧

划擦法引弧，如图2.4-5（b）所示。先打磨焊条导电处的药皮，像划火柴一样，使焊条末端在焊件上迅速划擦，出现弧光，立即提起拉开电弧，使焊条末端与被焊金属表面的距离维持在2～4mm，保持与焊条直径相等的电弧长度。擦划法比碰击法易于掌握，但擦划法引弧易损伤工件表面和沾染飞溅。在焊接压力容器时，不得在焊缝外引弧，只能在坡口内擦划引弧。最好采取碰击法引弧，可减少飞溅和对工件的损伤。电弧引燃后，稍拉长移至起点，进行短时间的预热，然后压短电弧，待起始处形成熔池，且熔池形状、大小符合技术要求后，沿焊接方向（从左到右）开始均匀移动。

以上两种方法相比，划擦法较易掌握。但是在狭小工作面上或焊件表面不允许损伤时，就不如碰击法好。碰击法一般容易发生电弧熄灭或短路现象。这是由于没有掌握好焊条离开焊件时的速度和焊条与工件表面的距离而引起的。如果动作太快或焊条提得太高，就不能引燃电弧，或者电弧只燃烧一瞬间就熄灭；相反，动作太慢就可能使焊条与焊件粘在一起，焊接回路发生短路现象。

引弧时，如果焊条和焊件粘在一起，只要将焊条左右摇动几下，就可脱离焊件，如果这时还不能脱离焊件，就应立即将焊钳与回路断开，待焊条稍冷后再折下。如果焊条粘住焊件的时间过长，会因过大的短路电流而可能使电焊机烧坏，所以引弧时，手腕动作必须灵活准确，而且要选择好引弧起始点的位置。

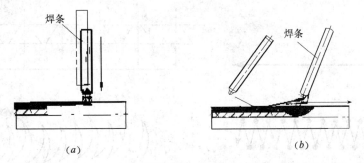

图 2.4-5　引弧
(a) 碰击法；(b) 划擦法

②运条。运条是在焊接过程中，焊条相对焊缝所做的各种动作的总称。当电弧引燃后，焊条要有以下三个基本动作。

(A) 焊条向熔池送进。为了使焊条在熔化后仍能保持一定的弧长，要求焊条向熔池方向送进的速度与焊条熔化的速度相适应。如果焊条送进的速度低于焊条熔化的速度，则电弧的长度逐渐增加，最终导致断弧。如果焊条送进速度太快，则电弧长度迅速缩短，使焊条末端与焊件接触造成短路，同样会使电弧熄灭。

电弧的长度对焊缝质量的影响很大。电弧过长，焊缝质量差。因为长弧易左右飘动，造成电弧不稳定，保护效果差，飞溅增大，同时使电弧的热损失增加，焊缝熔深浅，而且由于空气的侵入易产生气孔。因此，在焊接过程中一定要采用中、短弧施焊，特别是在用低氢型焊条时，必须用短弧施焊才能保证焊接质量。

(B) 焊条沿焊接方向的移动。这个运动主要是使焊接熔敷金属形成焊缝。焊条移动的速度与焊接质量、焊接生产率有很大关系。如果焊条移动的速度太快，则电弧可能来不及熔化足够的焊条与焊件金属，造成未焊透、焊缝较窄。若焊条移动的速度太慢，则会造成焊缝过高、过宽，外形不整齐，在焊接较薄焊件时容易造成焊穿。因此，运条速度适当才能使焊缝均匀。

(C) 焊条的横向摆动。其主要目的是为了得到一定宽度的焊缝，防止两边产生未熔合或夹渣，也能延缓熔池金属的冷却速度，有利于气体的逸出。焊条横向摆动的范围应根据焊缝宽度与焊条直径而定，横向摆动的速度应根据熔池的熔化情况灵活掌握。横向摆动力求均匀一致，以获得宽度一致的焊缝。正常的焊缝一般不超过焊条直径的 2 ~ 5 倍。

在焊接时除应保持正确的焊接角度外，还应根据不同的焊接位置、接头形式、焊件厚度等灵活应用运条中的三个动作，分清熔渣与铁水，控制熔池的形状与大小，才有可能焊出合格的焊缝。

焊接时，焊条的运动有多种方法，要视实际情况而定。常用的运条方法有：直线形运条法、直线往返形运条法、锯齿形运条法、月牙形运条法、斜三角形运条法、正三角形运条法、正圆圈形运条法、斜圆圈形运条法等。如图 2.4-6 所示。

(A) 直线形运条法，如图 2.4-6 (a) 所示。使用这种方法焊接时，要保持一定的电弧长度，焊条沿焊接方向作不摆动的前移。由于焊条不用横向摆动，电弧较稳定，所以能获得较大的熔深，但焊缝宽度较小，一般用于 3 ~ 5mm 不开坡口的对接平焊缝、多层焊的第一层焊缝和多层多道焊。

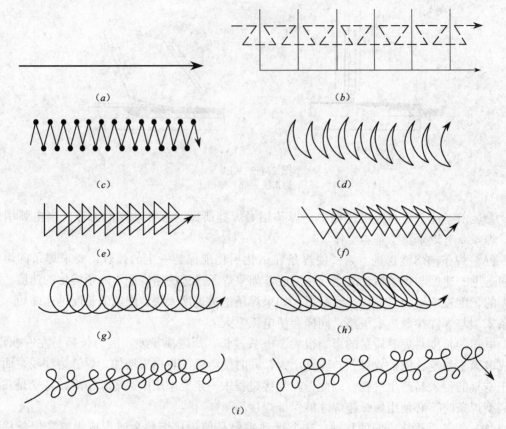

图 2.4-6　常见的几种运条方法
（*a*）直线形运条法；（*b*）直线往返运条法；（*c*）锯齿形运条法；（*d*）月牙形运条法；（*e*）斜三角形运条法；
（*f*）正三角形运条法；（*g*）正圆圈形运条法；（*h*）斜圆圈形运条法；（*i*）八字形运条法

　　直线向前运动焊条，可以控制焊缝横截面积大小。焊条向下送进快慢起到控制电弧长度的作用，压低电弧可增大熔深。横向摆动和两侧停留可保证焊缝两侧有良好的熔合。操作时，要保持正确的焊条角度，掌握好运条动作。控制焊接熔池形状和尺寸，可以起到分离熔渣和铁水，防止熔池渣流到铁水中造成夹渣和未焊透；改变焊条角度使电弧吹力托住铁水，防止立、横、仰焊时铁水坠落。

　　（B）直线往返运条法，如图 2.4-6（*b*）所示。用这种方法焊接时，焊条的末端沿焊缝的纵向作来回的直线形摆动，其特点是焊接速度快、焊缝窄、散热快。适用于薄板和接头间隙较大的多层焊的第一层焊缝的焊接。

　　（C）锯齿形运条法，如图 2.4-6（*c*）所示。用这种方法焊接时，将焊条的末端作锯齿形连续摆动并向前移动，在焊缝两边稍停片刻以防止产生咬边。焊条的摆动是为了达到必要的焊缝宽度。

　　（D）月牙形运条法，如图 2.4-6（*d*）所示。它是将焊条末端沿着焊接方向作月牙形的左右摆动，摆动的速度要根据焊缝的位置、接头形式、焊缝宽度和电流大小而定。为保证焊缝两侧边缘能够熔透并防止产生咬边现象，必须注意在两侧作片刻停留。这种方法适用的范围和锯齿形运条法相同，但焊缝的余高较大。

（E）三角形运条法。它是将焊条末端作连续的三角形运动，并不断向前移动。根据适用范围的不同，可分为斜三角形和正三角形两种运条法。

正三角形运条法，如图2.4-6（e）所示。只适用于开坡口的立焊和不开坡口的立角焊，其特点是一次能焊成较厚的焊缝截面。斜三角形运条法，如图2.4-6（f）。只适用于平焊、仰焊位置的角焊缝和开坡口的横焊缝。其特点是能够借助焊条的运条动作来控制熔化金属量，使焊缝成形良好。

（F）圆圈形运条法。它是将焊缝末端连续地作圆圈形运动，并不断向前移动。这种运条方法可分为正圆形和斜圆形两种方法。

正圆形运条法，如图2.4-6（g）所示。适用于焊接较厚焊件开坡口的平焊缝，能使熔化金属有足够高的温度，使溶解在熔池中的氢、氮等气体有足够的时间析出，同时便于熔渣上浮。斜圆形运条法，如图2.4-6（h）所示。适用于平焊、仰焊位置的角焊缝和开坡口的横焊缝，能够控制熔化金属削温度，避免下淌，有助于焊缝成形。

（G）八字形运条法，如图2.4-6（i）所示。此方式用在加强焊缝边缘加热的时候。

以上这些是最基本的运条方法。在实际生产中，焊工根据自己的习惯及经验，采用的运条方法是各不相同的，要联系生产实际，灵活应用。

③收弧。收弧时，应将熔池填满，使焊缝终端具有与正常焊缝相同的尺寸。如果有弧坑存在，在一定条件下易形成弧坑裂纹。

④焊接速度。在保证焊透且保证焊缝高低、宽窄一致的前提下，应尽量快速施焊，工件薄则应加快焊速。主要根据具体情况灵活掌握。

（2）焊接接头形式

用焊接方法连接的接头称为焊接接头。焊接接头包括熔合区（也称焊缝）和热影响区。接头形式有：对接接头、T形接头、角接接头、搭接接头和其他接头形式（十字接头、端接接头、卷边接头、套管接头、斜对接头、锁底对接头等），要根据焊件的使用条件、结构形式和厚度选择适宜的接头形式。当焊件厚度小于6mm时，采用对接接头时，能保证完全焊透的工件不需开坡口（即在焊件的待焊部位加工出一定几何形状的沟槽），只需接头处留出1~2mm的间隙。当焊件较厚时需要开坡口，各种形式的对接接头，如图2.4-7所示。角接接头如图2.4-8所示。T形接头如图2.4-9所示。搭接接头如图2.4-10所示。

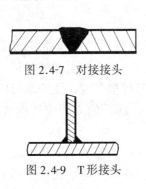

图2.4-7　对接接头

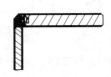

图2.4-8　角接接头

图2.4-9　T形接头

图2.4-10　搭接接头

(3) 焊缝的空间位置

按焊缝在空间位置不同，有平焊、立焊、横焊、仰焊。

①平焊是焊缝倾角在 0°～5°，焊缝转角在 0°～10°的位置施焊，有不开坡口的对接平焊（如图 2.4-11、图 2.4-12、图 2.4-13 所示）和开坡口的对接平焊，开坡口的对接平焊缝可采用多层焊（如图 2.4-14 所示）和多层多道焊（如图 2.4-15 所示）及船形焊（如图 2.4-16 所示）。不开坡口的对接平焊，适于板厚小于 6mm 的材料，当板厚超过 6mm 时，为保证焊透必须开坡口。船形焊，是在焊接形接头的构件时，把焊件置于如船形位置进行焊接。采用船形位置进行焊接，可避免产生咬边和单边等缺陷，易得到良好的焊缝成型。

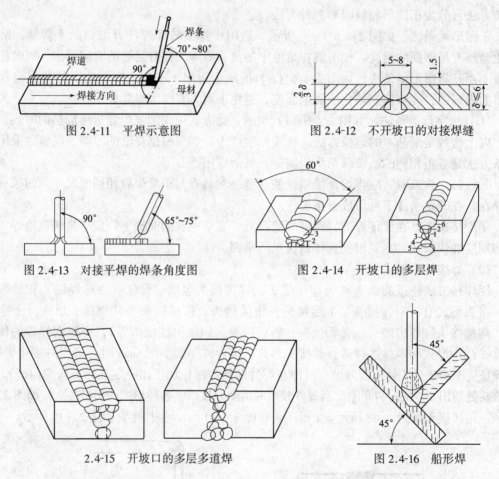

图 2.4-11　平焊示意图　　　　图 2.4-12　不开坡口的对接焊缝

图 2.4-13　对接平焊的焊条角度图　　　图 2.4-14　开坡口的多层焊

2.4-15　开坡口的多层多道焊　　　图 2.4-16　船形焊

平焊操作技术易于掌握，便于操作。可以使用较粗的焊条和焊接电流。提高生产效率。平焊时熔滴容易过渡，溶液与熔化金属不易流失，易于控制焊缝形状。焊接熔池表面要略微下凹；当铁水和熔渣混合不清时，要及时调整焊接角度，使铁水与熔渣分离。

②立焊是焊缝倾角在 80°～90°，焊缝转角在 0°～180° 的立焊位置施焊的一种操作方法。有不开坡口和开坡口的对接立焊与角接立焊。

立焊使铁水与熔渣易于分离，要防止熔池温度过高而使铁水下坠形成焊瘤。立焊时选用的焊条直径和焊接电流均应小于平焊，并采用短弧施焊，通常在立焊第一层焊缝时，为避免熔化金属下滴，宜采用跳弧法。

③横焊是焊缝倾角在0°~5°，焊缝转角在70°~90°的立焊位置施焊。以防止铁水受自重作用下坠到下坡口上。

④仰焊是焊缝倾角在0°~15°，焊缝转角在165°~180°的立焊位置施焊。仰焊时铁水易坠落，熔池形状和大小不易控制，仰焊是最难操作的一种焊接操作。易采用小电流短弧焊接。

（4）焊接缺陷

在焊接生产过程中，往往会在焊缝和热影响区产生各种缺陷。对于压力容器和工件的制造质量和安全运行带来隐患。常见的焊接缺陷有：按焊接缺陷在焊缝中的位置不同，可将其分为外部缺陷和内部缺陷两大类。常见的外部焊接缺陷主要有：焊缝外观形状和尺寸不符合要求、表面裂纹、表面气孔、咬边（如图2.4-17所示）、焊瘤（如图2.4-18所示）、弧坑、凹陷、满溢（如图2.4-19所示）、烧穿（如图2.4-20所示）、过烧等。常见的内部缺陷主要有：气孔、夹渣（如图2.4-21所示）、未焊透（如图2.4-22所示）、未熔合（如图2.4-23所示）、夹钨、夹珠。焊接裂纹等（冷裂纹、层状撕裂、热裂纹、再热裂纹）如图2.4-24所示。

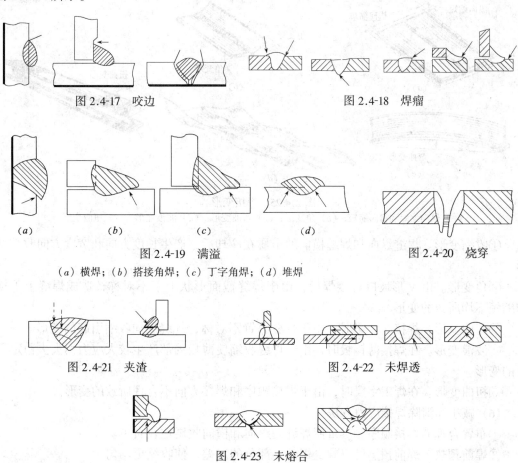

图2.4-17　咬边　　　　　　　　　图2.4-18　焊瘤

图2.4-19　满溢　　　　　　　　　图2.4-20　烧穿

（a）横焊；（b）搭接角焊；（c）丁字角焊；（d）堆焊

图2.4-21　夹渣　　　　　　　　　图2.4-22　未焊透

图2.4-23　未熔合

（5）焊接应力和变形

工件在焊接过程中，工件局部受热，温度分布不均匀，温度较高部分的金属由于受到周围温度较低部分金属的压制，不能自由膨胀产生应力变形。会使焊件尺寸和形状发生变化，如果变形量超过允许值，就需要矫正。若变形过大无法矫正，则需报废。焊接变形主要有收缩变形、角变形、弯曲变形、波浪变形、扭曲变形等几种形式，如图 2.4-25 所示。

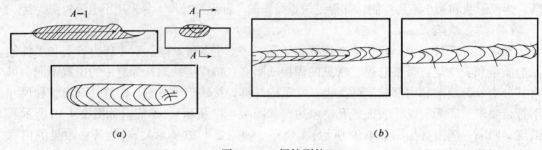

图 2.4-24　焊接裂纹
(a) 火口裂缝；(b) 表面裂纹

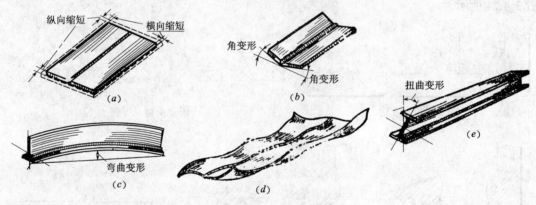

图 2.4-25　焊接变形
(a) 纵向缩短和横向缩短；(b) 角变形；(c) 弯曲变形；(d) 波浪变形；(e) 扭曲变形

①收缩变形。焊缝纵向和焊缝横向的金属在冷却后，产生长度方向和宽度方向收缩变形。

②角变形。由 V 形坡口对接焊后，由于焊缝截面形状上下不对称，造成焊缝上下横向缩短不均所致的变形。

③弯曲变形。焊接 T 字梁时，由于焊缝布置不对称，焊缝纵向收缩引起的变形。

④波浪变形。在焊接薄钢板时，由于焊缝收缩使薄板局部产生较大应力而失去稳定所致的变形。

⑤扭曲变形。在焊工字梁时，由于焊接顺序和焊接方向不合理所致的变形。

(6) 减小和消除焊接应力方法

①布置合理的焊接顺序。尽量使焊缝的纵向和横向收尾比较自由。

②焊前预热。焊前预热可以减少焊件各部分的温差，使收缩更均匀。

③锤击焊缝。每一道焊缝焊完后，用小手锤对红热状态下的焊缝均匀迅速的锤击以减小应力。

④焊后热处理。通常在可能的情况下将焊件整体或局部加热、保温后再缓冷，可消除

应力80%左右。

（7）防止和矫正焊接变形的措施

①反变形法。根据生产中焊接变形的规律，焊接前将工件安放在与焊接变形方向相反的位置上，以消除焊后发生的变形。

②合理的装配和焊接顺序对焊接结构有很大影响，若焊件的对称两侧都有焊缝，以工字梁为例，就会产生较大的弯曲变形。如采用合理的装焊顺序，可大大减少焊接变形。

③刚性固定法。刚度大的结构，焊后变形一般比较小。在焊接前采用一定方法加强焊件的刚性，焊后的变形就可减少。因此采用把焊件固定在刚性平台上或在焊接胎具夹紧下进行焊接。如T字梁，焊后易发生角变形，所以焊前就把平板牢牢地固定在平台上，在焊接时利用平台的刚性来限制弯曲变形和角变形。

④机械矫正。焊接后利用机械力矫正焊接变形。如工字梁弯曲后在压力机上进行矫正。此方法常用压力机、矫直机、辊床等设备，或采用锤击的方式进行矫正。该方法多用于厚度不大的焊件。

⑤火焰矫正法。是利用火焰对焊接结构进行局部加热，使之引起新的变形的一种矫正变形的方法。该方法使焊件在冷却收缩时产生变形，以矫正焊接所产生的变形。火焰矫正焊接变形的关键在于掌握工件变形的规律，确定合理的加热位置，否则会引起相反的作用或引起附加的内应力。图2.4-25所示焊后已经上拱的T字梁，可用火焰对腹板位置加热，加热呈三角区，加热至600~800℃，然后冷却使腹板收缩引起反向变形，将焊件矫正。

2.4.3 气焊与气割

气焊是利用氧气和可燃气体或空气混合燃烧火焰所产生的大量热量作为热源，熔化焊件和焊丝进行金属连接的一种熔接方法。气焊装置构成如图2.4-26所示。

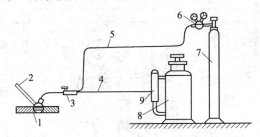

图2.4-26 气焊设备和工具示意图
1—焊件；2—焊丝；3—焊炬；4—乙炔橡皮气管；5—氧气橡皮气管；
6—氧气减压器；7—氧气瓶；8—乙炔发生器；9—回火防止器

在气焊中，根据操作位置不同，可分为平焊、立焊、横焊、仰焊。气焊用于焊接薄钢板、有色金属及其合金，需要预热和缓冷的工具钢及铸铁。

气割是利用这种高热，将金属加热到燃点以上，然后通过高压氧气，使其剧烈燃烧成为液态金属氧化物并加以吹除，实现金属断开的一种切割方法，气割通常分为手工气割和机械气割，机械气割又分为半自动气割和自动气割。如图2.4-27所示，为CG1-30型半自动气割机。

半自动气割机由切割小车、导轨、割炬、气体分配器、自动点火装置等组成。切割小车采用直流电动机驱动，硅闸管控制，进行无级调速。可进行直线、坡口及圆形割件的气割。在进行直线切割时，导轨放在被切割钢板的平面上，调整好气割方向，根据钢板厚度选用割嘴。调整气割速度。自动气割机有轻便摇臂式仿形自动气割机（台式或落地式）、光电跟踪气割机等。光电跟踪气割机设有高频点火装置、出轨报警、转角延时与自动停车装置，还设有专用示波器，以观察运行状态和便于维修检测，切割时，调整好切割气体，将图纸和钢板分别装在跟踪机和切割机工作台上，然后将光电头对准图纸，即可进行切割加工。气割常用于钢材的下料及焊件的坡口加工等，手动气割如图 2.4-28、图 2.4-29 所示。

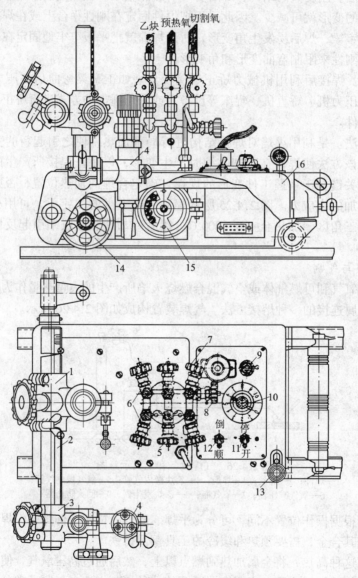

图 2.4-27　半自动气割机的构造

1—横移架；2—移动杆；3—升降架；4—割炬；5—预热氧调节阀；6—乙炔调节阀；
7—切割氧调节阀；8—压力开关阀；9—指示灯；10—速度调整器；11—起割开关；
12—倒顺开关；13—离合器手柄；14—滚轮；15—电动机；16—机身

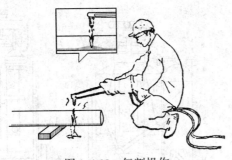

图 2.4-28　气割操作

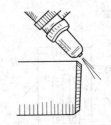

图 2.4-29　气割管子坡口

　　(1) 气体：目前用于气焊、气割的可燃气体有氧气、乙炔气（电石气），液化石油气、煤气等，由于乙炔发热量大，火焰温度高，并且制取方便，因而利用氧气、乙炔气混合燃烧产生的高温火焰（可达 3150℃以上）焊、割工件，得到广泛的应用。乙炔又称电石气，是一种易燃易爆气体，通常是利用水分解电石的方法产生乙炔气，一般使用乙炔发生器来制取乙炔气。

　　(2) 氧气瓶：氧气一般用氧气瓶盛装，氧气瓶是用于储存和运输氧气的高压容器。瓶内的氧气压力达 14.71MPa，瓶口上装有开闭氧气的阀门，常用的氧气瓶容积为 40L。

　　(3) 乙炔气瓶：现在采用溶解乙炔气瓶代替流动式乙炔发生器，起到了节省能源、安全可靠、使用方便的作用。一只 40L 的溶解乙炔气瓶可配用 3 ～ 4 只容积为 40L、14.71MPa 的氧气瓶，如图 2.4-30 所示。

　　(4) 乙炔发生器，乙炔发生器是利用电石（碳化钙）与水接触反应制取乙炔气体的设备。根据电石与水的接触方式不同，可分为排水式、联合式、电石入水式和浮筒式等。浮筒式乙炔发生器，如图 2.4-31 所示。结构简单，使用方便。主要由定桶、浮桶、电石乙炔气出口、防爆橡胶膜等组成。产生乙炔气的压力为 0.45kg/m² 以下。移动式中压乙炔发生器结构属排水式类型。主要由桶体、储气桶、回火防止器及小车等组成。乙炔发生器的正常产气量为 1m³/h，如图 2.4-32 所示。

图 2.4-30　氧气瓶

1—瓶帽；2—瓶阀；3—瓶钳；
4—防震圈；5—瓶体；6—标志

　　(5) 回火防止器，是防止气体火焰通过喷嘴逆向燃烧进入乙炔发生器内的装置。在气焊或气割操作中，一旦发生气体火焰通过喷嘴逆向燃烧，进入乙炔气瓶内就会发生燃烧爆炸，回火防止器可以有效保证乙炔气瓶的安全性。

　　开口式（低压）回火防止器如图 2.4-33 所示，这种回火防止器适用于浮筒式乙炔发生器。闭式（中压）水封回火防止器，如图 2.4-34 所示，一般用在中压乙炔发生器上。

　　(6) 减压器。是将高压气瓶内气体由高压降到工作压力，并保持工作压力和流量的基本稳定，常用的减压器有 QD-1 型氧气减压器和 QD-20 型乙炔减压器。QD-1 型氧气减压器如图 2.4-35 所示。乙炔减压器的工作原理，如图 2.4-36 所示。结构与氧气减压器基本相同。

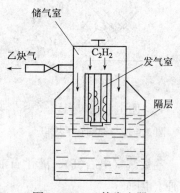

图 2.4-31 乙炔发生器

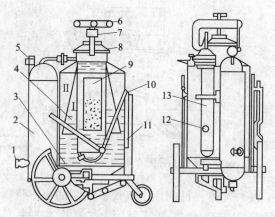

图 2.4-32 乙炔发生器
1—储气罐水位阀；2—储气罐；3—排渣口；
4—内层筒圈；5—乙炔压力表；6—开盖手柄；
7—压板环；8—筒盖；9—电石篮；10—移位调节器；
11—筒体；12—回火保险器水位阀；13—回火保险器

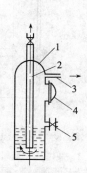

图 2.4-33 开口式
回火防止器示意图
1—筒体；2—进气管；
3—出气管；4—防爆膜；5—水位阀

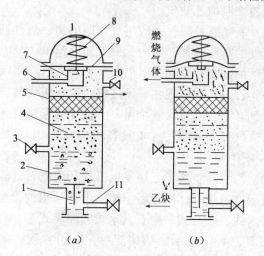

图 2.4-34 闭式（中压）水封回火防止器
结构及工作原理示意图
（a）正常工作时；（b）发生回火时
1—止回阀；2—桶体；3—水位阀；4—分配盘；
5—滤清器；6—放气口；7—放气阀；8—弹簧；
9—弹簧片；10—乙炔出气阀；11—乙炔进气管

（7）焊矩，又称焊枪，是气焊操作的主要工具。焊矩的作用是将乙炔和氧气按需要的比例混合，以一定的速度从焊嘴喷出，形成稳定而集中的焊接火焰加热焊件。焊矩按可燃气体与氧气的混合方式，分为等压式和射吸式两类。常用的射吸式焊矩如图 2.4-37，一般每把焊矩都配有多个不同规格的焊嘴，可根据不同材料的厚度和焊缝接头形式选用焊嘴。

（8）割矩。是气割用的主要工具。割矩的作用是将乙炔和氧气按一定的比例进行混合燃烧而形成预热火焰，把金属工件加热到一定温度，然后将高压氧气喷射到被切割处从而形成割缝。常用的割矩为射吸式如图 2.4-38 所示。在进行气割操作时，供切割用的预热火焰调成中性焰或轻微的氧化焰，不能采用碳化焰。当金属表面预热到燃点时，打开切割氧气，按割线进行切割。在切割结束时，割嘴应略向气割方向后倾一定角度，使割缝下的钢板先割穿，然后再将钢板全部割穿，这样能使首尾的割缝较为平整。

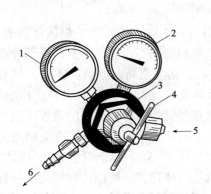

图 2.4-35　氧气减压器
1—低压表；2—高压表；3—外壳；
4—减压螺丝；5—进气接头；6—出气接头

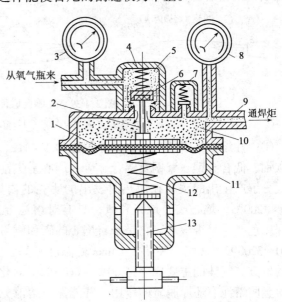

图 2.4-36　单级反作用减压器示意图
1—橡胶薄膜；2—阀门座；3—高压氧气表；
4—小弹簧；5—高压室；6—阀门；7—安全帽；
8—低压氧气表；9—壳体；10—低压室；
11—壳体；12—调压弹簧；13—调压螺钉

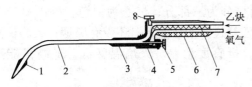

图 2.4-37　射吸式焊矩
1—焊嘴；2—混合气管；3—射吸管；4—喷嘴；
5—氧气阀；6—氧气导管；7—乙炔导管；
8—乙炔阀

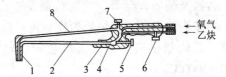

图 2.4-38　射吸式割矩
1—割嘴；2—混合气管；3—射吸管；
4—喷嘴；5—预热氧气阀；6—乙炔阀；
7—切割氧气阀；8—切割氧气管

（9）焊丝：是气焊时起填充作用的金属丝。焊丝的化学成分直接影响焊缝质量和焊缝机械性能。气焊丝的直径要根据焊件厚度选择，见表 2.4-2。

焊丝直径选用表　　　　　　　　　　　　　　　　　　　表 2.4-2

焊丝直径（mm）	1~2	2~3	3~4	3~5
焊件厚度（mm）	0.5~2	2~3	3~5	5~10

（10）气剂：是气焊时的助熔剂，气剂可预先涂在焊件的待焊处或焊丝上，也可在气焊过程中将高温的焊丝端部在盛气剂的器皿中定时地沾上气剂，再添加到熔池中。主要作用是保护熔池，减少空气的侵入，去除气焊时熔池中形成的氧化物杂质，增加熔池金属的流动性。气剂主要用于铸铁、合金钢及各种有色金属的气焊，低碳钢气焊时不使用气剂。

（11）气焊火焰。气焊、气割最经常用的是氧-乙炔火焰。气焊操作质量优劣与所用火焰的性质关系极大，调节焊矩中氧与乙炔的混合比例，可以获得三种不同性质的火焰，即中性焰、碳化焰和氧化焰，如图 2.4-39 所示。

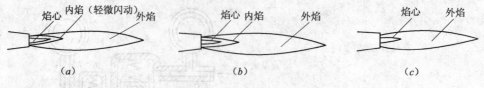

图 2.4-39　气体火焰种类与外形
(a) 中性焰；(b) 碳化焰；(c) 氧化焰

①中性焰，当氧气与乙炔的体积比为 1～1.2，这时得到中性火焰。适于焊接低碳钢、中碳钢、低合金钢、紫铜及铝合金等。焰心呈尖锥形，色白而明亮，轮廓清楚这是部分乙炔气分解产生出的碳粒在炽热时发出的明亮的白光。焰心亮度很高，但温度不高，只有 800～1200℃，焰心成分是碳和氧，具有对熔池金属渗碳和氧化的作用。内焰呈蓝白色，有深蓝色线条呈杏核形。它是来自焰心的碳和氧与氧气剧烈燃烧的部分。它的温度范围在 2800～3200℃。离焰心尖端 2～4mm 处温度最高，可达 3100～3200℃，它是碳与氧剧烈化合的地方。气体的主要成分是 60%～66% 的一氧化碳（CO）和 34%～40% 的氢气。因此，它对金属熔池有还原脱氧的作用，并能保护熔池免受其他气体侵害。所以，利用此区进行气焊。外焰与内焰没有明显区别界限，可从颜色上稍加区别，颜色由里向外由淡紫色变成橙黄色。外焰温度在 1200～2500℃，外焰有来自空气中多余的氧，具有氧化性，不适于焊接。

②碳化焰，当氧气与乙炔的体积比小于 1 时，得到碳化火焰。适于焊接高碳钢、高速钢、铸铁及硬质合金等。它的特征是：火焰明显分为三部分，焰心为白色，外围略带蓝色，内焰为淡白色，外焰仍为橙黄色；在供给乙炔过多的情况下，还带有黑烟；火焰长而柔软。乙炔量供给愈多，火焰愈长，愈柔软，挺直度愈差。火焰温度低，最高只能达 2700～3000℃。

③氧化焰，当氧气与乙炔的体积比大于 1.2 时，即相对增加氧气含量时，得到火焰是氧化焰。它的火焰，只由两部分组成。焰心短而尖，呈青白色；外焰也较短，稍带紫色。火焰挺直，燃烧时发出急促的"嘶、嘶"声。氧化焰的温度可达 3500℃。通常用于焊接黄铜。

以上三种不同性质的火焰，具有不同的温度，也各有不同的特点。碳化焰中，过量的乙炔从焰心分解为碳粒和氢气流入内焰，碳粒和氢气使火焰具有强烈的还原性，焊接时易使被焊工件增碳。而氧化焰由于氧气的供应量增多，火焰的氧化性很强，易使被焊材料中金属和合金元素烧损，并带来多种缺陷。所以，应用中要根据被焊材料的特点，选用性质不同、温度不同的火焰，可以获得优良的焊接接头。碳钢的气割和预热火焰应采用中性焰。碳化焰不能使用，否则会使割口增碳。调整火焰时应先开启切割氧气流，以防火焰性质发生变化，并应在气割中不断加以调节。

(12) 焊矩的操作：根据焊件的厚度选用合适的焊矩和焊嘴，并将其组装好。检查其射吸情况是否正常，检查焊矩、焊嘴和乙炔管接头等各气体通路有无漏气现象。检查合格后，在点火前应将胶管内的空气排除方可点火。

应右手握焊矩，方便用拇指和食指调节开关。点燃氧-乙炔焰时，应先开启氧气调节阀,再开启乙炔调节阀,氧-乙炔气体混合后将喷嘴靠近火源点燃,如图 2.4-40 所示。

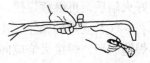

图 2.4-40　点燃焊炬

①起焊: 由于开始焊时,焊件温度较低,焊炬倾角加大,应使火焰在起焊处反复移动。当起焊处形成白亮清晰的熔池时,填入焊丝进行正常焊接。如图 2.4-41 所示。

(a)　　　　　　(b)　　　　　　(c)

图 2.4-41　焊接过程示意
(a) 焊前预热阶段;(b) 焊接过程中;(c) 焊接结尾阶段

②右焊法与左焊法: 右焊法是焊炬火焰指向焊缝,焊炬从左向右移动,焊接火焰在焊丝前面移动。火焰对着熔池使熔池周围与空气相隔离,可防止焊缝气化,减少气孔和夹渣产生,焊缝组织好。左焊法,如图 2.4-42 所示。是焊炬从右向左移动,焊炬火焰背着焊缝而指向焊件的未焊部分,并且焊炬火焰跟着焊丝后面走。左焊法比右焊法易于掌握,采用较多。左焊法适于焊较薄和熔点低的工件。

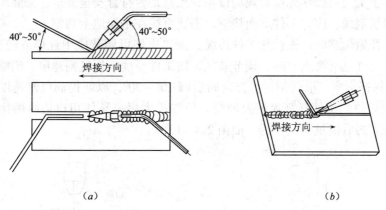

(a)　　　　　　　　　　　(b)

图 2.4-42　左焊法与右焊法
(a) 左焊法;(b) 右焊法

平焊一般采用左焊法,使用中性焰。具体操作方法是:

(A) 当焊接处加热至红色时,尚不能加入焊丝,待焊接处熔化并形成熔池时,才可加入焊丝。有时焊丝端部碰到熔池边沿上,发生粘住的现象,这时不要用力拔焊丝,可用火焰加热粘住的地方,焊丝会自行脱离。

(B) 在焊接过程中,如发现熔池突然变大,且没有流动金属时,表明工件烧穿。此时,应迅速提起火焰或加快焊速,减少倾角,多加焊丝。如发现熔池过小,焊丝熔滴不能与焊接工件很好熔合,仅敷在工件表面,即表明工件热量不够,这时应增加焊炬的倾角,减小焊接速度。

如熔池不清晰且有气泡,火花飞溅或熔池沸腾现象,说明火焰性质不对,应及时调整好火焰后，再继续焊接。如熔池内液体金属被吹出，说明气体流量过大，应及时调整。

（C）立焊的操作，主要采取自下而上的方法焊接。为防止熔化金属向下流动，影响焊缝成型，焊接火焰应向上倾斜，与焊件成60°夹角。为防止熔化金属过多，应少加焊丝，焊接火焰热量应小于平焊。

立焊厚度2mm以下的薄板，因焊接时，熔池体积小，易于加快焊接速度，使液体不等下流就会凝固，不要使火焰上下摆动，可做小的横向摆动，以疏散熔池中间热量，并把中间的液体金属带到两边，以获得较好的成型。

焊接2～4mm的工件可以不开坡口，但火焰热量要适当大些。在焊接起点应充分预热，形成熔池，并在熔池上熔化出一个直径相当于工件厚度的小孔，然后用火焰在小孔边缘加热熔化焊丝，填充圆孔下边的熔池，一面向上扩孔，一面填充焊丝完成焊接。焊炬做横向摆动，并根据情况调节熔池热量。

焊接5mm以上的工件应开坡口，最好也能形成打穿小孔。焊炬与焊丝横向交叉摆动，幅度要大些，焊接熔池应始终保持扁圆形或椭圆形，不要形成尖瓜子形。

③接头与收尾

接头时，用火焰把原熔池加热至熔化成新熔池，再填入焊丝重新焊接。收尾时，焊件温度高，应减小焊嘴倾角和加快焊接速度，多加一些焊丝，防止熔池过大，烧穿。

（13）气割

①准备：手工气割操作先检查现场设备、工具是否符合安全要求。去除工件表面污垢油漆等，划出切割线。应将工件下面垫空，不要直接在水泥地上切割。

②切割：开始切割时，先预热工件边缘。预热火焰可调节成中性焰或轻微的氧化焰，待工件表面呈亮红色（燃点）时，调节氧气，按工件厚度掌握气割速度。割嘴离工件高度一般3～5mm保持不变，沿气割运行方向向后倾20°～30°，以便提高气割速度，如图2.4-43所示。切割较厚的工件气割速度要放慢，但如果太慢，易使切口边缘熔化。但如果太快，会产生较大的后拖量或割不透，如图2.4-44所示。

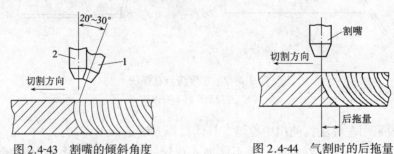

图2.4-43 割嘴的倾斜角度
1—厚度小于10mm；2—厚度大于10mm时

图2.4-44 气割时的后拖量

③收尾：当切割临近结束时割嘴应向后方倾斜一定角度，使钢板下部提前割开，并注意余料的下落位置，可使收尾割缝较为平整。

（14）气焊、气割操作过程中回火原因及防止和排除的方法

①回火的原因

从理论上讲，气焊、气割时，回火的产生与混合气体的喷射速度及其燃烧速度之间的比例有关。当混合气体的喷射速度低于燃烧速度时，火焰倒流入焊（割）炬及胶皮管，从

而产生回火。在气焊、气割操作过程中由于操作不当，也会造成回火。

（A）焊（割）炬如过分接近熔融金属，由于过热使焊嘴喷孔附近的压力增大，造成混合气体难以流出，使喷射速度减慢。

（B）焊嘴过热，混合气体受热膨胀使压力增大，从而增大混合气体的流动阻力。当焊嘴温度超过400℃时，一部分混合气体来不及流出焊嘴，或焊嘴拧得不紧，嘴头漏气，都会使混合气体在焊嘴内自燃并在出气口产生"叭、叭"的爆炸声。此时应设法冷却焊嘴。

（C）焊嘴被熔化金属堵塞，火焰喷射不正常时，若把焊嘴按在钢板上，由于焊炬内混合气体受堵不能喷出而引起回火。

（D）乙炔阀开得太小，压力低或胶皮管堵塞，也会引起爆炸。这种现象在熄火时最常见。

（E）焊炬内的气体通路被固体碳粒堵塞，混合气体不能外流，就会在里面燃烧和爆炸。

（F）焊炬年久失修，阀门密封不严，造成氧气倒回乙炔管道，形成混合气。焊炬点火即产生回火。

（G）加电石后没有放掉管内的乙炔—空气混合气体，此时焊炬点火，极易产生回火。

（H）焊炬嘴子被熔化金属堵塞，不关闭乙炔和氧气阀门去清理堵塞物，反而大开氧气阀门，想借此吹除堵塞物，结果使氧气倒流回乙炔管道。在清除堵塞物后，未放掉形成的乙炔—氧气混合气即开始点火，也会产生回火。

②防止回火的办法

（A）使用焊、割炬时，必须检查射吸情况是否正常。方法是：先接上氧气皮管，皮管内有氧气后，打开焊、割炬上的氧气阀，等氧气流出喷嘴后，再打开乙炔阀（乙炔皮管未接上），用手指贴在乙炔接口上，检查有否吸力（尤其是低压焊、割炬），是否正常。如果没有吸力，甚至有推力，说明焊、割炬绝对不能使用。否则就有氧气倒流至乙炔管道，造成回火爆炸的危险。如果正常，便可装上乙炔皮管进行工作。

（B）注意垫圈和各环节的阀门是否漏气，保证密封良好。

（C）点火前应将皮管内的空气排除，然后分别开启氧气和乙炔阀门。畅通后，方可点火工作。

（D）焊、割炬温度不得过高，过高时需用水冷却。

（E）点火时应先开乙炔，目的在于放出乙炔—空气混合气体，并同时检查乙炔通路是否正常。

（F）使用前在乙炔管道上必须安装回火防止器。

（G）皮管要专用，不得对调使用。通常皮管要有标记，乙炔管为绿色或黑色，氧气管为红色。

（H）焊嘴或割嘴堵塞后，要立即关闭乙炔、氧气阀门，将喷嘴拆下，用通针从内向外捅。通后，放掉混合气体，再进行点火。

一旦发生回火，应迅速关闭氧气阀，然后再关乙炔阀，稍停一会儿，再打开氧气阀，吹除焊、割炬内的烟灰，然后重新点火使用。如果关上氧气阀后，焊、割炬内的"嘶、嘶"声消失了，但一开氧气阀，声音又有了，则证明焊、割炬内火未熄灭。此时，应将乙炔管拔下并打开氧气阀门，使焊、割炬内的火焰从后面的乙炔管口喷出。待恢复正常后，按正确操作重新点火工作。

（15）焊接变形与反变形

①金属材料在焊接以后，焊缝和焊缝附近受热区的金属，发生在长度方向的纵向收缩和垂直于焊缝长度方向的横向收缩，造成了焊接结构的各种变形。焊接变形的基本形式，如图 2.4-45 所示。

变形是由于焊接时的高温作用下，热自由膨胀受到周围金属的阻碍，于是发生了压缩性变形，所以焊后这一区域的金属就发生了收缩。这种收缩也是不自由的，它受到焊件其他部分的一定阻碍。结果在产生一定的收缩或缩短变形的同时，还产生一定的焊接残余应力。切割时，在被割钢板刚性很大的情况下，板边和附近区域金属局部加热产生很大的内应力，使板材和从板材中切割出来的零件产生变形。在金属内产生的应力大小，由热的分布情况、温度的高低与在切割线方向和横方向的温度变化情况来决定，同时也决定于被割钢板的刚性大小。如果这些应力不超过材料的屈服极限，则变形常常带有弹性的性质而应力会在金属冷却后消失，如果在切割时应力超过屈服极限，则将发生塑性变形，使被割钢板扭曲或有残余应力。

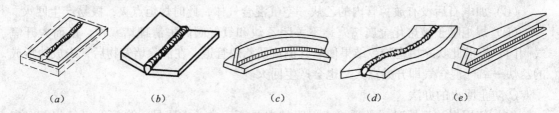

图 2.4-45　焊接变形的基本形式
（a）收缩；（b）角变形；（c）弯曲变形；（d）波浪变形；（e）扭曲变形

②反变形法是防止和减少焊接变形的一种方法。根据生产中已经发生的变形的规律，预先把焊件人为地制成一个变形，使这个变形与焊后发生的变形方向相反而数值相等。这种方法称为反变形法。反变形法在生产中应用十分广泛，例如焊接锅炉汽包上的管子时，由于焊缝集中在一侧，焊后易发生弯曲变形，为此，在焊前施加外力作用，使之产生相反方向的弯曲变形，然后进行焊接，焊后基本达到平直。关键在于靠实践经验确定反变形量。

③矫正焊接变形方法有冷加工法和热加工法。

冷加工的目的是将尺寸较短的部分加以伸展，从而达到恢复所要求的形状。热加工法是促使加工件较长的部分缩短以达到矫正变形的目的。一般使用氧-乙炔焰，加热温度一般为 850℃ 左右，避免金属过热或温度过低。为提高矫正速度，可采用水、火矫正法，即在使用火焰加热同时用水急冷。低合金钢具有不同程度的淬火倾向，一般不采用此方法。如图 2.4-46 所示 T 形梁焊后发生角变形、上拱和旁弯。矫正方法是，一般先矫正角变形，然后矫正上拱变形，再矫正旁弯变形。在矫正时，可能会出现由于矫正旁弯，而再次引起上拱变形，此时再矫正上拱变形。直至全部矫正。

2.4.4　检验焊接缺陷的方法

（1）密封试验方法

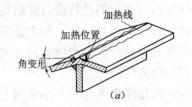 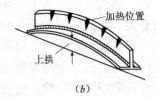 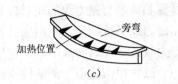

图 2.4-46　T形梁变形矫正

（a）角变形矫正；（b）上拱变形矫正；（c）旁弯变形矫正

密封检验的目的，是为了检查焊缝的致密性。根据焊接结构负荷的特点和结构强度的不同要求，密封检验可分为三种。

①水压试验这一方法常被用来检查管子、油箱、水箱、水密舱室以及各种容器，目的是测定这些容器的水密封和构件在承受一定压力下的致密性。

②气压试验，对某些管子或小型受压容器常采用气压试验进行检漏。其试验方法分为静气试验、压缩空气喷射试验、氨气试验等。

③煤油试验，在焊缝反面涂上白粉，而在焊缝的正面涂煤油。若焊接接头中有细微的裂缝或穿透性气孔等缺陷，煤油会渗过缝隙而使涂有白粉的一面焊缝上呈现黑色斑纹，由此可确定焊缝的缺陷位置。煤油试验的检查时间为 15～30min。如在规定时间内不出现斑点或带条，则可认为焊缝合格。煤油试验适用于不受压力的容器的致密性试验。规定为五分钟以后，再降至工作压力、进行致密性试验。此时，检查人员用重量为 1～1.5kg 的圆头小锤在距离焊缝 15～20mm 处沿焊缝方向轻轻敲打，观察有否渗漏，并应做出标记，以便补修。

气压试验某些管子或小型受压容器常采用气压试验进行检漏。但不作强度试验用。按容器所受压力的情况不同，气压试验的方法分为如下几种：

①静气压试验向管子或容器内通入一定压力的压缩空气，并在器壁的焊缝处涂上肥皂水。当焊缝中有穿透性的缺陷时，容器内的气体就会从这些缺陷中逸出，使肥皂水起泡，由此可发现焊缝中缺陷的位置。

②压缩空气喷射试验这一方法与静气压试验区别不大，也是用一定压力的压缩空气向焊缝处喷射，同时在焊缝的另一面涂上肥皂水。若某一处的焊缝中有穿透性的缺陷时，肥皂水即会起泡。但这种方法由于消耗压缩空气量太大，因此，一般检验中不常采用。

③氨气试验这种检验方法有时被用于蒸汽管子的焊缝密封试验。其试验方法是在管子内通入含有 10% 氨的气体，并在该管子的外壁焊缝处贴上一条比焊缝略宽的硝酸汞溶液的试纸。若该管子某处的焊缝有漏泄，则氨与硝酸汞溶液起化学反应，试纸即会呈现黑色斑点。

（2）表层缺陷探伤

①磁性探伤，将检验的零件首先充磁，零件中便有磁力线通过焊缝表面形成漏磁。这时在焊缝表面撒布铁粉末，铁粉将被吸附在有漏磁出现的缺陷上，根据被吸附的铁粉的形状、数量和厚薄程度可判断缺陷的大小和位置。

对于断面尺寸相同、内部材料均匀的零件，磁力线在零件中的分布是均匀的。而对于断面形状不同，或者有气孔、夹渣、裂纹等缺陷存在的焊缝，磁力线将绕过缺陷并产生弯曲。如果缺陷位于焊缝表面或接近于表面，磁力线不但在焊缝内弯曲，而且将穿过缺陷的显露和缺陷与磁力线的相对位置有关。与磁力线相垂直的缺陷，显示得最清楚。如果缺陷和磁力线平行则显示不出来。所以显露横向缺陷时，应使焊缝充磁后产生沿焊缝轴向方向磁力线；显现纵向缺陷时，应使焊缝充磁后产生与焊缝垂直的磁力线。

磁性探伤适用于薄壁件或焊缝表面裂纹的检验。它能很好地显露出焊缝和基本金属上的裂纹及表明裂纹的形状和方向，也能很好地发现一定深度和一定大小的未焊透。但难于发现的气孔和夹渣，以及隐藏在深处的缺陷。经磁性探伤的零件，有剩磁存在，这对于一些零件是不允许的，所以应采取去磁措施。

②荧光检验法，荧光检验法用于检验非磁性材料——不锈钢、铜和铜合金、铝和铝合金的各种表面缺陷，如裂纹、折叠、分层等。同时，这个方法也可以用来检查焊缝的致密性。

检验时，把被检验的零件浸入煤油和矿物油的混合液数分钟，然后取出干燥，使混合液渗入缺陷内部。在干燥的零件上，撒上氧化镁粉末，落在缺陷处的粉末颗粒，被矿物油浸湿，用磁性探伤法检验焊缝，可分为干法和湿法两种。用干法时，零件充磁后撒上铁粉；湿法是在磁化的焊缝表面上涂上铁粉混合液。零件在检验前，应仔细地洗去污垢。而且在用干法时，应把零件弄干；用湿法时，零件表面上要预先涂一层油，以保护表面不受腐蚀。磁性探伤所用的设备有专用的磁力探伤机，也可以用电弧焊机的二次导线缠绕在工件上，通电后产生磁场进行检验。

(3) 内部缺陷检查方法

①χ射线及γ射线检验。检验焊接接头内部缺陷最有效的办法，是对焊接接头进行χ射线和γ射线检验。利用这一方法，可以发现焊缝的内部气孔、裂纹、未焊透和夹渣等缺陷。

χ射线是一种波长短、能量大、穿透能力很强的电磁波，它可以透过一般的金属和部分非金属。用χ射线对焊缝透视是采用拍片的方法，由于χ射线，对金属的穿透能力小，它只适用于钢板厚度在30~50mm以下的焊缝透视。

γ射线具有较短的波长和很强的穿透能力，所以γ射线可以用来检查厚度不超过300mm的钢材或焊接接头内部的缺陷。

②超声波检验方法，超声波检验的基本原理，是利用超声波遇到焊缝中的缺陷时会有不同的反射，若将这些声波反映到示波器的荧光屏上，即可与正常反射的声波做出鉴别和比较。由此，可以确定缺陷的大小及位置。

由于超声波检验方法较χ射线透视检验要简便得多，它不需要拍片，并可当场做出评定。这一方法近年来已得到广泛应用。但这种方法不能区别缺陷的类型，它分不清是气孔还是夹渣，是裂纹还是未焊透，必须与χ、γ射线透视检验相结合才能做出确切的判断。

课题5 质量标准

(1) 为保证金属材料的焊接质量，焊接坡口尺寸正确，焊缝表面平整，焊缝宽度一致，焊波均匀。没有咬边、夹渣、焊瘤、烧穿、弧坑、气孔、损伤工件表面及未焊透、未熔合现象。

（2）焊前准备。要求技术文件齐全，焊接材料和基体金属原材料的质量符合标准，焊接设备运行良好。

（3）焊接操作中。严格执行操作程序，焊接工艺质量验收规范，防止并及时发现焊缝和热影响区的各种缺陷。保证金属材料的焊接质量。

（4）焊后进行质量检验。焊接工序完成后，将焊缝清理干净进行成品检验，据此鉴定焊接质量优劣。焊接质量检验方法：可分为非破坏性检验和破坏性检验两大类。

①非破坏性检验包括：外观检查、表面探伤（磁粉探伤、荧光探伤、着色探伤）、超声波探伤、耐压试验、致密性实验、射线探伤（χ射线探伤、γ射线探伤）。

②破坏性检验包括：机械性能试验（拉伸试验、弯曲试验、冲击试验、硬度试验、压力试验、疲劳强度试验、耐腐蚀试验、高温持久强度试验）金相分析、化学分析。

（5）气割切口表面光滑干净，粗细纹路一致。气割的氧化铁渣易脱落，气割切口宽窄一致，切割切口边缘棱角没熔化。边棱与表面垂直。

实 操 训 练

操作1：引弧：敲击法和划擦法

先将焊条末端与焊件表面接触，产生短路，然后迅速将焊条向上提起 2 ~ 3mm，即引燃电弧。运条时，焊条有三个基本运动，即沿焊接方向的直线移动、向焊件送进的移动和向焊缝两侧的横向摆动，这三个动作组成各种形式的运条。

操作2：接头、收尾和收口

两道焊缝相连接处叫接头。前一道焊缝在接头处形成一个凹坑，接头时，应在稍前于凹坑的地方重新引燃电弧，然后退回凹坑，把整个凹坑彻底熔化并填满后，电弧在向前移动，继续进行焊接。

焊缝收尾时，焊缝末尾的弧坑应当填满。通常是将焊条压进弧坑，在其上方停留片刻，将弧坑填满后，再逐渐抬高电弧，使熔池逐渐缩小，最后拉断电弧。

管子环形焊缝的封闭处叫收口。其操作要点是当接近收口时，压低电弧，打穿焊根；然后来回摆动，填满熔池；再将电弧引至坡口一侧灭弧。

操作3：钢管的对口焊接

两根 1m 长的无缝钢管，规格为：$De100 \times 5$，进行对口焊接连接。

1. 首先对钢管的两对接口认真修整，使两管对接后在同一中心线上。然后将对接口管端加工成 V 形坡口，坡口角度为 60°，钝边高度为 2mm，开坡口应用手砂轮进行，也可用气割进行，但残留的氧化熔渣必须清除干净。

2. 将对口间隙调到 2.5mm，点焊 3 ~ 5 点后用板尺检测两管的同心度，偏差不超过 1mm。

复习思考题

1. 电焊工在操作时在什么情况下必须切断电源？
2. 焊工在高处作业应遵守哪些规定？
3. 焊工进行焊炬点火时应注意哪些问题？
4. 使用氧气瓶时应遵守哪些规定？
5. 使用乙炔瓶时应遵守哪些规定？
6. 使用减压器应注意哪些问题？
7. 电焊条、电焊设备如何选择？
8. 金属焊接与切割的分类有哪些？
9. 使用焊、割炬时如何防止回火？
10. 电焊条的使用应注意哪些问题？
11. 电焊引弧的方法有哪两种？如何进行操作？
12. 电弧焊操作中的三个基本动作应注意哪些问题？
13. 什么是横焊、仰焊？如何操作？
14. 焊接时，焊条的运动方法有哪些？
15. 焊接接头有哪几种？有什么要求？
16. 焊接缺陷有哪些？应如何避免？
17. 焊接变形产生的原因是什么？如何防止和减少焊接变形？
18. 焊接检验的方法有哪些？

单元 3 管 道 工

知 识 点：安全操作规程、常用机具的使用、钢管调直、套丝、煨弯、连接、管件放样下料、散热器组成安装、铸铁管承插安装、卫生器具安装、塑料管安装、支架制作安装、管道绝热。

教学目标：了解安全操作规程；掌握常用机具的使用方法；能进行钢管调直、切割、套丝、煨弯、放样、连接、铸铁管承插安装、卫生器具安装、塑料管安装、支架制作安装、管道绝热等工艺操作。

课题 1 安 全 常 识

(1) 使用机电设备、机具前应检查确认性能良好，电动机具的漏电保护装置灵敏有效。不得"带病"运转。

(2) 操作机电设备，严禁带手套，袖口扎紧。机械运转中不得进行维修保养。

(3) 使用砂轮锯，压力均匀，人站在砂轮片旋转方向的侧面。

(4) 压力案上不得放重物和立放丝板，手工套丝，应防止扳机滑落。

(5) 用小推车运管道时，清理好道路，管道放在车上必须捆绑牢固。

(6) 安装立管，必须将洞口周围清理干净，严禁向下抛掷物料。作业完毕必须将洞口盖板盖牢。

(7) 电气焊作业前，应申请用火证，并派专人看火，备好灭火用具。焊接地点周围不得有易燃易爆物品。

(8) 组对散热器拧紧对丝时，必须将散热器放稳，搬抬时两人应用力一致，相互照应。

(9) 在进行水压试验时，散热器下面应垫木板。散热器按规定压力值试验时，加压后不得用力冲撞磕碰。

(10) 人力卸散热器时，所用缆索、杠子应牢固，使用井字架、龙门架或外用电梯运输时，严禁超载或放偏，散热器运进楼层后，应分散堆放。

(11) 稳挂散热器应扶好，用压杠压起后平稳放在脱钩上。

(12) 往沟内运管，应上下配合，不得往沟内抛掷管件。

(13) 安装立、托、吊管时，要上下配合好。尚未安装的楼板预留洞口必须盖严盖牢。使用的人字梯、临时脚手架、绳索等必须坚固、平稳。脚手架不得超重，不得有空隙和探头板。

(14) 采用井字架、龙门架、外用电梯往楼层内搬运瓷器时，每次不宜放置过多。瓷器运至楼层后应选择安全地方放置。下面必须垫好草袋或木板，不得磕碰受损。

课题2 材料要求

3.2.1 管道材料、管件、型钢及附属制品

(1) 管道材料、管件、型钢及附属制品，必须符合国家或部颁标准的有关质量、技术要求，有出厂产品合格证明，材料进场经合格检验。

(2) 镀锌碳素钢管及管件内外镀锌均匀，无锈蚀、无飞刺。

(3) 铸铁给水管及管件管壁薄厚均匀、内外光滑整洁，没有砂眼、毛刺、疙瘩。

(4) 各种连接管件不得有砂眼、裂纹、偏扣、乱扣、丝扣不全和角度不准等现象。

(5) 散热器型号、规格、使用压力符合设计要求，并有出厂合格证、对口面平整、无偏口、裂纹和上下口中心距不一致等现象。

(6) 散热器的组对零件：对丝、补芯、丝堵等符合质量要求，无偏扣、断丝、丝扣端正、松紧适宜、石棉橡胶垫符合使用压力要求。

(7) 阀门规格型号符合设计要求、开关灵活，关闭严密，填料密封完好无渗漏、手轮完好无损、阀体铸造规矩、表面光洁、无裂纹。有出厂合格证。

(8) 水表规格型号符合设计要求、表壳铸造规矩、无砂眼、裂纹，表盖无损坏、铅封完整，有出厂合格证。

3.2.2 塑料管材种类与应用范围

建筑安装工程使用的塑料管材主要有聚氯乙烯管、氯化聚氯乙烯管、聚乙烯管、交联聚乙烯管、改性聚丙烯管、聚丁烯-1管、ABS管、铝塑复合管、衬塑或涂塑钢管、塑铝铜管、玻璃钢管等。具有不同程度的机械强度、质量轻、耐腐蚀性好、易成型加工、便于安装。但也存在耐热性差、一般易燃、易老化、机械强度比金属差等缺点。被广泛用于给水管、热水管、采暖管、排水管、雨水管、燃气管、通风管、排气管、穿线管和电线绝缘套管等。塑料管材的应用范围如表3.2-1。

塑料管材种类与应用范围 表3.2-1

管道种类	应用范围	市政给水	市政排水	建筑给水	建筑排水	室外燃气	热水供暖	雨水管	穿线管	排污管
聚氯乙烯系列管	UPVC CPVC	采用	采用	采用 采用	采用		采用	采用		采用
	径向筋管 螺旋缠绕管		采用 采用							
	芯层发泡管 螺旋消声管				采用 采用			采用 采用		
	双壁波纹管 单壁波纹管	采用	采用						采用	
聚乙烯系列管	HDPE MDPE	采用		采用 采用		采用 采用			采用	
	LDPE 双壁波纹管	采用	采用						采用	
	螺旋缠绕管		采用							

应用范围 / 管道种类	市政给水	市政排水	建筑给水	建筑排水	室外燃气	热水供暖	雨水管	穿线管	排污管
交联聚乙烯管			采用			采用		采用	采用
无规共聚聚丙烯管			采用			采用		采用	采用
聚丁烯-1管			采用			采用			采用
ABS管			采用			采用			采用
玻璃钢管	采用	采用							
铝塑复合管			采用			采用		采用	采用
钢塑复合管	采用	采用				采用			

3.2.3 建筑给水硬聚氯乙烯管道

(1) 给水管材、管件应符合国家标准《给水硬聚氯乙烯管材》和《给水硬聚氯乙烯管件》的要求。用于建筑内部的给水管道宜采用 1.0MPa 等级的管材。胶粘剂应符合有关技术标准。

(2) 管道的给水温度不得大于 45℃，给水压力不得大于 0.6MPa。给水管道不得与消防给水管道相连接。

(3) 管材和管件应具有质量检验部门的质量检验合格证，并应有明显标明生产厂的名称和规格，包装上应有批号、数量、生产日期和检验代号。

(4) 胶粘剂必须标有生产厂名称、出厂日期、有效使用期限、出厂合格证和使用说明书。

3.2.4 建筑给水聚丙烯（PP-R）管道

(1) 生活给水系统所选用的聚丙烯管材和管件应具有质量检验部门的质量检验合格证，并应具备有关卫生、建材等部门的认证文件。

(2) 管材和管件上应标明生产厂名称商标，包装上应有批号、数量、生产日期和检验代号。

(3) 管道热熔连接时，应由生产厂提供专用配套的熔接工具。熔接工具安全可靠，便于操作，并附有出厂合格证和使用说明书。

3.2.5 交联聚乙烯（PES）管道

(1) 交联聚乙烯（PES）管道可在 – 70 ~ 95℃ 下长期使用，质地坚实有韧性，抗内压强度高。

(2) 卫生性符合国家《生活饮用水输配水设备及防护材料的安全性评价标准》规定的指标。

(3) 可任意弯曲，不脆裂，可使用热风枪进行弯曲和取直。

3.2.6 建筑排水硬聚氯乙烯管

(1) 塑料管材所用胶粘剂应是同一厂家配套产品，应有产品合格证及说明书。

(2) 管材内外表面应光滑、无气泡、裂纹、管壁薄厚均匀、色泽一致。直管段挠度不大于 1%，管件形状规矩、光滑，承口应有梢度，并与插口配套。

(3) 排水立管用硬聚氯乙烯（PVC-U）内螺旋管的规格尺寸可按表 3.2-2 选用。

PVC-U 内螺旋排水立管的规格尺寸（mm） 表 3.2-2

公称外径		壁 厚		螺 旋 高		长 度	
基本尺寸	偏 差	基本尺寸	偏 差	基本尺寸	偏 差	基本尺寸	偏 差
75	+0.3	2.1	±0.2	2.3	±0.2	4.000	
110	+0.4	3.1	±0.3	3.0	±0.3	或	±10
160	+0.5	3.8	±0.6	3.8	±0.4	6.000	

（4）排水横管用硬聚氯乙烯（PVC-U）内螺旋管的规格尺寸应符合表 3.2-3 的规定。

硬聚氯乙烯（PVC-U）排水横管的规格尺寸（mm） 表 3.2-3

公称外径	平均外径极限偏差	壁 厚		长 度	
		基本尺寸	允许偏差	基本尺寸	偏 差
40	+0.3	2.0	+0.4		
50	+0.3	2.0	+0.4		
75	+0.3	2.3	+0.4	4.000	
110	+0.4	3.2	+0.6	或	±10
160	+0.5	4.0	+0.6	6.000	
200	+0.6	4.9	+0.8		

3.2.7 卫生器具的规格、型号必须符合设计要求，外观规矩、造型周正，表面光滑、无裂纹，色调一致，并有出厂产品合格证。

3.2.8 卫生洁具的零件规格标准，螺纹整齐，锁母松紧适度，无砂眼裂纹，电镀度均匀光洁。

课题 3 机 具 设 备

3.3.1 工具：管子台虎钳、管钳子、链钳子、克丝钳、改锥、扳手、手锯、手锤、大锤、压力案、管子铰板、手动弯管器、气焊工具、錾子、捻凿、麻钎、专用夹紧钳、切管器等。

3.3.2 量具：水平尺、钢卷尺、线坠、焊口检测器、卡尺、小线等。

3.3.3 机具：液压弯管器、电动弯管器、套丝机、手动割管器、型材切割机、电焊机、台钻、手电钻、电锤、电动水压泵等。

（1）管子台虎钳

管子台虎钳又称管压钳或龙门台钳，用于夹持金属管道，以便进行管子锯割、套丝、管件安装拆卸等操作，是管道安装作业的常用工具。

应将管子台虎钳用螺栓牢固安装在工作案子上，其底座的直边与工作案平行，安装距离适当，便于操作。

使用台虎钳夹持工件应注意台虎钳的适用范围，见表 3.3-1。

台虎钳的适用范围   表 3.3-1

钳 规 格	钳 口 宽 度	适用管子直径（mm）
200	25	3 ~ 15
250	30	3 ~ 20
300	40	15 ~ 25
350	45	20 ~ 32
450	60	32 ~ 50
600	75	40 ~ 80
900	85	65 ~ 100
1050	100	80 ~ 125

使用台虎钳夹持管子时，将管子置于台虎钳牙板之间，留出便于操作的适宜长度，然后，扳动台虎钳丝杠把手将管子夹紧固定如图 3.3-1 所示。注意安全操作要求，以免损坏台虎钳和夹坏工件。

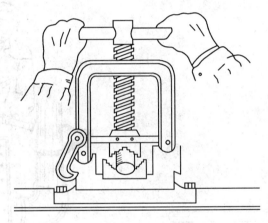

图 3.3-1　管子台虎钳

（2）管钳

管钳又称管子扳手，如图 3.3-2 所示。是安装或拆卸螺纹连接的钢管或管件的工具。有不同规格，其适用范围见表 3.3-2。

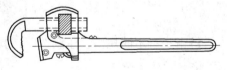

图 3.3-2　管钳

管钳的适用范围（mm）   表 3.3-2

管 钳 规 格	适 用 范 围	
	直 径 （mm）	英 寸 （in）
12″	15 ~ 20	1/2 ~ 3/4
14″	20 ~ 25	3/4 ~ 1
18″	32 ~ 50	11/4 ~ 2
24″	50 ~ 80	2 ~ 3
36″	80 ~ 100	3 ~ 4

使用时，为防止钳口脱落，一般用左手轻压活动钳口上部，右手握住钳柄，将钳口上的梯形齿咬住管壁,在加力转动时。钳柄的手要张开,掌部用力,以免钳口滑脱,砸伤手指。使用管钳子操作如图 3.3-3 所示。

管钳子在使用中，用力要均匀，一般不宜在钳柄上套加力杆，防止损坏连接件和管钳子。要注意保养，经常清理钳口，定时在调节螺母和活动钳口接合处注入机油润滑。因长期使用，钳口磨钝，无法咬牢工件的管钳不宜继续使用。

图 3.3-3　用管钳子作管道连接

（3）链钳子

链钳子又称链条管钳，如图 3.3-4 所示。用于安装或拆卸直径较大螺纹连接的管道与管件，在狭窄处无法使用管钳操作或临时固定时常用，如图 3.3-5 所示。

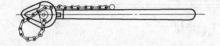

图 3.3-4　链钳子

图 3.3-5　使用链钳子进行操作

链钳子有不同规格，注意选用，其适用范围见表 3.3-3。

链钳适用范围　表 3.3-3

链钳子规格	350	450	600	900	1200
适用管子直径	25～32	32～50	50～80	80～125	100～200

注：使用中，要注意链节灵活，防止锈蚀，要适时清洗，注入机油。

（4）扳手

扳手用于安装或拆卸螺栓、螺母，分为通用、专用和特殊的三种。通用扳手即活络扳手，可在规定的最大开口范围内调节使用。专用扳手分为开口扳手和整体扳手，如图 3.3-6所示。开口扳手也称死扳手，只能用于一种规格的螺栓、螺母。整体扳手有正方形、六角形、十二角形（梅花扳手）和整套套筒扳手。

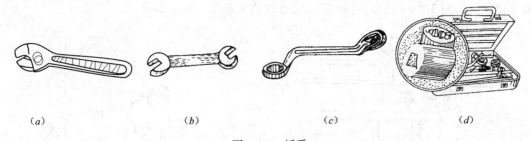

(a) (b) (c) (d)

图 3.3-6　扳手

(a) 活扳手；(b) 开口扳手；(c) 梅花扳手；(d) 套筒扳手

在使用扳手中，不能用重物击打手柄或加长手柄扳转螺母，也不许用扳手代替锤子使用。

课题4　操作工艺

3.4.1　管道调直

管子自出厂经多次运输、装卸，容易发生弯曲变形，在安装前先检查，对于较短管子可采用目测法，长管可采用滚动法，如图 3.4-1 所示。

(a) (b)

图 3.4-1　检查管子操作

(a) 目测法检查管子；(b) 用滚动法检查管子

对弯曲部位需要进行调直。调直方法有冷调和热调。

（1）管子冷调直

管子冷调直是指在常温状态下，对管子不作加温用手工调直管子的方法。冷调直管子一般有锤击法、在平台上调直管子、使用专用工具和设备调直管子等方法。

①锤击法：适于调直管径较小，弯曲不大的管子。采用锤击法即用两把手锤，一把手锤顶在管子弯起点处，另一把手锤敲打管子凸起的高点，经多次转动敲击。要注意两把手锤要错开，不要对着敲击，以防将管子打扁。如图 3.4-2 所示。

在平台上调直管子方法：适于较长和弯曲较大的管子，可在普通平台上调直。一人在一边转动管子，找出弯曲部位，将弯曲凸面朝上。另一人用手锤敲打弯曲部位，反复矫正。如图 3.4-3 所示。对管径较大的管子，可使用大锤敲打，但管子上面应垫上胎具，不得直接敲打管壁。

②使用专用工具调直管子：常用螺旋顶调直 DN125 以内的管子，如图 3.4-4 所示。

③设备冷调直管子：对于管径较大、管壁较厚或弯曲较大的管子，一般可使用千斤顶、油压机或手动压床（丝杠式手动压力机），如图 3.4-5 所示。使用丝杠式手动压力机

调直管子，如图 3.4-6 所示。可调直 DN325 以内、壁厚 10mm 的管子。

图 3.4-2　用锤击法调直管子

图 3.4-3　在平台上调直管子

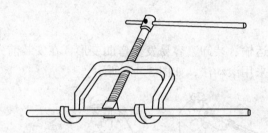

图 3.4-4　使用专用工具调直管子

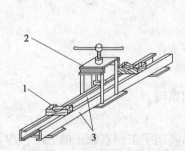

图 3.4-5　丝杠式手动压力机
1—调直器；2—垫宽块；3—支承槽钢

图 3.4-6　使用丝杠式手动
压力机调直管子

（2）管子热调直

管子热调直是将管子的弯曲部位在加热状态下进行调直的方法，一般适用于调直管径较大、弯曲较大的管子。管子热调直可采用将管子弯曲部位，放在烘炉上加热，一边转动，待加热到呈火红色（约 600～800℃）时，将管子抬放在由四根以上管子组成的水平支承架上滚动，利用管子自重自行调直。

对弯曲较大的管子，可抬起管子一端叩碰或在管子弯背处下压后滚动，在管子过火处涂上废机油，起到加速和均匀冷却管子，并防止再产生弯曲和氧化的作用。

3.4.2　断管

根据现场测绘草图，在选定的管材上划线，按线断管材，根据施工现场条件、管材规

72

格和要求，可采用手锯断管、用手动割管器断管、用砂轮锯机械断管、用氧-乙炔焰气割断管等。

(1) 手动割管器

手动割管器，也称管子割刀，是常用的人工切割管道的工具，有 $DN15 \sim DN50$、$DN25 \sim DN80$、$DN50 \sim DN100$ 三种规格。如图 3.4-7 所示。适于切割（铸铁管除外）各种材质的金属管道。

手动割管器是利用圆形切割滚轮（刀片）夹紧管壁，绕管转动同时不断拧紧手柄，刃口在管壁上沿切线切割加深沟痕，直至将管子切断，如图 3.4-8 所示。

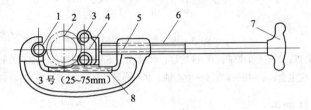

图 3.4-7 割刀
1—切割滚轮；2—被割管子；3—压紧滚轮；
4—滑动支架；5—螺母；6—螺杆；7—手把；8—滑道

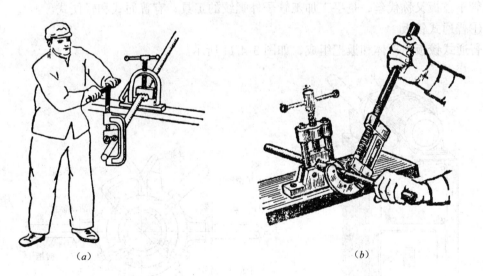

(a)　　　　　　(b)

图 3.4-8 用手动割管器切管
(a) 切大管；(b) 切小管

(2) 型材切割机

型材切割机是利用砂轮片在高速旋转时将管子割断，如图 3.4-9 所示。

切管的最大管道规格为 $\phi133 \times 6$，砂轮片一般是增强纤维树脂砂轮片，其规格一般为直径 400mm，厚度为 3mm。砂轮片易损坏，在切割操作时，切割机要有砂轮片防护罩，管子要卡牢，人不应正对旋转的砂轮片，以免碎片飞出伤人。没设防护罩的型材切割机应禁止使用。

采用无齿锯床切管，无齿锯床由电机、减速器、锯片、支座等构成。操作时，将管子固定在锯床上，锯条对准切断线即可进行切割，如图 3.4-10 所示。

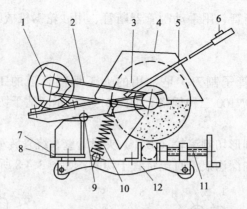

图 3.4-9 型材切割机

1—电动机；2—三角皮带；3—砂轮片；4—护罩；5—操纵杆；6—带开关的手柄；

7—配电盒；8—扭转轴；9—中心轴；10—弹簧；11—夹钳；12—四轮底座

3.4.3 管子螺纹加工

管子螺纹加工，根据加工条件，可采用手工或机械加工。

（1）管子铰扳

管子铰扳又称代丝，是手工加工管子外螺纹的工具，有普通式和轻便式。

①普通式铰扳

普通式铰扳由扳体和扳把组成，如图 3.4-11 所示。

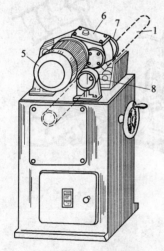

图 3.4-10 无齿锯床切管

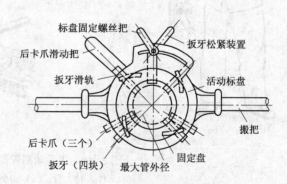

图 3.4-11 管子铰扳

加工管螺纹时，根据管径选用相应的铰扳和扳牙。安装扳牙时，先将活动标盘的刻度线对准固定板盘"0"的位置，扳牙上的字母与铰扳的字符按相对应的顺序插入牙槽内，再转动活动标盘，将扳牙固定在铰扳内。铰扳规格见表 3.4-1。

加工螺纹时，先将管子固定在管子台虎钳上，使加工螺纹的管端伸出钳口 150mm 左右，把铰扳松紧装置上到底，并将活动标盘对准固定标盘与管子相应的刻度上，上紧标盘固定把将铰扳的后套套入管端，与扳牙齐平时，关紧后套，松紧适中，以能使铰扳转动为宜。操作人员站在管端一侧，一手扶住并推压机身，一边按顺时针方向转动扳把，动作要稳，不可用力过猛，以免套出的螺纹与管子不同心，造成丝扣偏扣。当已套出两圈螺纹（称为"带扣"）时在切削端加入机油以冷却润滑扳牙。再深入套丝时，人站在铰扳右侧双手转动扳把，用管子铰扳在管端铰出相应的螺纹，当螺纹将达到规定长度时边松开松紧装置，边转动扳把，以便使螺纹末端套出锥度，待切削出 2~3 个螺纹后完全松完，完成螺纹加工，如图 3.4-12 所示。管螺纹加工长度见表 3.4-2。

铰 扳 规 格（in） 表 3.4-1

铰扳规格	扳牙规格 （in）	加 工 管 螺 纹	
		（in）	（mm）
½″~2″ （DN15~DN50）	½″~3/4″	½″	DN15
		3/4″、	DN20
	1″~1¼″	1″	DN25
		1¼″	DN32
	1½″~2″	1½″	DN40
		2″	DN50
2½″~4″ （DN65~DN100）	2¼~3″	2½″	DN65
		3″	DN75
	3½″~4″	3½″	DN80
		4″	DN100

管螺纹加工长度 表 3.4-2

序号	公称直径		普通丝头		长丝（连接设备用）		短丝（连接阀类用）	
	（mm）	（英寸）	长度（mm）	螺纹数	长度（mm）	螺纹数	长度（mm）	螺纹数
1	15	1/2	14	8	50	28	12.0	6.5
2	20	3/4	16	9	55	30	13.5	7.5
3	25	1	18	9	60	26	15.0	6.5
4	32	11/4	20	9			17.0	7.5
5	40	11/2	22	10			19.0	8.0
6	50	2	24	11			21.0	9.0
7	70	21/2	27	12				
8	80	3	30	13				
9	100	4	33	14				

图 3.4-12　用铰扳加工管螺纹

在套制过程中吃刀不宜过深，套一遍后，调整一下标盘，增加进刀量，再套一遍。一般要求：$DN25$ 以内的管道螺纹可一次套成；$DN25 \sim DN40$ 的管道螺纹宜分两次套成；$DN50$ 以上的管道螺纹可分三次套成。

②轻便式（小型）铰扳

轻便式（小型）铰扳，适于施工现场，方便管道安装与维修。在铰扳上，挂有类似自行车飞轮的"千斤"，当调整扳手两侧的调位销 5 时，即可使"千斤"按顺时针或逆时针方向起作用。ZG1/2″ ~ 1¹/2″（$DN15 \sim DN40$）铰扳，只有一个扳手，用 1/2″管螺纹连接，可根据施工需要更换长短适宜的扳手把，轻便式（小型）铰扳结构见图 3.4-13。由于此种铰扳体积小，可在工作台上套制螺纹，还可在已安装的管道上直接套螺纹，如图 3.4-14 所示。

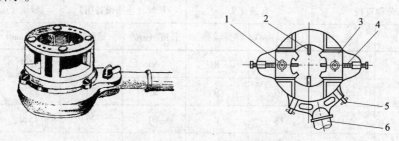

图 3.4-13　轻便式（小型）铰扳结构
1—螺母；2—顶杆；3—扳牙；4—定位螺钉；5—调位销；6—扳手

（2）套丝机

套丝机，用于机械加工管螺纹的套丝设备，机械套丝机有多种类型，有专用加工管螺纹的套丝设备，如图 3.4-15 所示。也有能切断、套丝、倒角的多用套丝机，如图 3.4-16 所示为套螺丝切管机，如图 3.4-17 所示为套丝切管机。也可用车床车丝。机械加工可节省人力，效率高，质量好，适于批量加工。

图 3.4-14　用轻便式（小型）铰扳在安装
的管道上套螺纹

图 3.4-15　专用套丝机

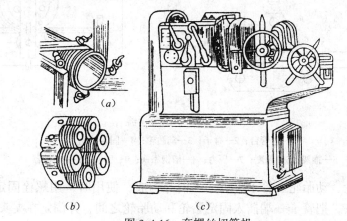

（a）

（b）　　　　　　　　　（c）

图 3.4-16　套螺丝切管机
（a）切线扳牙；（b）搓丝头；（c）套螺纹切管机

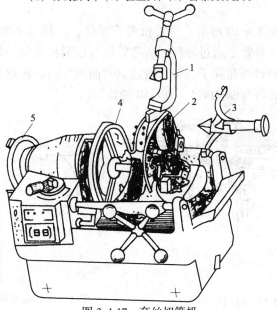

图 3.4-17　套丝切管机
1—切刀；2—扳牙头；3—铣刀；4—前卡盘；5—后卡盘

3.4.4 弯管加工

加工煨制不同角度不同形状的弯管，按加工方法可分为冷煨和热煨，按加工手段可分为手工煨弯和机械煨弯。

（1）手工弯管器

手工弯管器是用来冷弯较小管径的工具，一般用来弯制 DN25 及以下的管道，最大弯曲角度为 180°，如图 3.4-18 所示。

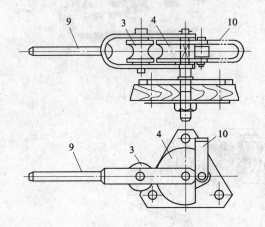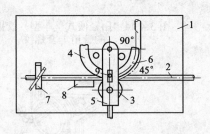

图 3.4-18　手工弯管器

1—弯管台；2—管子；3—动胎轮；4—固定胎轮；
5—推架；6—刻度；7—压力；8—槽钢靠铁；9—手柄；10—夹持器

它由固定胎轮、动胎轮、管子夹头、手柄等构成，使用时，用螺栓固定在工作台上，先将手柄靠向夹头，把管子一端插入固定胎轮和动胎轮之间，并固定在夹头里。然后扳动手柄围绕固定胎轮转动，达到所需弯曲角度。

（2）电动弯管机

电动弯管机，如图 3.4-19 所示。弯管机弯管操作，如图 3.4-20 所示。弯管前，先将胎模整定就位，然后，将管子通过导板插入弯管模与压紧模之间，用压紧模夹紧。启动开关，主轴带动弯管模旋转弯曲管子。待弯管达到弯曲角度时，便触动限位开关，切断电源停车。电动弯管机一般可弯制 DN25～DN150 的管子。

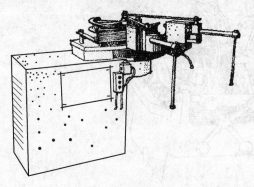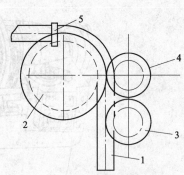

图 3.4-19　电动弯管机图

图 3.4-20　电动弯管机弯管示意图
1—管子；2—弯管模；3—导向模；
4—压紧模；5—U 型卡

（3）液压顶管机（器）

液压顶管机，如图 3.4-21 和图 3.4-22 所示。类似油压千斤顶，中点顶压点是一个胎轮形模具，使管子能很好地贴合在上面成型，另外两个支点，是能够转动的填模，能随着弯管的成型转动，始终保持与管子表面相贴合，而不致把管子压扁。在弯制不同管径的弯管，需更换不同规格的胎轮形模具。操作时，将管子弯曲部分的中心与顶胎的中点对齐。关闭油门，扳动加压把手，顶胎自动前进顶压管子，形成需要的角度。弯好后，打开油门，顶胎自动退回原位，取出弯好的弯管。液压弯管机可顶弯 $DN15 \sim DN100$ 的管子。每次弯曲角度不超过 90°。液压顶管机弯曲半径大，操作不当时椭圆度较大。

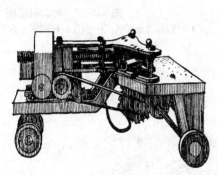

图 3.4-21　液压顶管机

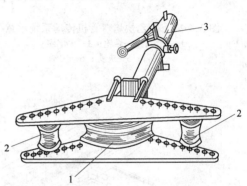

图 3.4-22　手动液压顶管机
1—顶胎；2—管托；3—液压缸

（4）管子热煨弯

管子热煨弯是将管子加热后进行煨弯，加热管子的方法有：电加热、氧-乙炔气火焰加热、煤气火焰加热和焦碳加热。煨弯方法有：人工煨弯和机械煨弯，机械煨弯有电加热的和氧-乙炔焰加热的弯管机、中频弯管机等。机械热煨弯，不必充砂便可弯曲，可在加工厂集中加工弯管，能提高工作效率和煨弯质量。

①氧-乙炔焰加热的弯管机

火焰弯管机，是以氧-乙炔气作为热源。主要由齿轮传动系统如图 3.4-23 所示、弯管机构如图 3.4-24 所示、火焰圈如图 3.4-25 所示等组成。用火焰弯管机操作时，先按管径选定火焰圈套在管道上，并装在调位机构上。接通气、水管点火，然后，调整火焰进行加热，待环形带达到红热状态后，便可启动电机旋动拐臂进行弯管。管道弯曲角度达到要求后，可靠限位开关切断电源自动停车，松开夹头取下弯管。回车使拐臂回到原位，再进行弯曲下一个管道。

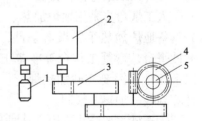

图 3.4-23　氧-乙炔焰弯管机
传动系统示意
1—电机；2—减速器；3—齿轮机；
4—涡轮及涡杆；5—主轴

②中频弯管机

中频弯管机，如图 3.4-26 所示。其构造与火焰弯管机基本相同，只将火焰圈换成感应圈便可。感应圈是用矩型紫铜管绕成的，如图 3.4-27 所示。作为加热元件。里面通入循环冷却水，两端通入中频电流。冷却水从感应圈内壁四周呈 45°角喷出，冷却弯后的管子。经变频设备使普通电源获得中频电流（600 ~ 1200Hz）。中频弯管机弯管质量优于火焰

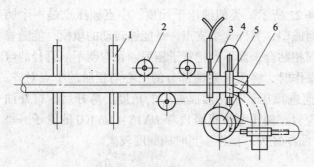

图 3.4-24 氧-乙炔焰弯管机传动系统示意
1—托滚；2—靠轮；3—火焰圈；
4—拐臂；5—夹头；6—主轴

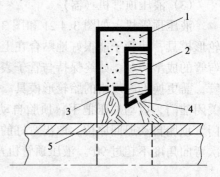

图 3.4-25 火焰圈断面
1—气室；2—水室；3—火孔；4—水孔；5—管壁

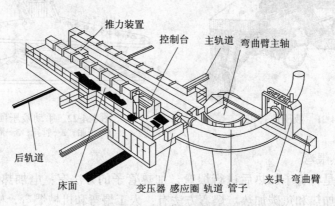

图 3.4-26 中频电热弯管原理

弯管机，但耗电大。

（5）人工煨弯操作方法

人工煨弯多采用地炉加热、手工煨弯的方法。首先具备地炉加热手工煨弯条件，做好：地炉、砂子、灌砂平台、弯管工作台等准备工作。一般要求 *DN*32 以上的管道需要充砂加热煨弯。操作程序是：充砂、计算划线、加热、煨制。

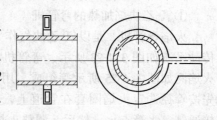

图 3.4-27 中频弯管机的感应圈

①充砂主要防止管道在弯曲时煨瘪，要求所充的砂子应耐高温，经过筛选洗净，不含泥沙、铁渣、木屑有机杂质。通常选用河砂、海砂。也可选用小颗粒石子掺 30% 左右河砂。颗粒大小根据管径大小按表 3.4-3 选取。将筛选好的砂子和石子必须用钢板或用锅炒干，以免加热时管内产生蒸汽将木塞顶出发生危险。

钢管充砂（石）粒度（mm）   表 3.4-3

管道公称直径	80 以内	80 ~ 150	大于 150
充砂粒度	1 ~ 2	3 ~ 4	5 ~ 6
石子平均直径	2	4.8	7.8

充砂前，先将管子一头用木塞堵严，将管子竖起斜靠在灌砂平台上，上端用绳绑牢后靠在平台上。用人工将砂子至上而下灌入管内。边灌砂边用手锤自下而上敲打管壁，使管内砂子密实，可听敲击声音判断砂子密实程度。当砂子灌满后用木塞堵住，平放于地上。

②弯管最小弯曲半径确定与计算划线。

为提高弯制管道的准确度，保证安装的施工质量。有利于弯管的弯制加工和节约材料。需要对弯管进行计算，确定弯管起弯点尺寸和终弯点的位置。也就是弯管与直管段的相交点，也称切点。

（A）弯管最小弯曲半径确定：

金属弯管的最小弯曲半径应符合表3.4-4的规定：

金属弯管的最小弯曲半径　　　　　　　　　　　表3.4-4

管 子 类 别	弯管制作方法	最小弯曲半径
中、低压钢管	热煨	3.5D
	冷煨	4.0D
	折皱煨	2.5D
	压制	1.0D
	热推煨	1.5D
	焊制	1.0D
		0.75D
高压钢管	冷弯、热煨	5.0D
	压制	1.5D
有色金属管	冷弯、热煨	3.5D

注：D为管子外径。

（B）弯管长度的计算方法：

管子的弯制计算，是在已知管道直径、弯曲角度和弯曲半径的条件下，确定弯管以及管道总长度。当弯曲角度为 a，弯曲半径为 R，管径为 D 时，如图 3.4-28 所示。

弯管的弯曲长度为：
$$L = 2\pi R \cdot a/360 = \pi R \cdot a/180$$

式中　L——弯曲部分的展开长度；

　　　a——弯曲角度；

　　　R——弯曲半径。

仅当 $a = 90°$，且 $R = 4D$ 时，上式可简化为：$L = 1.57D$ 或 $L = 6.28D$

（C）起弯点的确定：

弯管开始弯曲的位置称为起弯点。弯管起弯点确定的正确与否，直接关系到配管的准确性。

确定管端距起弯点和终弯点尺寸，也就是管道热煨时管段的加热长度。弯曲长度按下式计算：

$$L = \frac{a\pi R}{180} - 0.01745\, aR$$

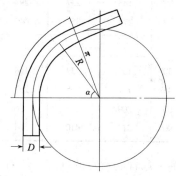

图 3.4-28　90°弯管长度计算

式中　L——弯曲长度；

　　　a——弯曲角度；

　　　π——圆周率；

　　　R——弯曲半径。

例如：拟将规格为 $\phi 57 \times 3.5$ 的无缝钢管直管段冷煨为 $50°$ 弯管，如图 3.4-29（a）所示弯管一端尺寸 $a=1000\text{mm}$，试计算弯曲半径、起弯点与终弯点并确定其位置。

解：由表 3.4-4 可知：该弯管弯曲半径为：$R = 4D = 4 \times 57 = 228\text{mm}$

半弯管中点到起弯点的切线长度 BE 为：$BE = R\text{tg}a/2 = 228 \times 0.4663 = 106\text{mm}$

起弯点至管端距离 AB 为：$AB = 1000 - 106 = 894\text{mm}$

弯曲部分长度 BC 为：$BC = \pi aR/180 = 3.14 \times 50 \times 228/180 = 199\text{mm}$

最后，在制作管材上划线，确定起弯点和终弯点，如图 3.4-29（b）所示。

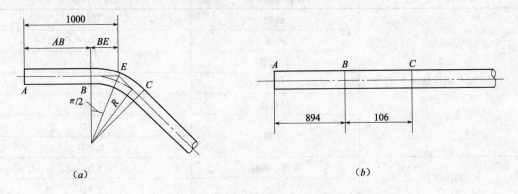

（a）　　　　　　　　　　　　　　（b）

图 3.4-29　确定 $50°$ 弯管起弯点和终弯点

常用管子热煨弯的弯曲长度如表 3.4-5 所示。

常用管子热煨弯的弯曲长度　　　　　　　　　　　　表 3.4-5

弯曲角度	公　称　直　径　（mm)									
	50	65	80	100	125	150	200	250	300	400
$R = 3.5D$ 的加热长度（mm)										
30°	92	119	147	183	230	273	367	458	550	733
45°	138	178	220	275	345	418	550	688	825	1100
60°	183	237	293	367	460	550	733	917	1100	1467
90°	275	356	440	550	690	825	1100	1375	1650	2200
$R = 4D$ 的加热长度（mm)										
30°	105	137	168	209	262	314	420	523	630	840
45°	157	205	252	314	393	471	630	785	945	1260
60°	209	273	336	419	524	628	840	1047	1260	1680
90°	314	410	504	628	786	942	1260	1570	1890	2520

弯管起弯点的确定一般有三种情况：

一是，任意起弯点

弯管的起弯点到管端没有定长要求,使用弯管机械弯制时,只要求起弯点到管端的距离大于弯管机具要求所占的宽度,人工弯管热煨时,弯管台上两个插管的间距加上安全操作长度。

二是,定值起弯点

在管道系统安装或为设备配管中,有时遇到已安装固定好的两根垂直的管道,需要用一根完整的90°的弯管连接。对这种有固定长度要求的弯管的确定,如图3.4-30所示。

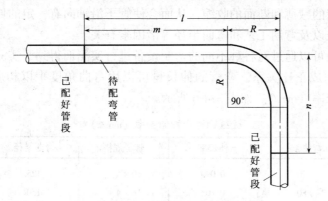

图3.4-30 定值起弯点的计算

可将已配好管段间两碰头点的管中心距离 L 长度直接量出,已知弯曲半径 R,起弯点的位置可用下式求得:

$$m = L - R$$

弯管的另一端用比量法直接量出 n 的长度。管子的全长应为:

$$L = l + n - 2R + \pi R/2$$

三是,连续弯管起弯点的弯制

在一根管子上要连续弯制几个有一定距离要求的弯管,准确地确定各弯管起弯点的位置,是使这组弯管的形状和尺寸都能符合要求的前提条件之一。来回弯、N形补偿器及各个弯管不在同一平面上的空间弯管组,都属于此种类型。

弯制来回弯,需要满足高度 h 的要求,弯曲角度 α 可自行决定,或者根据实际提出要求。如图3.4-31所示。

在决定了弯曲角度 α 以后,AB' 和 $C'D$ 或者只有 AB' 也就成为定长了(对 $C'D$ 没有长度要求时),于是:

$$LAB = LAB' - R \cdot \text{tg}\alpha/2$$

$$LBC = LB'C' - R \cdot \text{tg}\alpha/2 - R \cdot \text{tg}\alpha/2 + \pi R \cdot \alpha/180°$$

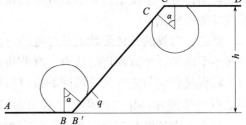

图3.4-31 来回弯的弯管计算

$LB'C' = h/\sin\alpha$ 把它代入上式后,又得到:

$$LBC = h/\sin\alpha - 2R \cdot \text{tg}\alpha/2 + \pi R \cdot \alpha/180°$$

$$LCD = LC'D' - R \cdot \text{tg}\alpha/2 + \pi R \cdot \alpha/180°$$

仅当 $R = 4D$ 时,弯曲角度分别为30°、45°和60°时,LAB、LBC 和 LCD 就可简化成下

面的形式：

当 $\alpha = 30°$ 时，$LAB = LAB' - 1.07D$；$LBC = 2h - 0.05D$；$LCD = LC'D + 1.02D$。

当 $\alpha = 45°$ 时，$LAB = LAB' - 1.66D$；$LBC = 1041h - 0.17D$；$LCD = LC'D + 1.49D$。

当 $\alpha = 60°$ 时，$LAB = LAB' - 2.31D$；$LBC = 1.16h - 0.43D$；$LCD = LC'D + 1.88D$。

于是，就得到了来回弯的两个起弯点的位置和所需管子的全长。

从上面的计算可以看到，这个弯管的角度也不限于 90°。由于管子在弯曲时受到拉力的作用，造成管壁的减薄和断面的收缩，从而会使管子沿轴向有一定的伸长。这种伸长与管子的材质和管径以及弯制工艺和弯曲半径等诸因素有关。

伸长量的大小可以通过对各种不同的弯制设备进行实测而得到，实测的结果证明，伸长量与弯曲角度 α 成正比关系。弯管的伸长量可以用弯曲角度乘以相应的伸长率求得。无缝钢管弯管伸长率（mm/°）如表 3.4-6 所示。

无缝钢管弯管伸长率（mm/°）　　　　　　　　　　表 3.4-6

管子规格	弯曲半径	伸长率	管子规格	弯曲半径	伸长率
32×3	70	0.090	60×5 *	125	0.094
38×3.5 *	80	0.108	76×4 *	150	0.120
44.5×2.5 *	90	0.096	89×4	180	0.180
48×4	100	0.110	114×6	230	0.200
57×3.5	110	0.116	108×4	300	0.232

注：表中有 * 者为 20 号钢，不带 * 者为 10 号钢。

由于有伸长量的存在，在确定连续弯的起弯点的位置和计算管子的总长时，就应分别从起弯点的计算式里扣除每个弯管的伸长量和它们伸长量的总和，只有这样，才不致因误差的累积在最后造成较大的偏差。

（D）弯制弯管的质量要求：

第一，由弯制工艺而引起管子材质性能的变化，对于低压系统使用的热弯法弯管，影响不大。但对于高压系统使用的弯管，则是很重要的。例如，燃料引起钢材的渗碳；加热的温度、终弯温度和浇水冷却所引起的合金材料金相组织的改变和裂纹的出现等。为防止出现废品，应严格按工艺要求进行加热和热处理。在弯制后进行金相和探伤检验，来决定材质性能的变化。

第二，弯管的几何形状应从弯管的弯曲角度，弯曲半径、断面椭圆率、壁厚减薄度和折皱不平度等几个方面进行检查。弯曲角度是对弯管外型的最基本要求，弯曲角度正确与否，将直接影响与之连接管段间的接口质量和管道的走向。弯管的弯曲角度是以弯管直管段部分的轴线在一定长度内偏离设计轴线的距离表示。这个一定长度分别规定为 1m 和至弯管端部的全长。如图 3.4-32 所示。

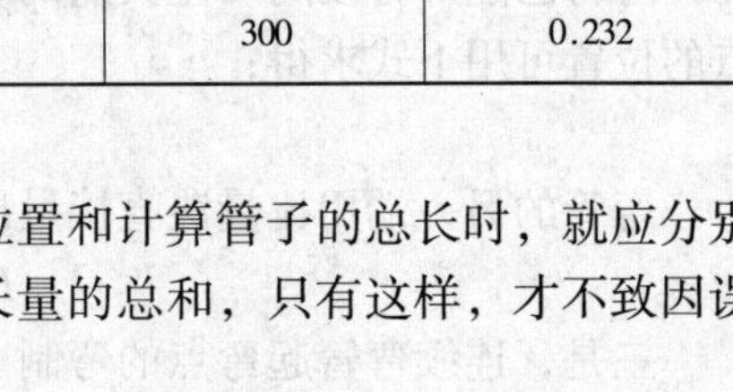

管子在弯矩的作用下发生弯曲时，在弯管的外侧，每个横断面上都受到拉力的作用；而在弯管的内侧，每个横断面上都受到压力的作用。这两种力作用的结果，就相当于在弯管的平面内，由弯管的

图 3.4-32　弯管弯曲角度的偏差
$\triangle_1$—1m 长度内的角度偏差值；
$\triangle$—全长的角度偏差值

内、外侧分别产生了指向轴线的力 P。在两个力 P 的作用下，管子圆断面开始变扁，如图 3.4-33 所示。

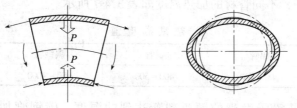

图 3.4-33 弯管断面受力分析

扁的管子在脉冲压力的作用下，会发生撑圆变扁的周期性交变变化，因此容易引起材料的疲劳而破坏。通常在承受脉冲压力作用的管道里，对于弯管的变扁有着严格的限制。

一般以椭圆率来评价弯管变扁的程度的。它表示为：

$$椭圆率 = \frac{最大外径 - 最小外径}{最大外径} \times 100\%$$

有时也表示为

$$椭圆率 = \frac{最大外径 - 最小外径}{公称直径} \times 100\%$$

上面公式中的最大外径与最小外径，是在弯管上同一个断面上测量的数值。

由上述的原因还可得知，管子弯曲时不但使断面变扁，而且还会使弯管的外侧轴向拉长，管壁变薄，会降低管子的承压能力或减少防腐蚀的安全储备。弯管的内侧轴向缩短，管壁加厚。而且在高温条件下使用厚度不均匀的管子，还会引起热应力变形。因此对弯管壁厚的减薄也提出一定的要求。通常是以管壁的减薄度来评价弯管壁厚减薄程度的。它表示为：

$$减薄度 = (公称壁厚 - 最小壁厚)/公称壁厚 \times 100\%$$

不合理的弯制工艺或过小的弯曲半径，会使弯管的内侧失去稳定，而出现折皱。在振动负荷条件下使用的管道，弯管的折皱容易产生应力集中，以至造成管道破裂，特别是在高压管道上。因此，对弯管内侧出现的折皱也提出了一定的要求。通常是以折皱的最高点和相邻的最低点的高度差值来评定折皱的程度，称为折皱不平度（或称为不平度），如图 3.4-34 所示。

弯管的椭圆率、壁厚减薄度和折皱不平度都与它的弯曲半径有直接关系。一般说来，当管子（管材、管径和壁厚等）和弯制工艺一定的条件下，弯曲半径越小，弯管的椭圆率就越大；反过来，当规定了弯管的椭圆率

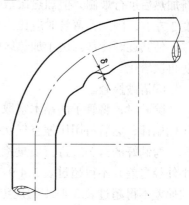

图 3.4-34 弯管的折皱不平度

之后，弯曲半径就要受到限制，而不能小于某一个最小值。因此，在对弯管定出了各项质量标准后，也就对弯制的工艺和弯制设备的性能提出了要求。

③加热。

用地炉加热钢管可用焦炭作燃料，加热铜管宜用木炭作燃料，加热铝管应先用焦炭打底，上面铺木炭以调节温度。把管子放入地炉前，先将燃料加足，在管子加热过程中一般不加燃料。待燃料燃烧正常后再把管子放进去。燃料应沿管子周围在加热长度内均匀分

布，并在加热段上盖上反射板以减少热量损失，使温度较均匀。同时，适当调整鼓风机风量，使炉温不要升高太快。必要时关闭鼓风机"闷火"以保证管内砂子能烧透。在加热过程中要不断转动管子，不同管材的加热温度如表 3.4-7 所示。

热煨温度值 表 3.4-7

管材	铝管	铜管	碳钢管	不锈钢管
温度（℃）	300～400	400～500	950～1000	1100～1200

一般可根据加热管子发光的颜色判断达到的温度，碳钢管加热时的发光颜色如表 3.4-8 所示。

碳钢管加热时的发光颜色 表 3.4-8

温度（℃）	550	650	700	800	900	1000	1100	1200
发光颜色	微红	深红	樱红	浅红	橘红	橙黄	浅黄	发白

④煨制。

当管子加热到所需温度时，从炉内取出运至弯管平台上放入两个管档之间，在管子下面垫两个扁钢，使管子不要紧贴平台，以免浇水时将接触平台的加热长度部分被冷却。如果煨弯用的管子是直缝钢管（焊接钢管），在煨制前应将焊缝置于所受弯曲应力最小的位置。

一般管径 $DN < 100$ 时，可直接用人力牵引进行弯曲，$DN > 100$ 时，可用卷扬机牵引进行弯曲。在弯管过程中，应连续、均匀地进行，速度要放慢。当加热长度范围内的某一部分管段，达到所要求的弯曲弧度时，立即用水将该部分沿管周围冷却。当钢管的温度下降到 700℃（管子表面呈樱红色时），应停止弯管。如果还没有达到所需要的角度，可重新加热后进行煨制，但加热次数一般不应超过两次。由于弯头冷却后有回伸现象，回伸角度 3°左右，因此，弯管时应比需要角度大 3°左右。弯头煨好后应放在空气中或盖上一层干砂，使其逐渐冷却。由于加热区的氧化层已被烧掉，因此应在加热区域涂一层废机油，以防再次氧化。

⑤清砂检查。

除砂时，将管子两端木塞取下，用手锤敲打将管内砂子倒出。粘在管内壁的砂子用钢丝刷刷掉，然后可用压缩空气吹扫或用钢丝绑破布拖净。

弯制好的弯头应进行质量检查，是否合格。椭圆度（弯头中部同一截面最大外径与最小外径之差）不得超过表 3.4-9 的规定；凸凹不平度不得超过表 3.4-10 的规定；弯曲半径的偏差不得超过表 3.4-11 的规定。

热煨弯头最大允许椭圆度 表 3.4-9

公称直径（mm）	< 50	50	65	80	100	125	150	200	250	300	350	400
椭圆度（mm）	2	3	4	4	6	7	8	14	16	18	24	24

热煨弯头最大允许凸凹不平度 表 3.4-10

公称直径（mm）	≤50	65	80	100	125	150	200	250	300	350	400
凸凹不平度（mm）	2	4	4	4	5	6	6	7	7	8	8

公称直径（mm）	≤50	65	80	100	125	150	200	250	300	350	400
R 的偏差（mm）	±5	±8	±8	±10	±10	±15	±20	±40	±50	±60	±80

3.4.5　管子缩口与扩口

（1）管子缩口

管子缩口是将管端收缩变小，将管端加热，用手锤锻打缩口的加工过程，也称摔制异径管。

①加工同心大小头

加工同心大小头时，管端加热宜用氧-乙炔焰烘烤，以利于控制加热温度和加热范围，每一烘烤点宽度不宜超过 30mm，长度不宜超过 50mm，或者将管子加工端放入烘炉均匀加热，待呈橘红色（800～950℃）时，取出管子将加热端放在铁砧上，然后用手锤从后到前，边敲打边转动管子，使加工端均匀收缩，可分几次加热敲打成型为止。用手锤锻打，第一锤不可打得过重过深，以后每次集中锻打凸起部分，当管端转动加热锻打到接近小管直径时，可插入一根小管做胎，以保证缩口圆度。打锤要平稳，防止把管子打出锤痕。如图 3.4-35 所示。

②加工偏心大小头

加工偏心大小头时，管端应一面加热，如用烘炉全部加热，可用水冷却管子下部后再敲打管子，为使其过渡均匀、圆滑，注意边敲打边左右转动管子。

（2）管子扩口

管子扩口是将管端扩大，管子扩口是先将管端加热，然后用手锤边敲打管子内壁，边转动管子，使管端均匀扩大，如图 3.4-36 所示。

图 3.4-35　加工同心大小头

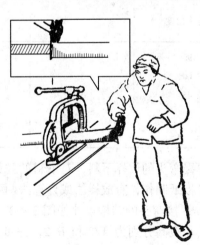

图 3.4-36　管子扩口加工

也可将管子加热端套在圆钢柱上，用手锤敲打管端外壁，使其逐渐变薄增大圆周长，达到扩口目的。

3.4.6　钢制管件的加工

对于管道的转弯、分支和变径所需的焊接弯头、焊接三通及变径管等管件进行加工制作称为钢管管件的加工。

（1）焊接弯头的制作

焊接弯头，也称虾米腰或虾壳弯。是根据放样后得到的样板，在直管上划线、切割，由若干节带有斜截面的直管段组对焊接而成。常用的焊接弯头根据弯头角度的大小或使用上的要求，可做成三节、四节或五节。节数越多，越有利于管内的介质流动，减少阻力。但对制作技术要求也就越高。90°焊接弯头的结构尺寸如图 3.4-37 所示。

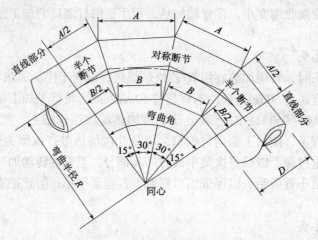

图 3.4-37　焊接弯头的结构

不同角度的焊接弯头均由中间节和端节组成，端节为中间节的一半，为了减少焊口，端节应尽可能在直管段上。焊接弯头的节数如表 3.4-13 所示。

焊接弯头最少节数　　　　　　　　　　　　　　　表 3.4-12

弯头角度	节 数	节　数　组　成			
		中间节	每节角度	端 节	每节角度
90°	4	2	30°	2	15°
60°	3	1	30°	2	15°
45°	3	1	22 1/2°	2	11 1/4°
30°	2	0	—	2	15°
22 1/2°	2	0	—	2	11 1/4°

焊接弯头的放样下料，对下料的样板的正确制作，是十分重要的环节。一般可用油毡纸或样板纸制作，有放样法或计算法两种。

90°焊接弯头的结构尺寸如图 3.4-37 所示。中间节的背高和腹高分别为 A 和 B，端节的背高和腹高分别为 $A/2$ 和 $B/2$，并可用下式计算：

$$\left.\begin{array}{l} \dfrac{A}{2} = \left(R + \dfrac{D}{2} \right) \cdot \mathrm{tg}\, \dfrac{\alpha}{2(n+1)} \\[2mm] \dfrac{B}{2} = \left(R - \dfrac{D}{2} \right) \cdot \mathrm{tg}\, \dfrac{\alpha}{2(n+1)} \end{array}\right\}$$

式中　$A/2$——端节背高，mm；

　　　$B/2$——端节腹高，mm；

R——弯头的弯曲半径，mm；

D——管子的外径，mm；

α——弯曲角度，°；

n——弯头中间的节数。

【例题3.4-1】 试用焊接钢管制做一个 $DN100$，弯曲角度为 $90°$，$R = 1.5 \cdot D$ 的焊接弯头端节样板。

【解】 查表可知焊接弯头中间节为 2 节，$DN100$ 焊接钢管外径 $D = 114$mm，$R = 1.5 \times 114 = 171$mm。

计算：当 $n = 2$ 时

$$\mathrm{tg}\frac{\alpha}{2(n+1)} = \mathrm{tg}\frac{90°}{6} = \mathrm{tg}15°$$

$$\frac{A}{2} = \left(R + \frac{D}{2}\right)\mathrm{tg}15° = \left(171 + \frac{114}{2}\right) \times 0.268 = 61\text{mm}$$

$$\frac{B}{2} = \left(R - \frac{D}{2}\right)\mathrm{tg}15° = \left(171 - \frac{114}{2}\right) \times 0.268 = 31\text{mm}$$

根据计算得到端节的背高与腹高，即可绘制焊接弯头端节的展开图，如图 3.4-38 所示。步骤如下：

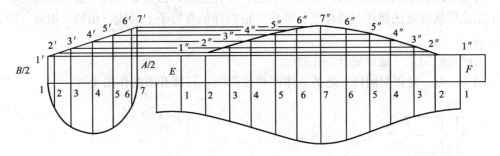

图 3.4-38 用计算求得端节展开图

（1）在油毡纸上划一条水平线，取直径 1-7 等于 114mm（D），由点 1 和点 7 分别作垂线，截取 1-1'使等于 31mm（$B/2$），截取 7-7'使等于 61mm（$A/2$），连接 1'-7'成斜线；

（2）以 1-7 中心点为圆心，$D/2$（57mm）为半径画半圆，并将半圆 6 等分，由各等分点向 1-7 作垂线，并延长交 1'-7'斜线于 2'、3'、4'、5'、6'各点；

（3）延长 1-7 水平线，并取 $E\text{-}F = \pi \cdot D$（见图 3.4-38 右侧），12 等分 $E\text{-}F$ 并过各等分点做 $E\text{-}F$ 的垂线，与自 1'、2'、3'、4'、5'、6'、7'点引出的水平线交于 1″、2″……7″……2″、1″；

（4）用光滑曲线连接 1″、2″……7″……2″、1″各点，便得到了焊接弯头端节展开图；

（5）同理，以 $E\text{-}F$ 各等分点 1、2……7……2、1 为圆心，在 $E\text{-}F$ 各垂直等分线下方顺序截取 1-1'、2-2'……7-7'……2-2'、1-1'，连各交点即能得到中间节展开图。

①剪下中间节展开图，即可做下料样板（注意留有包缠管把柄）。根据经验，为了提高焊接弯头制作精度，圆管周长的展开尺寸 $E\text{-}F$ 宜取 $\pi(D + \delta)$，其中 δ 为样板材料厚度。另外按如上理论放样的结果，各节组对后，常会出现勾头现象（略小于 $90°$），这是由于管子内外壁放样素线长度并不完全相同的原因造成的，故放样时，可适量地增加腹长

（*B*/2）。

②把样板包缠在管子上划线之前，应先在管子上弹出两条对称的两等分中心线，然后把样板中心线 *E-F* 线对准管子的中心线划出切割线。如图 3.4-39 所示。

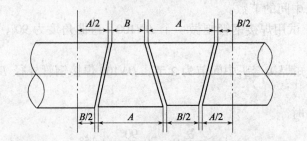

图 3.4-39　管子下料切割线

组对、焊接后的焊接弯头其主要尺寸偏差应符合下列规定：

周长偏差：*DN* > 1000 时不应超过 ± 6mm，*DN* ≤ 1000 时不应超过 ± 4mm。端面与中心线的垂直偏差 Δ 不应大于管子外径的 1%，且不大于 3mm。如图 3.4-40 所示。

（2）焊接三通的加工

管道安装常用的焊接三通，有同径三通、异径三通、正三通、斜三通。其加工制作需要采用放样展开方法制作三通样板，然后，根据样板在管子上划线、切割、组对、焊接成型。

①同径直交正三通的展开

图 3.4-41，是正交同径三通的立体图和投影图，其展开图的作图步骤：

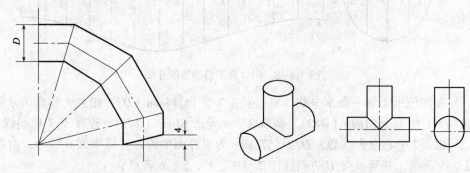

图 3.4-40　焊接弯头端面垂直偏差　　　图 3.4-41　同径正三通管图

（A）以 *O* 为圆心，以 1/2 管外径（即 *D*/2）为半径作半圆并六等分，等分点为 4′、3′、2′、1′、2′、3′、4′；

（B）沿半圆上直线 4′-4′ 方向向右引长线 *AB*，在 *AB* 上量取管外径的周长并 12 等分，自左至右等分点的顺序标号为 1、2、3、4、3、2、1、2、3、4、3、2、1（4 为三通主管中心线）；

（C）作直线 *AB* 上各等分点的垂直线，同时，由半圆上各等分（1′、2′、3′、4′）向右引水平线与各垂直线相交。将所得的对应交点连成光滑的曲线，即得支管切割展开图（俗称雄头样板）；

（D）以直线 *AB* 为对称中心线，将 4～4 范围内的垂直等分线分别对称地向上引伸，

90

并向上截取雄头样板的对应线段，得各对应交点，连各交点成光滑曲线，即得到主管切割展开图Ⅱ（俗称雌头样板）如图3.4-42所示。

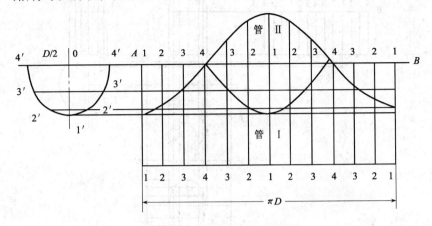

3.4-42 正交同径三通的展开图

②异径直交三通的展开

异径直交三通，又称异径正三通。是由两段不同直径的圆管相交而成。作图方法是：

（A）求结合线。划出异径正三通的立体图和投影图，如图3.4-43所示。分别通过两个投影图于小管端面划半圆并六等分，等分点的编号如图Ⅰ和Ⅱ。通过等分点分别向大管引垂线。在侧面图中，垂线与大管的相交点向左引出水平线和正面图相对应的垂线相交，以曲线连接相交点即为两管的结合线。

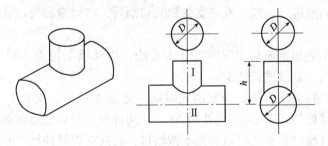

图3.4-43 异径正三通管

（B）做支管展开图。

如图3.4-44所示由Ⅱ图的小管4-4线引延长线 AB，使其长等于小管圆周展开长度。将其十二等分，其相应各点编号如图Ⅲ和Ⅳ所示。将各等分点引垂线与接合线各点向左引出水平线对应交点连成曲线，即为支管展开图。

（C）主管展开图。

从Ⅱ图主管 E、F 点引延长线 CD 和 $C'D'$，使 $EC = FC$，使 CD 和 $C'D'$ 的长度为大管圆周长的一半。连接 CC' 和 DD' 两点。在 $C'D'$ 中点4，上下取1-2、2-3、3-4分别等于侧面图主管圆周1-2、2-3、3-4弧长。通过这些点引平行线与Ⅱ图的垂线对应相交，以弧线连接相交的各点，即为主管展开图。

在实际操作中只划支管展开图即可。支管按样板切割后，清除氧化铁和毛刺，然后扣到主管连接部位，根据两管的结合线划出主管的切割线。

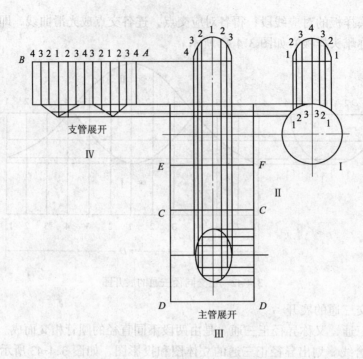

图 3.4-44　正交异径三通的展开图

③焊接三通的划线及切割：

（A）在主管上划出接管定位十字线，将样板Ⅱ紧贴在弧形管面上，并使样板中心线对准接管中心线划线进行切割，或在支管划线切割后，将切割后的马鞍形管口扣在主管管面上划线切割。

（B）在支管上划出两条对应的两等分中心线，用样板Ⅰ包缠在管口处，使样板中心线对准管子中心线，划线进行切割。

（C）按焊接坡口要求，进行切割的同时应注意加工坡口。支管上全部要有坡口，坡口的角度是角焊缝处为45°，对焊缝处为30°，从角焊处向对焊处逐渐缩小坡口角度，并应均匀过渡。主管（雌口）开孔时角焊处不做坡口，在向对焊处伸展中心点处开始坡口，到对焊处为30°。

同径正三通组对时，要求主管上开孔的大小与支管的内径相配，因此雌样板的最宽处的两边应减去壁厚再划线，使焊缝处的内缝相平，组对时先点焊，再用宽座角尺校正支管与主管间的角度后，再进行焊接。

（3）钢制异径管的制作

管道变径时应用异径管，也称大小头。异径管的制作有摔制异径管、钢板卷制异径管和焊接异径管。对工作压力小于等于0.6MPa的暖卫管道，可在施工现场采用钢管加工异径管。当两根需要连接的管道直径相差在25%以内时，可用摔制的方法制作。当管径变化幅度较大时，应采用抽条法加工异径管。工作压力大于等于1.0MPa的管道，应采用工厂制造的专用异径管。

①抽条法制作异径管

抽条法是按一定的抽条宽度和长度，把管子切割掉一部分，再加热收口成大小头，最

92

后将各收口焊缝焊接成型，如图 3.4-45 所示。

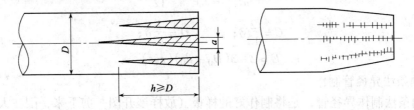

图 3.4-45　抽条法制作变径管

（A）同心异径管的放样

同心异径管的抽条放样与展开图，如图3.4-46所示。其抽条宽度 A、B 及抽条长度按下式计算：

$$A = \frac{\pi \cdot D_0}{n}$$

$$B = \frac{\pi \cdot d_0}{n}$$

$$l = 3 \sim 4(D_0 - d_0)$$

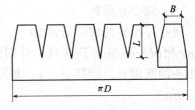

式中　D_0——大直径管外径，mm；

　　　d_0——小直径管外径，mm；

　　　π——圆周率，取 3.14；

　　　n——分瓣数，对 $DN50 \sim 80$ 管子用 $4 \sim 6$

瓣，对 $DN100 \sim 400$ 管子用 $6 \sim 8$ 瓣。

图 3.4-46　同心变径的抽条放样

（B）偏心异径管的放样

偏心大小头的放样及展开较复杂，如图 3.4-47 所示。其抽条宽度 A、B、C、D 及抽条长度 E，按下式计算：

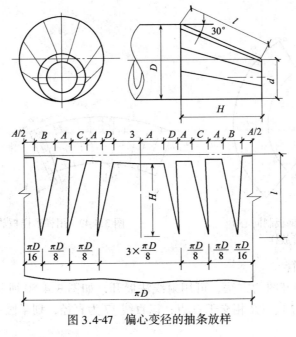

图 3.4-47　偏心变径的抽条放样

$$A = \frac{\pi \cdot d_0}{n}; \qquad B = \frac{3}{12}\delta;$$

$$C = \frac{2}{12}\delta; \qquad D = \frac{1}{12}\delta;$$

$$E = 2 \sim 3(D_0 - d_0)(\text{mm})$$

（C）抽条法异径管制作

采用抽条法制作异径管，是将制作好的样板（放样展开图）剪下来，围在大直径管口处，即可划出抽条切割线，切割抽条后加热收口，即可进行抽条缝隙的焊接。便得到同心或偏心大小头。

划线时应注意留足割口宽度，然后进行切割，把多余的部分割去，并用焊炬或烘炉将留下的根部加热到 $800 \sim 950℃$，再用手锤轻轻敲打，边敲打边转动管子，使留下的各瓣逐渐向中间靠拢，当其端头与连接的管子口径一致时用电焊将各瓣间缝隙焊好。

②钢板卷制异径管

钢板卷制异径管，常用于直径较大的管道，用来制做异径管的钢板厚度应与管道壁厚相同。

（A）同心异径管

同心异径管的放样方法如下：根据确定的尺寸划出异径管的立面图 $abcd$；延长斜边 ab 和 cd，并相交于 O 点；分别以 Oa 和 Ob 为半径，划 aE 和 bF，使其分别等于大头和小头的圆周长。连接 a、b、E、F 点，则 $abEF$ 即为同心异径管的展开图，如图 3.4-48 所示。

当异径管的变径差很小，斜边的交点很远时，可采用如图 3.4-49 所示的近似法画展开图。其方法是：先划出立面图 $abcd$；分别以 ab 和 cd 为直径划半圆并六等分；以弦长 a 为顶，b 为底，AC 长为高，作成梯形样板；用十二个梯形小样板拼齐后，需要大头和小头的圆周长复查拼出的样板的顶和底的总长，以免产生误差。经复查修正后即为异径管的展开图。

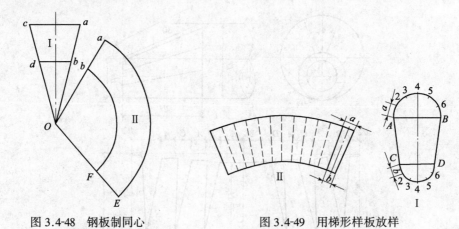

图 3.4-48 钢板制同心   图 3.4-49 用梯形样板放样
　　异径管放样

（B）偏心异径管

划偏心异径管展开图的方法，可用射线法展开，如图 3.4-50 所示。先划偏心异径管立面图 $BA71$；延长 $7A$、$1B$ 相交于 O 点；以直线 17 为直径，划半圆并六等分，其等分点

94

为 2、3、4、5、6；以 7 为圆心，以 7 到半圆各等分点的距离作半径划同心圆弧，分别与直线 17 相交其交点为 2′、3′、4′、5′、6′。将各交点与顶点 O 相连接；连接线 O6′、O5′、O4′、O3′、O2′ 与直线 AB 交于 6″、5″、4″、3″、2″各点；以 O 点为圆心，分别以 O7、O6′、O5′、O4′、O3′、O2′、O1 为半径作同心圆弧；在 O7 为半径的圆弧上任取一点 7′，以点 7′ 为起点，以半圆等分弧的弧长（如 67）为线段长，顺次阶梯地截取各同心圆弧交点 6′、5′、4′、3′、2′、1′、2′、3′、4′、5′、6′、7′；以 O 点为圆心，OA、O6″、O5″、O4″、O3″、O2″、OB 为半径，分别画圆弧顺次阶梯地与 O7′、O6′、O5′、O4′、O3′、O2′、O1′、O2′、O3′、O4′、O5′、O6′、O7′ 各条半径线相交于 6″、5″、4″、3″、2″、1″、2″、3″、4″、5″、6″、7″等各点，以光滑曲线连接所有交点，即为偏心大小头的展开图。

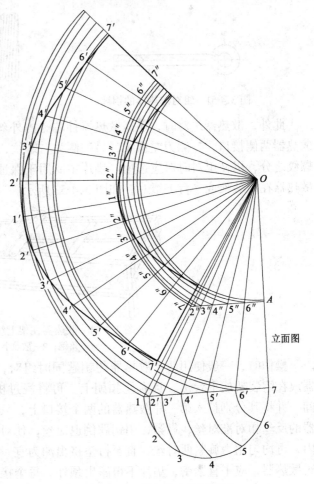

图 3.4-50　偏心大小头展开图

3.4.7　散热器的安装

散热器片安装工艺流程：散热器组片统计→除锈刷油→散热器组对→水压试验→堆放→散热器安装

（1）组对装前散热器片的质量检查。包括有无裂纹、砂眼及其他损伤，连接口内螺纹是否良好，接口端面是否平整，同侧两接口是否在同一平面上等。

（2）清除散热器内外表面的污垢和锈层。外表面除锈一般用钢丝刷，接口内螺纹和接口端点的清理常用砂布刷出光面。

对除完锈的散热器片应及时刷一层防锈漆，凉干后再刷一道面漆。刷完漆的散热器片应按内螺纹的正、反扣和上下端有秩序地放好，做好散热器片组数统计，以便组对。

（3）散热器的组对操作，在特制的组对架或平台上进行。散热器组对用的工具，称为散热器钥匙。它是用 Φ25 圆钢锻制而成的，如图 3.4-51 所示。组对长翼型散热器的钥匙，长约 350~400mm；柱型散热器的钥匙，长约 250mm。为了拆卸成组散热器的中间片，还需配有较长的钥匙，其长度根据需要而定。

两片散热器的连接件是对丝，其外螺纹制成一半是正丝（右螺纹）的，另一半是反丝（左螺纹）的，如图 3.4-52 所示，其规格为 DN32。

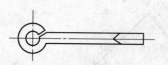

图 3.4-51　组对散热器的钥匙

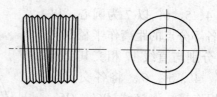

图 3.4-52　对丝

此外，散热器组对时，还需散热器补芯（内外丝）、丝堵及垫片等。由于每片或每组散热器两侧接口，一侧为左螺纹，另一侧为右螺纹，因此，散热器的补芯和丝堵也有左右螺纹之分，以便组对时对应选用。垫片主要用于保证接口的严密以及维修时的拆卸方便。散热器在组装架或平台上组对，如图 3.4-53 所示。

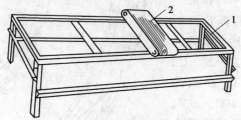

图 3.4-53　散热器在架上组对操作
1—角钢；2—散热器

操作时，一般使用两个散热器的钥匙同时组对，如图 3.4-54 所示。先将第一片散热器放在组装架或平台上，且右丝扣朝上。再将浸过机油的石棉垫片分别套在两个对丝中间，并将其分别拧入第一片散热器的两个接口上，只需拧进一扣即可。然后将第二片散热器的反丝扣对准对丝，靠紧，用钥匙倒退对丝，使对丝的两端分别嵌入两片散热器的接口内，再均匀用力旋紧两对丝，直至衬垫挤出油为宜。如此一片片组对至所需用的片数。组对散热器，应平直紧密，垫片不得露出颈外。每个接口只能加一个垫片。

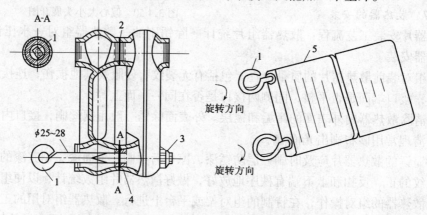

图 3.4-54　组对时的钥匙使用情况
1—组对钥匙；2—垫片；3—汽包补芯；4—汽包对丝；5—散热器

组对带有足片的柱形散热器时，每组在 14 片以内采用 2 片足片，装在两端；15 ~ 25 片用 3 片足片，分别装在两端和中间。

组对好的散热器一般不应平放，若受条件限制必须平向堆放时，堆放高度不应超过 10 层，且每层应用木片隔开。竖向堆放时，也应用木片或草绳隔开。

（4）散热器试压

组对好的散热器，安装前必须做水压试验，试验压力如表 3.4-13 所示。试压合格后方可进行安装。试压装置如图3.4-55所示。

试压合格的散热器，按安装要求装好补芯和丝堵，运至规定地点进行安装。

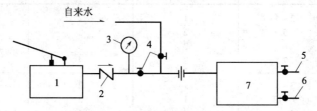

图 3.4-55　散热器单组试压装置
1—手压泵；2—止回阀；3—压力表；4—截止阀；
5—放气阀；6—放水管；7—散热器组

散热器试验压力表　　　　　　　　　表 3.4-13

散热器型号	翼型、柱型		扁　管　型		板　　式	串　片　式	
工作压力（MPa）	≤0.25	>0.25	≤0.25	>0.25	—	≤0.25	>0.25
试验压力（MPa）	0.4	0.6	0.75	0.8	0.75	0.4	1.4
要求	试验时间 2～3min，不渗漏为合格						

（5）散热器就位固定

根据设计图纸确定散热器位置。有外墙的房间，一般将散热器垂直安装在房间外墙窗下，顶端距窗台板底面不小于 50mm。散热器中心线应与窗台口中心线重合，正面水平，侧面垂直。散热器中心与墙壁表面的距离应符合表 3.4-14 规定。

散热器中心与墙表面的距离（mm）　　　表 3.4-14

散热器型　号	60 型	M132 型	四柱型	圆翼型	扁管，板式（外沿）	串片型	
						平放	竖放
中心距墙	280（200）	80	57（53）	1000	—	—	—
表面距离	115	115	130	115	30	95	60

M132 型散热器安装在墙壁上的安装尺寸。如图 3.4-56 所示：托架的中心距离为 500mm，散热器底面距地面高度为 100mm，散热器中心线距墙面为 115mm。

圆翼型散热器安装尺寸。如图 3.4-57 所示：两托架的中心距离为 250mm，散热器纵向中心离墙面 115mm，底层散热器的横向中心线距地面高度不小于 200mm。

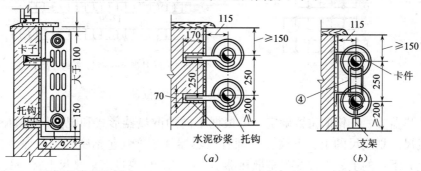

图 3.4-56　M132 型散热器安装尺寸

图 3.4-57　圆翼型散热器安装尺寸
（a）安装在砖墙上；（b）安装在轻便结构墙上

(6) 栽埋散热器托钩，每组散热器的支、托钩数量由散热器的型号及组装片数确定，参见表3.4-15规定。

散热器支、托钩数量表 表 3.4-15

散热器型号	每组片数	上部托钩或卡架数	下部托钩或卡架数	总　计	备　注
60型	2～4	1	2	3	
	5	2	2	4	
	6	2	3	5	
	7	2	4	6	
M132型 M150型	3～8	1	2	3	不带足
	9～12	1	3	4	
	13～16	2	4	6	
	17～20	2	5	7	
	21～25	2	6	8	
柱型	3～8	1	2	3	
	9～12	1	3	4	
	13～16	2	4	6	
	17～20	2	5	7	
	21～25	2	6	8	
圆翼型	1	每根散热器均按2个托钩计		2	
	2			4	
	3～4			6～8	
扁管、板式	1	2	2	4	
串片数	每根长度小于1.4m 长度在1.6～2.4m 多根串连托钩间距不大于1m			2 3	

注: 1. 轻质墙结构, 散热器底部可用特制金属托架支撑。
　　 2. 安装带足的柱型散热器, 每组所需带足片, 14片以下为2片, 15～24片为3片。
　　 3. M132型及柱型散热器, 下部为托钩, 上部为卡架, 长翼型散热器上、下均为托钩。

根据每组散热器所需的支、托钩数量，在墙上画出支、托钩的位置（托钩的位置如图3.4-58所示），然后打孔栽埋。

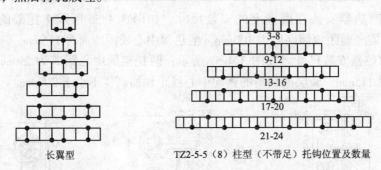

长翼型　　　　TZ2-5-5（8）柱型（不带足）托钩位置及数量

图 3.4-58　托钩的位置

散热器支、托钩的位置确定，可根据不同的散热器形式和规格制作如图3.4-59所示的划线尺。划线尺的上、下横尺上画有散热器片长度（包括密封垫的厚度在内）的等分线，上、下尺的上、下边线就是散热器上、下托钩的高度线。竖尺上挂一线锤，在线锤与竖尺中心线相互重合时，横尺即为水平。

根据表 3.4-15 规定的散热器托钩数量，就可分别定出上，下托钩的位置。即为打支、托钩墙孔的位置。打墙孔时，可用直径为 25mm 的钢管锯成斜口或齿口管钎子打孔，如图 3.4-60 所示。也可用电锤打孔。定位时应注意，托钩的高度应使散热器上表面低于窗台面不少于 50mm。

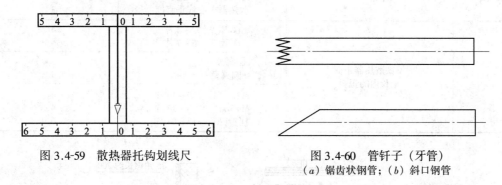

图 3.4-59　散热器托钩划线尺　　　　　　　图 3.4-60　管钎子（牙管）
　　　　　　　　　　　　　　　　　　　　（a）锯齿状钢管；（b）斜口钢管

　　打孔深度一般不应小于 120mm。然后用水将墙孔冲洗浸湿，并灌入 2/3 孔深的 1:3 水泥砂浆，将支、托钩插入孔内，并保证位置准确，不得偏斜。全部支、托钩的承托弯中心，必须在同一垂直平面内。检查好尺寸的支、托钩，用碎石紧固后，再用水泥砂浆填满钩孔，并抹成与墙面相平。

　　在轻质墙上安装散热器，为不损坏墙体，可采用如图 3.4-61 所示的托钩与支座相结合的形式。托钩可用电钻打洞，螺栓紧固的方法安装。

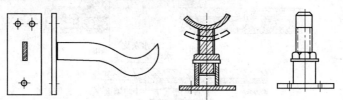

图 3.4-61　轻质墙上的托钩与支座

　　灰铸铁柱式散热器可以做落地式安装，落地式安装就是摆放就位。但为了不致倾倒，一般安在每组散热器后面加 1 个卡子，拉在墙上，如图 3.4-62 所示。

　　铸铁柱式散热器可用于蒸汽系统，也可用于热水系统，但散热器上安装放气阀的位置不同。在蒸汽系统里，空气应从散热器中下部排出。通常是在散热器边片的外侧，距底 1/3 全高的铸造小圆台上，钻孔攻丝，安装放气阀。在热水系统里，应从散热器上部排除空气，放气阀应按同样的方法安装在上部的铸造小圆台钻孔丝堵头上。为使圆翼型散热器的凝结水或回水能流空，在这一侧应配置成偏心法兰。

　　（7）安装散热器。待墙洞混凝土达到有效强度的 75% 后，就可将散热器抬挂在支、托钩上，并轻放。安装后的散热器允许偏差，如图 3.4-63 所示，应满足表 3.4-16 的规定。最后，当管道与各组散热器连接好后，与管道一起，再刷一道面漆。

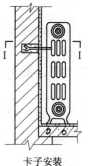

卡子安装

Ⅰ—Ⅰ

图 3.4-62　落地式散热器卡子安装

散热器安装允许偏差（mm） 表3.4-16

项次	项 目		允许偏差
1	散热器	内表面与墙表面距离	6
		与窗口中心线	20
		散热器中心线垂直度	3
2	铸铁散热器正面全长内的歪斜	60型　2～4片	4
		60型　5～7片	6
		圆翼型　2m以内	3
		圆翼型　3～4m	4
		M132型　3～14片	4
		M150型　3～14片	4
		柱　型　15～24片	6

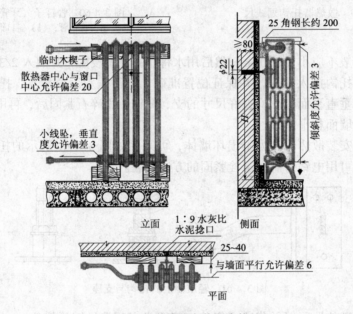

图 3.4-63　散热器安装允许偏差

3.4.8　室内采暖管道的安装

（1）室内供暖系统组成（以热水供暖系统为例）：主立管、水平干管、支立管、散热器横支管、散热器、自动排气阀、阀门等，如图3.4-64所示。

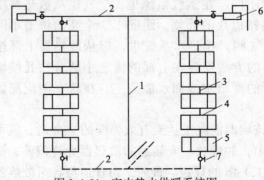

图 3.4-64　室内热水供暖系统图

1—主立管；2—水平干管；3—支立管；4—散热器横支管；5—散热器；6—自动排气阀；7—阀门

（2）室内采暖管道的安装程序：总管→干管→立管→支管。

（3）安装的基本技术要求：

①系统安装中所用材料及设备的规格、型号，均应符合设计要求。

②管道穿越基础，墙和楼板，应配合土建预留孔洞。孔洞尺寸如设计无明确规定时，可参照表 3.4-17 进行预留。表中还给出管道与墙壁之间的净距。

预留孔洞尺寸表（mm）　　　　　　　　　　　　　　表 3.4-17

管道名称及规格		明管留孔尺寸长×宽	暗管墙槽尺寸宽×深	管外壁与墙面最小净距
供热立管	$D \leqslant 25$	100×100	130×130	$25 \sim 30$
	$D = 32 \sim 50$	150×150	150×130	$35 \sim 50$
	$D = 70 \sim 100$	200×200	200×200	55
	$D = 125 \sim 150$	300×300	—	60
两根立管	$D \leqslant 32$	150×100	200×130	
散热器支管	$D \leqslant 25$	100×100	60×60	$15 \sim 25$
	$D = 32 \sim 40$	150×130	150×100	$30 \sim 40$
供热主干管	$D \leqslant 80$	300×250		
	$D = 100 \sim 125$	350×300		

③管道和设备安装前，必须清除内部杂物，安装中断或完毕后，敞口处应适当封闭，以免进入杂物堵塞管道。

④安装过程中，如遇多种管道交叉，应根据管道的规格、性质和用途确定避让方式。见表 3.4-18，为一般管道避让原则。

管道避让原则　　　　　　　　　　　　　　表 3.4-18

避 让 管	不 让 管	理　　由
小　管	大　管	小管绕弯容易，且造价低
压力流管	重力流管	重力流管改变坡度和流向，对流动影响较大
冷水管	热水管	热水管绕弯要考虑排气，放水等
给水管	排水管	排水管管径大，且水中杂质多
低压管	高压管	高压管造价高，且强度要求也高
气体管	水　管	水流动的动力消耗大
阀件少的管	阀件多的管	考虑安装，操作，维护等因素
金属管	非金属管	金属管易弯曲，切割和连接
一般管道	通风管	通风管道体积大，绕弯困难

⑤水平管道纵，横向弯曲，立管垂直度，成排管段安装允许偏差，保温层厚度误差等，应符合有关的要求。

⑥管道穿过内墙时应加镀锌铁皮套管，穿越楼板时应加装钢套管。安装在内墙壁的套管，两端应与墙壁饰面取平，安装在楼板内的套管，其底面与楼板面齐平，顶端高出楼板地面不少于 20mm，在卫生间内应高出地面 50mm。套管内径比管子外径要大 10mm 左右，其间隙内应均匀填塞石棉绳或油麻，套管外壁一定要卡牢塞紧，不允许随管道串动。

⑦采暖管道采用低压流体输送钢管（不镀锌焊接钢管，或称黑铁管）管径小于或等于 32mm 的管道，宜采用螺纹连接，管径大于 32mm 的管道，宜采用焊接。所有管道接口，

均不得置于墙体或楼板内。

⑧管道安装时的坡度，如设计明确规定时，可按热水管道及汽、水同向流动的蒸汽和凝结水管道，坡度一般为 0.003，但不得小于 0.002；汽、水逆向流动的蒸汽管道，坡度不得小于 0.005。

⑨立管管卡的安装，当层高不超过 5m 时，每层安装一个，距地面 1.5～1.8m；层高大于 5m 时，每层不得少于 2 个，应平均安装。

（4）热力入口总管的安装

室内采暖总管由供水回水总管组成，并行穿越基础预留孔洞引入室内。在总管上均应设置总控制阀或入口装置（如减压、调压、疏水、测温、测压等装置），总管安装应采用焊接连接，并在除锈防腐的基础上进行保温处理。

①总管在地沟内的安装

如图 3.4-65 所示，为热水采暖总管在地沟内的安装，供、回水总管由室外接入室内。

入口总管，由管段 L_1、和 L_2 包括：300～400mm 长的砂口袋、焊制三通、阀门及煨制弯管等组成，L_2 则为焊在三通上的直管段。供、回水总管安装时，应用量尺及比量法下料进行预制，将 L_1、L_2 管段连成整体，必要时经水压试验合格后，整体穿入预留基础洞。总管整体穿入时，关闭砂口袋底部的泄水阀、总阀，用钢板焊接封闭 L_1 管段在室外的管端，以备试压，L_2 弯管一侧应安装地沟支架固定牢靠。

②干管的安装

（A）管子在安装前应进行检查与调直，能保证管子的平直度。对集中调直后的管子涂刷防锈漆。

（B）进行管子的定位放线及支架安装。室内干管的定位是以建筑物纵、横轴线控制走向，以管子与其依托的建筑物实体（墙，梁，柱等）的净距。预留或打通干管需穿越的隔墙洞，挂通线弹出管子安装的坡度线。在此管中心坡度线下方，画出支架安装打洞位置方块线，进行打洞安装支架。

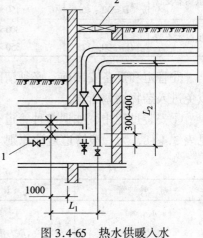

图 3.4-65　热水供暖入水
总管安装示意图
1—旁通管；2—活动盖板

（C）管子的上架与连接。为保证管子焊接对口的平齐。用角尺检测，管端倾斜度不超过 1mm。不符合要求的应在地面上修整。在支架安装并达到强度后，才可使管子上架。干管焊接连接时，对口应不错口，并留有对口间隙（1.5mm，一般可夹一片锯条控制），直线管段应尽量减少固定焊口，采取转动焊接。校核管道的坡度正确后，最后固定管道。

（D）焊接连接时干管的变径，应把大管径管口加热缩口（摔管）达到与连接管径相同对口焊接。不得开大孔后把支管捅入大孔中焊接。对蒸汽管，热水管应加工成偏心大小头，并在安装时分别向下和向上偏斜，对凝结水管可加工成同心大小头，与管道处于同一轴线上。立管位置应距变径处 200～300mm。

（E）干管过门的安装方法如图 3.4-66 所示，地沟内的干管应设排污丝堵或装泄水旋塞。

（F）地沟干管安装后，应将各立管做到地面上，并临时装阀，以备隐蔽前试压。

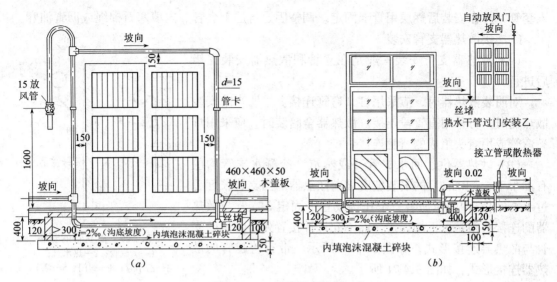

图 3.4-66　干管过门安装

(a) 蒸汽回水管过门；(b) 热水管过门

③总立管与支立管安装

(A) 检查楼板预留孔洞的位置和尺寸，当未预留孔洞时，可打穿各层楼板，自上而下吊线坠，并在侧墙上弹划出立管安装垂直中心线，做为立管安装的基准线。

(B) 总立管由下而上安装，尽可能减少焊口，且应使焊口避开楼板用立管卡固定立管，使其保持垂直度。在主立管下端，应设置刚性支座来支承，如图 3.4-67 所示。主立管与分支干管的连接采取如图 3.4-68 所示方式。

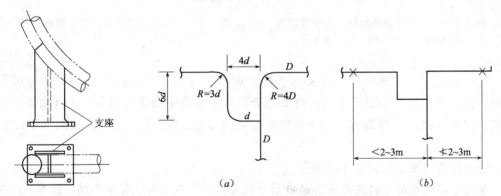

图 3.4-67　主立管刚性支座　　　　图 3.4-68　主立管与分支干管的连接

(C) 支立管采用螺纹连接，应与后墙保持最小净距，与侧墙保持易于操作（管钳能使开）的位置，一般对左侧墙应不少于 150mm，对右侧墙应不少于 300mm，如图 3.4-69 所示。

(D) 支立管位置确定后，把立管中心线弹画在后墙上，作为立管安装的基准线。用线坠控制垂直度，再根据立管与墙面的净距，确定立管卡子的位置，栽埋好管卡。

(E) 采暖立管应根据散热器接管中心的实际位置，实测各楼层管段安装长度。由各层散热器下部接管中心引水平线至立管洞口处（用水平尺找平），安装各层管段时均应穿入套管，并在安装后逐层用管卡固定。调整固定各层钢套管并内填塞石棉绳或沥青油麻。

④连接散热器支管安装

（A）散热器支管安装一般是在立管和散热器安装完毕后进行。

对明装散热器时，应采用灯叉弯管连接。半明半暗安装散热器时，可采用直管段连接。散热器全暗装时，应采用灯叉弯管或用弯头组成的弯管连接。

（B）散热器供、回水支管（或蒸汽、冷凝水支管均应有不小于 5～10mm）的安装坡度坡向散热器。当支管长度超过 1.5m 时，中间应加装一个托钩或管卡固定。支管与散热器的连接必须是可拆卸连接，而不允许焊接置死。常见的支管与散热器连接形式，如图 3.4-70 所示。带有跨越管的散热器连接形式，如图 3.4-71 所示。

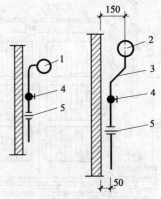

图 3.4-69　支立管的安装
1—蒸汽管；2—热水管；
3—乙字弯；4—阀门；5—活节

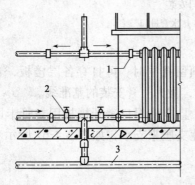

图 3.4-70　支管与散热器的一般连接形式
1—活接头；2—闸阀；3—回水干管

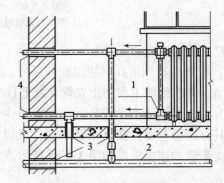

图 3.4-71　带跨越管的散热器支管安装
1—带活接头三通；2—供水干管；
3—套管；4—套管

（C）所有支管标准尺寸的灯叉弯管段、标准尺寸的阀门连接短管、长丝等可集中预制，长丝管可集中用车床车削，灯叉弯管可用胎具集中加热弯制等。上述管道系统全部安装完毕（包括散热器等），即可按规定进行系统的试压，防腐，保温等工序的施工。

⑤采暖管道加工安装尺寸的确定

掌握正确的量尺下料的方法，是暖卫管道安装工程施工的重要基本操作技术。由两管件（或阀门）之间的管子与管件组成的一段管道称为管段，如图 3.4-72 所示。

（A）管段的量尺。

管段的量尺是为确定管子的加工长度（即下料长度），就是管段安装长度的展开长度。当管段为直管时，加工长度就等于安装长度，如管段中有弯时，则加工长度就等于管子展开后的长度。可按照施工图上管子的编号以及各部件的位置与标高，计算出各管段的构造长度（两管件中心线之间的长度），同时应用卷尺进行现场实际测量并核查，根据计算与实测的结果绘制出加工安装草图，标出管段的编号与构造长度。管段量尺的方法如下：直线管道上的量尺，可使尺头对准后方管件（或阀门）的中心，读前方管件（或阀门）的中心，得此管段的构造长度，如图 3.4-72 中的 L_1、L_2；

沿墙、梁、柱等建筑实体安装的管道，量尺时尺头顶住建筑物实体表面，读另一侧管件（或阀件）的中心读数，如图 3.4-73 中的 L_2'，再从读尺数中减去管道与实体表面的中心距 L_0，则管段长度应为 $L_2 = L_2' - L_0$；

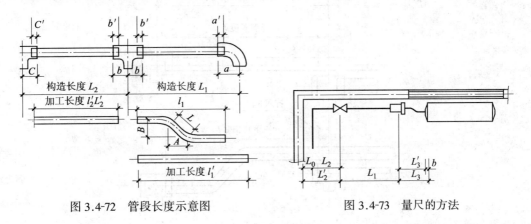

图 3.4-72　管段长度示意图　　　　图 3.4-73　量尺的方法

与设备连接的管道，量尺时尺头顶住设备接管处的边缘，另一侧读连接管件（或阀件）的中心，如图 3.4-73 中的 L_3'。如为螺纹拧入设备时，应再加管螺纹的拧入深度 b，则管段的长度应为 $L_3 = L_3' + b$；

穿越基础洞的垂直管道各管段长度的量尺，应把尺头对准基础预留孔洞的中心（孔洞高度之半），读室内一层地坪面，得基准尺寸，再加上一层上第一个管件（或阀件）中心的设计安装标高，则得出管段的构造长度；

各楼层立管的安装标高的量尺，应将尺头对准（顶住）各楼层地面，读设计安装标高净值。为确保量尺的准确，应在吊线与弹出立管的垂直安装中心线上量尺。

（B）管段的下料。

常用的下料方法有计算法和比量法两种：

其一，钢管螺纹连接计算下料

钢管螺纹连接如图 3.4-72 所示，管子的加工长度应符合安装长度的要求，当管段为直管时加工长度等于构造长度减去两端管件长的一半再加上内螺纹的长度。管段中有转弯时，应将其展开计算。图中的下料尺寸 l_1'、l_2' 的计算公式为：

$$l_1' = L_1 - (a + b) + (a' + b') - A + L$$

$$l_2' = L_2 - (b + c) + (b' + c')$$

公式中 a、b、c 为管件的一半长度，可根据有关资料或实测确定，式中 a'、b'、c' 为管螺纹拧入的深度，因管径的大小而不同，具体长度可参见表 3.4-19。

管螺纹的拧入深度　　　　　　　　表 3.4-19

公称直径（mm）	15	20	25	32	40	50
拧入深度（mm）	11	13	15	17	8	20

其二，比量下料

钢管螺纹连接的比量下料：在下料前先在钢管（或弯管）的一端加工好螺纹，将安装前方的管件（或阀件）拧紧在螺纹管端，用此管与连接后方的管件（已安装固定的管件）比量，使两管件的中心距离等于管段的构造长度，从管件的边缘量出拧入深度，在管子上划出切断线，经切断、套丝后即可安装，如图3.4-74所示。

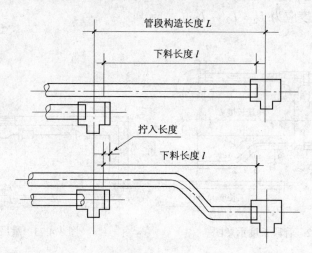

图3.4-74　比量法下料

⑥管道螺纹连接

管道螺纹连接是指将管端加工成螺纹，然后拧上带螺纹的管子配件和附件，连接起来，构成管路系统。管螺纹有圆锥形和圆柱形两种。使用管钳操作。连接方法是：在连接前，先清除管螺纹上的污物，在螺纹上涂上铅油，以保护螺纹不锈蚀，使填料易粘附在螺纹上，提高接口严密性。螺纹连接常用的填充材料，对低温水管道可采用聚四氟乙烯胶带或麻丝。对于介质温度超过115℃的管路螺纹接口，可采用黑铅油（石墨粉拌干性油）和石棉绳。对氧气管路螺纹接口，用黄丹粉拌甘油（甘油有防火功能）；氨管路螺纹接口，用氧化铝粉拌甘油。

缠填料的方法是：要从螺纹管端沿与螺纹旋紧相逆的方向向着螺纹深处缠绕，如图3.4-75。这样，在拧紧管子管件或附件时，会使填料越缠越紧，而不致从螺纹上松脱下来。

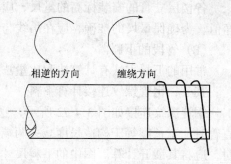

图3.4-75　螺纹连接管道缠绕方法

3.4.9　排水铸铁管安装

排水铸铁管连接有多种形式，由单一的水泥类刚性连接发展到柔性连接。有水泥接口、石棉水泥接口、自应力水泥接口（也称膨胀水泥接口）、石膏氯化钙水泥接口、橡胶圈卡箍接口等。使用油麻和水泥为密封填料仍较普遍。水泥接口操作方法如下：准备→量尺断管→打口连接→接口养护→灌水试验。

（1）接口前的准备应对管材和管件的外观质量进行检查，表面不得有裂纹。承口内不得有凹凸不平的铸瘤、铸砂、飞刺、油污等；准备接口材料；制作捻凿。

（2）铸铁管的下料

①铸铁管的下料，可采取计算法和比量法

承插铸铁管连接计算，除应测量出管段的构造长度外，还应了解各种管件的有关尺寸，如图 3.4-76 所示，其中 L 为构造长度，l_1、l_2、l_3、l_4、a、b 等为管件的有关尺寸，l 为加工长度。其计算公式如下：

$$l = L - (l_1 - l_2) - l_4 + b$$

现以图 3.4-76 所示为例，若此管段为 $DN100$ 的铸铁管，前后两管件为 $DN100 \times 100$ 的顺水三通，已知构造长度 L 为 900mm，求下料长度 l。查施工安装图册可知，$l_1 = l_3 = 390$mm、$l_2 = l_4 = 273$mm、$a = b = 70$mm。则下料长度 $l = 900 - (390 - 273) - 273 + 70 = 580$mm。在施工时应留 2～3mm 伸缩间隙，因此实际的下料长度应为 578mm。

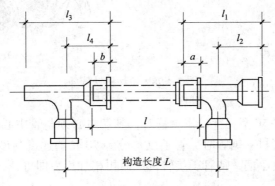

图 3.4-76　铸铁管计

②铸铁管的比量下料

铸铁管的比量下料，如图 3.4-77 所示。可先在平地上摆好管道前后的两个管件，使其中心距离为管段的构造长度 L，再将一根铸铁管摆在两管件旁边，使管子的承口处于前方管件插入口的插入位置上，在另一端管件承口的插入深度处划上切断线，切断后即可打口预制或安装。

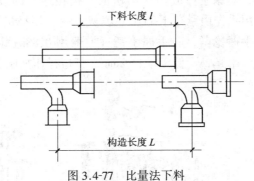

图 3.4-77　比量法下料

（3）錾切铸铁管

①用扁铲切管，如图 3.4-78 所示。一般常用于铸铁管、陶土管、混凝土管等。錾切铸铁管时，在铸铁管需要切割部位画圆周线作标记，然后用扁铲、手锤沿圆周线剁两遍即可断裂，如尚未断裂时，可在地面上垫一节短管，把将要断裂的管子用两手提起 1m 多高，断口对准下方的短管用力往下摔即可断裂。

预制下料时，首先进行标准层的下料，将标准层剩余不带有承口的短管加套袖（管箍）。

②用砂轮片锯管机锯断。在需要切割部位画一条短线标记，然后用锯管机切割，切割时要轻撺锯管机手柄，锯口不可歪斜。

(a) (b)

图 3.4-78 錾切铸铁管
(a) 錾切小管；(b) 錾切大管

③如果被切管子是 W 型无承口排水管时，其切口必须与管中心垂直，且应使用 W 型无承口排水管专用割管机。锯管时，管子以每分钟 20 转的速度与砂轮锯片逆向旋转。切割开始应轻轻撺锯管机手柄，待管子旋转两周后再稍加用力即可。

（4）打口连接

承插排水铸铁管连接承插排水铸铁管采用打口连接，具体操作方法是：先要将管子对口，调直找正，不能有塌腰和弓腰现象。管底部如悬空超过 2m，应在悬空的中间部位用砖砌墩垫实。再把青麻（或油麻）拧成直径约 15mm 的麻绳，长度比管外径周长长 100～150mm。油麻辫在接口下方逐渐塞入承口内的间隙内每圈首尾搭接 50～100mm，一般嵌塞油麻辫两圈。用捻凿捻入承口内深度的 1/3 或两圈，捻实。用水灰比为 1:9 的水泥（不小于强度等级 32.5）捻口，能用手捏成团而不松散，扔在地上即散为合适。将灰放入灰盘内，摆放在承口下部，用手先由承口下部往上填灰，一手用捻凿捣实，经多次填灰捣实，待将近填满承口时，左手握捻凿，右手握手锤（一般用 0.88kg 钳工锤）捻实，再填满承口，再捻实，直至捻平、捻光，不低于承口 2mm，打口操作如图 3.4-79 所示。

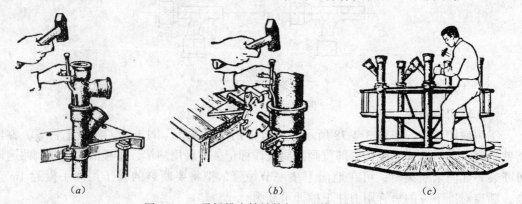

(a) (b) (c)

图 3.4-79 承插排水铸铁管打口连接用的工具
(a) 夹板式；(b) 夹圈式；(c) 转盘式

对于连接管件和接口较多的管道，不能安一次把各节都安上，在其上面摞列连续打口，这种安装方法既费工时，又达不到质量标准，可采用打口预制的方法。在预制之前，应按交底详图标注的管径、设备位置等，确定合理的管道和管件，在地面上打口。这样操作方便，效率高，质量好，待接口达到一定强度后再安装。

（5）接口养护

以水泥为主要材料的各类刚性接口，在打口后都需要养护。养护的方法主要是在捻好的灰口处用黄泥或用湿麻绳缠绕在灰口上，定时浇水养护，使其保持湿润。达到强度后才能进行安装。

（6）排水铸铁管安装

承插排水铸铁管安装，由室外（出墙1.5m）往室内铺设，其标高不得低于设计标高，管件的承口要朝来水方向。按设计要求找好坡度。

在设备层安装排水管道时，亦应绘制出预制加工大样图或草图，并计算出管子和管件，并按施工图计算出吊杆尺寸，制作吊杆和卡环。托吊管安装时，既要考虑有利于污水排泄通畅，又要兼顾观感。为了确保工程质量，应优先选用圆钢卡环。吊卡应安装在承口之后，如必须安装在承口前方时，则应离开承口净距50mm以上。对并排两趟以上的托吊管道，安装时吊卡应在一个纵向位置上。

在安装连接至洗脸盆等卫生器具的排水甩口之前，必须确定出洗脸盆等卫生器具出水口距墙尺寸和存水弯抻开的尺寸，以便确定排水管道甩口距墙尺寸。

地漏安装高度应以地漏箅子顶面应低于地漏周围的地面（最低点）5mm为宜，但安装时，由于土建未做地面，因此，应按50线或与土建联系明确地面标高，将地漏上沿做在地面下25mm处，但不应低于楼板上平10mm（装修前的地面）。

如果利用地漏代替地坪扫除口时，与地漏连接的管件应使用两个45°弯头。或用斜三通加一个45°弯头。地坪扫除口安装在上层地面上时，应尽可能地使用两个45°弯头，或斜三通加45°弯头。

排水立管可根据施工图标注的楼层高度整根预制。立管甩口（吊管安装）高度，一般距楼板下层表面为250~300mm为宜。将预制完毕的整根立管，用人工插入承口内。在上层楼板洞内用木楔子配合找直找正。临时固定好。经检查无误再捻口，依次往上安装至出屋顶。堵洞时，要隔层堵，先堵一、三、五……奇数楼层，再堵偶数楼层。操作时，先拆掉木楔子，然后支模板，浇水，用不低于楼板混凝土强度等级的豆石混凝土灌入并捣实堵严，下部应与楼板表面平。立管距墙尺寸，如水泥捻口一般以承口外表面距墙面20~25mm，一般排水立管安装在墙角处，因此另一侧距墙面尺寸可由设备出水口确定。装立管检查口时，当立管检查口靠近墙角时，检查口应朝向45°。在高层建筑中，排水立管一般接自设备层的排水托吊干管。在立管下端应作支架、支柱来支托着立管使其不下沉，还要每隔一层在楼板上至地面下安装固定托卡。

待管道安装完毕，进行工程预检后，即可作灌水试验，合格后刷第二道防锈漆。

（7）捻凿制作

常用的捻凿大致可分两类：一类是平捻凿；另一类是弧形捻凿。平捻凿又分三种，第一种是专门捻麻用的，俗称"麻钎子"；第二种是捻灰口用的；第三种是偏捻凿，是专门捻立管靠墙角内的麻和灰口以及三通中口下方和靠墙较近的捻口。偏捻凿分左偏和右偏。

以上两类四种如图3.4-80所示。

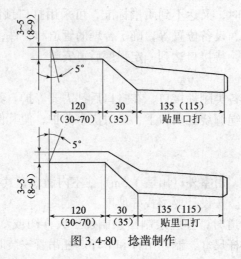

图3.4-80　捻凿制作

3.4.10　卫生器具与清通设备安装

（1）坐式大便器的安装

坐式大便器分高、低水箱冲洗式两种，常见为低水箱坐式大便器，如图3.4-81所示。低水箱与低水箱内部冲洗装置，如图3.4-82所示。冲洗管为成品，规格为DN50等。

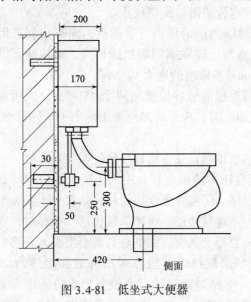

图3.4-81　低坐式大便器

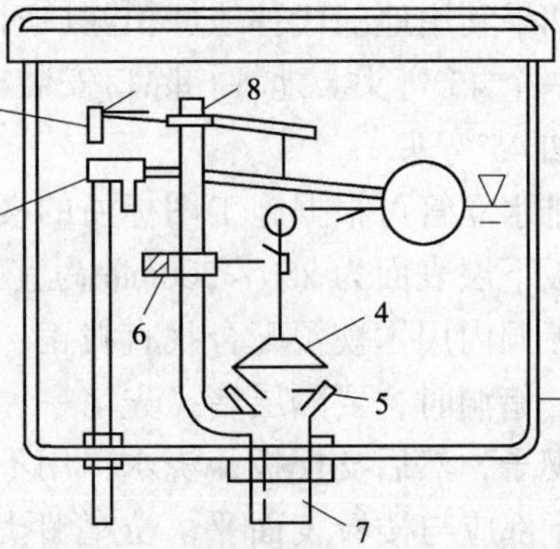

图3.4-82　低水箱内部冲洗装置
1—水箱；2—浮球阀；3—扳子；4—橡胶球阀；
5—阀座；6—导向装置；7—冲洗筒；8—溢流

低水箱坐式大便器的安装程序：大便器→水箱→进水管→冲洗管。

低水箱坐式大便器应根据设计图样所提供的尺寸安装，其安装方法：坐式大便器本体构造自带水封，所以不另安装存水弯，不设台阶，直接坐落在卫生间的地面上。安装前将大便器的污水口插入预先在卫生间地面埋好的排水管承口内，用石笔在地面上标出大便器底座外廓和螺栓孔眼的位置，移开大便器后，在孔眼位置处打洞（不凿穿），或预埋膨胀螺栓、或埋设木砖于洞内，用水泥砂浆固定。安装大便器时，检查大便器内有无残留杂物，把管口清理干净。在大便器排水口周围和大便器底面抹以油灰或纸筋水泥，但不能涂抹得过多，按前所标出的外廓线将大便器的排水口插入 DN100 的排水管承口内，并用水平尺校正，慢慢嵌紧，使填料压实且稳正。把预埋螺栓或膨胀螺栓插入大便器底座孔眼内，将螺母拧紧即可。如地坪内嵌入的是木楔，可用螺钉配上铝垫圈插入底座孔眼内，拧紧在木砖上；就位固定后应将大便器周围多余水泥及污物擦拭干净，应向大便器内灌水，以防油灰粘贴或将排水口堵塞。固定大便器时，注意保护，不可过分用力，以免瓷质大便器底部碎裂。

冲洗水箱安装，先将水箱内铜活零件（卫生洁具）组装，可采用木螺钉固定法、栽埋螺栓法、膨胀螺栓法将冲洗水箱挂装，稳固在墙上。应横平竖直、稳固贴墙。

连接水箱进水支管和水箱底至坐便器进水口之间的 DN50 冲洗管，使大便器与水箱连成一体。待试水合格后再安装坐便器圈、盖。

（2）高水箱蹲式大便器安装

蹲式大便器有本体构造自带水封和不带水封两种。蹲式大便器下边的存水弯有两种，P形存水弯和S形存水弯。前者多用于楼层，后者多用于底层。当蹲便器需配用瓷存水弯时，采用设置两步台阶、一步台阶和无台阶安装方式。安装方法是：按照已安装至地面的排水短管中心，画线确定大便器的安装中心线并引至蹲式大便器后墙上，弹出冲洗水箱和冲洗管的安装中心线；在蹲式大便器中心线两侧用水泥砂浆砌筑两排红砖，其净空略大于蹲式大便器宽度，高度比台阶高 20mm；在大便器出水口上缠上油麻，抹上油灰（油腻子），同时，在排水短管的承口内也抹上油灰，将便器排水口插入排水短管的承口内，压实、刮平多余的油灰；用水平尺校正大便器使之平稳并对准墙上中心线；在便器和砌体中间填入细砂，并压实刮平。高水箱的冲洗管上端接入高水箱底的下水口内，下端插入胶皮碗的小头内，胶皮碗的大头套入大便器的进水瓷管头上，用 14 号铜丝把胶皮碗两端绑扎牢固。大便器稳固好之后，按土建要求做好地坪。特别应指出的是，胶皮碗处用砂土埋好，在砂土上面抹一层水泥砂浆，但禁止用水泥砂浆把胶皮碗处全部填死，以免维修不便。如图 3.4-83 所示。

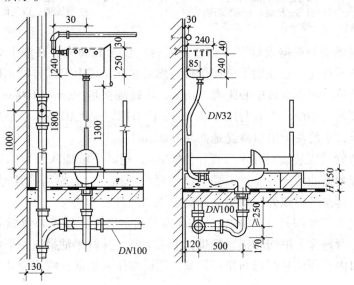

图 3.4-83　高水箱蹲式大便器

安装高水箱进水管、冲洗管，水箱内铜活零件（卫生洁具）。在进水管段处安装阀门、活接、管箍等，并采用短丝连接方法与浮球阀连接。把已装好的浮球阀螺纹端加胶皮垫从水箱内的进水孔穿出，再在水箱外的螺纹端加胶皮垫用根母锁紧，如图 3.4-84 所示。

（3）小便器的安装

按小便器形状，可分为：挂斗式小便器、立式小便器。小便器的安装工作应在地面和墙面工程完成后进行。

①挂式小便器安装

挂式小便器又称小便斗，白色陶瓷材质。挂式小便器通常成联（两个以上）安装，其安装中心距 700mm。可按小便斗、存水弯、冲洗管顺序安装。挂式小便器的安装，如图 3.4-85 所示。小便斗的安装方法：

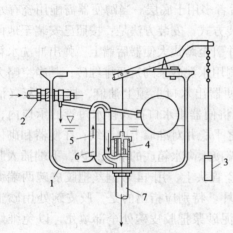

图 3.4-84　手动虹吸式高水箱
1—水箱；2—浮球阀；3—拉链；4—弹簧阀；
5—虹置管；6—φ5 小孔；7—冲洗管

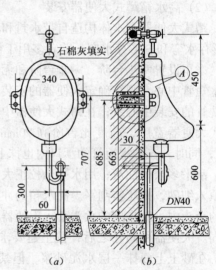

图 3.4-85　挂式小便器的安装
（a）立面图；（b）侧面图

（A）小便斗的安装根据设计图样上要求安装的位置和高度，在墙上划出横、竖中心线，找出小便斗两耳孔中心在墙上具体位置，然后在此位置上打洞预埋木砖，木砖离光地面高 710mm，平行的两块木砖中心距离 340mm，木砖规格是 50mm×100mm×100mm，最好在土建砌墙时砌入。小便斗安装时用 4 颗 65mm 长木螺钉配上铝垫片，穿过小便斗耳孔将其紧固在木砖上，小便斗上沿口离光地面高 600mm。

（B）存水弯管的安装塑料存水弯直径为 32mm，把其下端插入预留的排水管口内，上端套在已缠好麻和铅油的小便斗排水嘴上，将存水弯找正，上端用锁紧螺母加垫后拧紧，下端在存水弯与排水管间隙处，用铅油麻丝缠绕塞严。

（C）安装进水管（阀），将角阀安装在预留的给水管上，使护口盘紧靠墙壁面。用截好的小铜管背靠背地穿上铜碗和锁紧螺母，上端缠麻，抹好铅油插入角形阀内，下端插入小便斗的进水口内，用锁紧螺母与角阀锁紧，用铜碗压入油灰，将小便斗进水口与小铜管下端密封。

②立式小便器的安装

112

立式小便器用陶瓷制成，多为成排安装。上有冲洗进水口，进水口下设扁形布水口（亦称喷水鸭嘴），下有排水口，靠墙竖立在地面上，如图 3.4-86 所示。

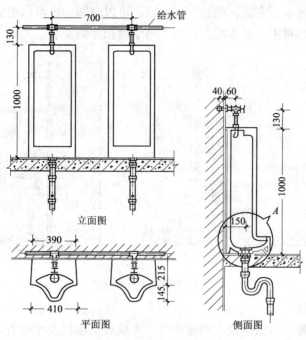

图 3.4-86 立式小便器的安装

立式小便器安装前已安装好了排水管，存水弯在楼板（地面）下。安装时先在墙上画上安装的中心线，安装步骤是：将排水栓用 3mm 厚的橡胶圈及锁紧螺母固定在小便器的排水口上，再在其底部凹槽中嵌入纸筋水泥或石膏，排水栓突出部分涂抹油灰，即可将小便器垂直就位，使排水栓口与排水管口接合，并用水平尺校正。如果小便器与墙面或地面不贴合时，用白水泥补齐、抹光。小便器与污水管连接，小便器装稳后，安装冲洗水管。给水横管中心距光地坪 1130mm，暗装为好。污水管口中心离墙面 140mm，管径为 DN50，承口上口在光地面下 20 ~ 30mm。对于成排安装的小便器，可安装共用高水箱冲洗。水箱底安装高度为 2160mm，水箱内装自动冲洗阀。

（4）洗脸盆的安装

洗脸盆又称洗面器，种类多，造型各异。大多用陶瓷制成，颜色根据需要配制。盆形有长方形、椭圆形和三角形，安装形式有墙架式、柱脚式。其安装方法不尽相同。一组完整的洗脸盆由脸盆、盆架、排水管、排水栓、链堵和脸盆水嘴等组成，如图 3.4-87 所示。其安装顺序为：脸盆架→脸盆→排水管→进水管。

洗脸盆的安装方法和要求：

①安装脸盆架。根据排水短管道的中心线和盆的安装高度，在墙上划出横、竖中心线，找出盆架的安装位置，在墙上打洞预埋木砖或预埋膨胀螺栓，再用木螺钉或膨胀螺栓固定。

②安装洗脸盆。将脸盆稳定在盆架上，用水平尺测量平正。

③安装脸盆排水管。将排水栓加胶垫用根母紧固，注意使排水栓的保险口与脸盆的溢水对正。排水管暗装时，用 P 形存水弯，明装时用 S 形存水弯。与存水弯连接的管口应套好

113

螺纹,缠麻丝涂厚白漆,再用锁紧螺母锁紧。P形存水弯应用铜盖盖住,排水管穿插或穿地板处也应加铜盖压住。

④洗脸盆冷、热水管安装,两管平行敷设,可以暗装,也可以明装。冷,热水管的角阀中心应与水嘴中心对正。冷水嘴在右侧,热水嘴在左侧安装。

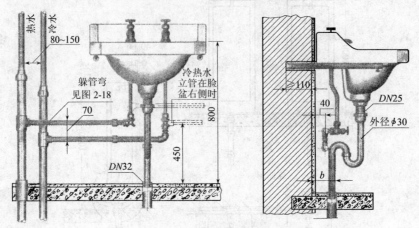

图 3.4-87 洗脸盆

(5) 浴盆的安装

浴盆一般用陶瓷、铸铁搪瓷、钢板搪瓷、大理石、塑料及水磨石等材料制成,形状多呈长方形,盆方头一端的盆沿下设有溢水孔,同侧下盆底有排水孔。如图 3.4-88 所示。

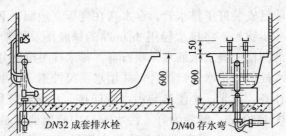

图 3.4-88 浴盆的安装

浴盆的安装方法和要求:浴盆有溢、排水孔的一端和内侧靠墙壁放置,在盆底砌筑两条小砖墩,使盆底距地面一般为 120 ~ 140mm,用水平尺找坡度,使盆底具有 0.02 坡度,坡向排水孔。盆四周用水平尺校正。连接给水配件和排水配件(铜活)。盆的溢、排水管一端,池壁墙上应开一个检查门,尺寸不小于 300mm×300mm,便于维修。

(6) 淋浴器的安装

淋浴器有成套供应的成品,也有现场制作的。淋浴器由莲蓬头、冷、热水管、阀门及冷、热水混合立管等组成,安装在墙上,如图 3.4-89 所示。

淋浴器的安装方法和要求:

安装时,在墙上先划出管子垂直中心线和阀门水平中心线。一般连接淋浴器的冷水横管中心距光地面 900mm,热水横管距光地面 1000mm,冷、热水管平行敷设,中心间距 100mm。应冷水管在下、热水管在上,连接淋浴器时,应按热左冷右的规定安装。冷热水管上装调节阀。喷头安装高度 2100mm。如两组以上淋浴器成组安装时,阀门、莲蓬头及管卡应保持在同一高度，两淋浴器间距一般为 900 ~ 1000mm。

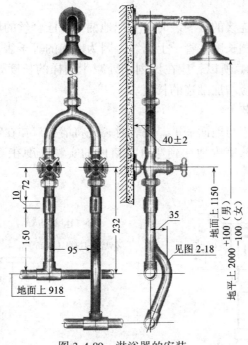

图 3.4-89 淋浴器的安装

（7）洗涤盆的安装

洗涤盆一般由陶瓷、不锈钢、水磨石等制成。陶瓷制洗涤盆安装，如图 3.4-90 所示。

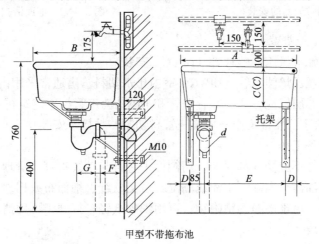

甲型不带拖布池

图 3.4-90 洗涤盆的安装

洗涤盆上沿口距光地面 800mm，其托架用 40mm × 5mm 的扁钢或角钢制作，托架呈直角三角形，用预埋螺栓或膨胀螺坠固定。如不用螺栓固定，也可用扁钢或角钢直接埋进墙洞，埋进部分应开脚，其长度不小于 150mm，盆的内外边缘必须与墙面紧贴。洗涤盆排水管，装 P 形存水弯，排水管要穿过墙体，盆的排水栓中心与排水管中心对正，不能偏斜。排水栓安装时，要装胶垫并涂油灰，将排水栓对准盆的排水孔，慢慢用力将排水栓嵌紧，再将存水弯装到排水栓上。

(8) 地漏的安装

常用的地漏是螺纹连接的。安装时，先把地漏拧入已套丝的焊接钢管，再按照从室内地坪到弯管承口内的实测长度在管子上划线。因为地漏的算子表面要求比室内地坪低 5 ~ 10mm，如图 3.4-91 所示。所以，应在比划线处减少同样的长度处下料。如焊接钢管需要做翻边处理，下料时还应增加翻边的长度。

(9) 地面清扫口安装

地面清扫口的铜盖应与地面一平，安装时，先将清扫口扣在铸铁排水管的承口里，并捻好这个接口，再按照从室内地坪到弯管承口内的实测长度在管子上下料。如图 3.4-92 所示。

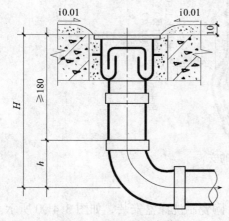

图 3.4-91　地漏的安装

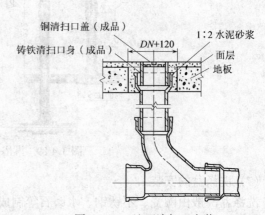

图 3.4-92　地面清扫口安装

3.4.11　塑料管道安装

(1) 建筑排水硬聚氯乙烯塑料管（UPVC）安装

建筑排水硬聚氯乙烯塑料管（UPVC）室内排水塑料管道通常采用内外壁光滑的 UPVC 管，包括实壁管、芯层发泡管和中空管壁管和 UPVC 消声管材。建筑排水硬聚氯乙烯塑料管（UPVC）安装顺序：准备工作→划线→管材切割→粘接→安装

① 连接前的准备工作

检验管材与管件不应受外部损伤，切割面平直且与轴线垂直，清理毛刺、切削坡口合格，清除粘合面的油污、尘砂、水渍或潮湿。可用软纸、细面布或棉纱擦净，必要时蘸用丙酮等清洁剂擦净，对难擦净的粘附物，可用细砂纸轻轻打磨，再用清洁布擦净。

② 在管道上划线

插口插入承口内，在插口上标出插入深度，不得使用尖硬工具在管道上划线，以免划伤管材，管端插入承口必须有足够深度，以保证有足够的粘合面。

③ 塑料管切割

塑料管在现场切割，锯管长度应根据实测并结合各连接件的尺寸逐段确定。为使管端均能接触到管件或管材的承口的底部，要求切割面必须垂直于管轴线。锯管工具宜选用割管机或细齿锯等机具，常用的是手工细齿锯，锯条采用每英寸 16 ~ 18 个齿的细齿锯，锯齿有少量拨路（最大 0.025 英寸）。

插口端处可用板锉锉成 15~30°坡口，坡口厚度宜为管壁厚度的 1/3~1/2。坡口完成后应将残屑和切割毛刺清除干净，防止在溶剂粘接时，在插入承口过程中，毛刺刮掉胶粘剂或溶化塑料，保证接口不渗漏。管口处不得有裂痕、凹陷。

④管道粘接

溶剂粘接连接，是将溶剂胶粘剂涂在管子承口的内壁和插口的外壁，等溶剂作用后承插并固定一段时间形成连接。适用于聚氯乙烯（PVC）、氯化聚氯乙烯（CPVC）、丙烯腈一丁二烯一苯乙烯（ABS）、PS管的连接。管道粘接的优点是：连接强度高，严密不渗漏，不需要专用工具，施工迅速。主要的缺点是：管道和管件连接后不能改变和拆卸，未完全固化前不能移动、不能检验，渗漏不易修理。

（A）涂胶。涂胶宜采用鬃刷，当采用其他材料时应防止与胶粘剂发生化学作用，刷子宽度一般为管径的 1/2~1/3。涂刷胶粘剂应先涂承口内壁再刷插口外壁，应重复二次。涂刷时动作迅速、均匀、适量、无漏涂。

（B）粘接。连接部位均匀涂刷胶粘剂后，应将管端立即插入承口，插入深度符合所划标记，轴向需用力准确，并稍加旋转，注意不可使管子弯曲。因插入后一般不能再变更或拆卸。管道插入后应保持 1~2min，以待完全干燥和固化，粘结后迅速揩净溢出的多余胶粘剂，以免影响外壁美观。

（C）静置。管道粘接后静置时间；当环境温度 15~40℃时，静置时间至少 30min；5~15℃时静置时间至少 1h； -5~15℃时静置时间至少 2h； -20~5℃静置时间至少 4h，待胶粘剂固化后方可移动。

⑤管道安装

管道安装应自下而上分层进行，先安装立管，后安装横管，连续施工。当安装间断时，敞口处应临时封闭，以防杂物进入管内，造成堵塞。

（A）立管安装

立管安装前，应先检查各预留孔洞的位置和尺寸并加以贯通，按立管布置位置在墙面划线以及管道与墙距离安装管道支架。塑料管道穿过楼板时，必须设置套管，套管可采用塑料管，穿屋面时必须采用金属套管，并采取严格的防水措施。硬聚氯乙烯管由于环境温度变化而引起的伸缩量较大，应设置伸缩节。管道伸缩节设置应符合有关施工验收规定。

安装立管时，应先将管段扶正，再按设计要求安装伸缩节。应先将管子插口试插入伸缩节承口底部，再按规定将管子拉出预留间隙，在管上划出标记。最后再将管端插口平直插入伸缩节承口橡胶圈中，用力应均匀，不得摇挤。按预留管道位置及管道中心线，依次安装管道和伸缩节，并连接各管口。如图 3.4-93 所示。

在需要安装防火套管或阻火圈的楼层，先将防火套管或阻火圈套在管段外，然后进行接口连接。安装完毕后，应随即将立管固定。管道穿越楼板处为固定支承点时，管道安装结束应配合土建进行支模，并应采用 C20 细石混凝土分两次浇捣密实。浇筑结束后，结合找平层或面层施工，在管道周围应筑成厚度不小于 20mm，宽度不小于 30mm 的阻水圈。管道穿越楼板处为非固定支承时，应加装金属或塑料套管，套管内径可比穿越外径大 10~20mm，套管高出地面不得小于 50mm。立管安装完毕后应按以下要求堵洞或固定套管。

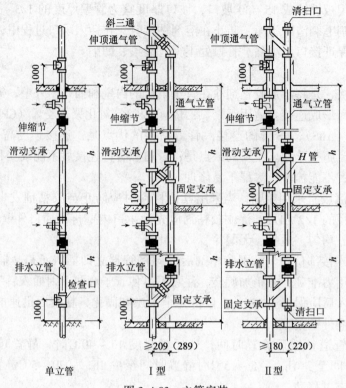

斜三通
伸顶通气管
清扫口
伸顶通气管
通气立管
通气立管
伸缩节
伸缩节
伸缩节
滑动支承
滑动支承
滑动支承
H 管
固定支承
固定支承
排水立管
排水立管
排水立管
检查口
固定支承
固定支承
清扫口
≥209 (289)
≥180 (220)
单立管
Ⅰ 型
Ⅱ 型

图 3.4-93　立管安装

（B）横管的安装

应先将预制好的管段用钢丝临时吊挂，查看无误后再进行粘接。粘接后应迅速摆正位置，按规定校正管道坡度，用木楔卡牢接口，用钢丝临时加以固定。将管材截取所需长度，用锉刀将截面修饰平整，清除毛边并用抹布擦拭干净。将管件承口内槽面（清除毛边）擦拭干净备用。取 PVC 粘接专用胶，按管件承口槽面深度，用毛刷取胶并均匀涂抹于管材连接端和管件承口内。将涂胶后管材与管件插接，使管材连接端平面与管件承口内平槽面紧密配合后，旋转 90°，使管材与管件接触面的胶水更加均匀，同时将溢出的胶水擦拭干净。初粘接好的接头，应避免受力，须静置固化一定时间。使管材与管件连接部分充分粘接固化牢固后方可继续安装。再紧固支承件，方可通水试压。

⑥硬聚氯乙烯消声管（以下简称 UPVC 消声管）

室内排水塑料管道通常采用内外壁光滑的 UPVC 管，包括实壁管、芯层发泡管和中空管壁管。但是这些塑料管在排水过程中的噪声比较大。而 UPVC 消声管材是一种管内壁有六条螺旋状三角凸起，使立管内的水流、顺管内壁螺旋状下落立管最低部起到良好的消声作用，降低噪声。也提高通气能力，使空气在管中心形成气柱直接排出。如图 3.4-94 所示。

UPVC 消声管管件连接形式，如图 3.4-95 所示。采用丝扣挤压胶圈密封接口，水密性好，安装维修方便，竖向能承受温度和建筑物的沉降变形，不用另设伸缩节，在 -30 ~ 60℃ 条件下，可长期使用。

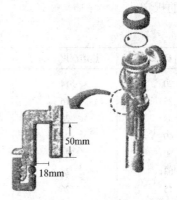

图 3.4-94　硬聚氯乙烯消声管　　　　　图 3.4-95　UPVC 消声管丝扣挤压胶圈连接

　　硬聚氯乙烯雨水管。雨水管分矩形和圆形两种，硬聚氯乙烯雨水立管多用承插连接，由于一般不设伸缩节，为了保证塑料管能自由伸缩，承插口处不用粘接。立管支承一般宜设在承口下侧，插口插入承口后再拔出一些留出伸缩余量，保证在环境温度升高可自由伸长，不致造成立管弯曲。同时在温度降低时，避免插口与承口脱开。

　　(2) PP-R 管道连接

　　PP-R 管道连接方式有热熔连接、电熔连接、丝扣连接与法兰连接。

　　①热熔连接：

　　PP-R 管材的热熔连接，由于使用同一种材料制作管材和管件，具有良好的热熔连接性能，且成本低、操作简单、速度快、安全可靠。如图 3.4-96 所示，热熔连接的操作步骤是：

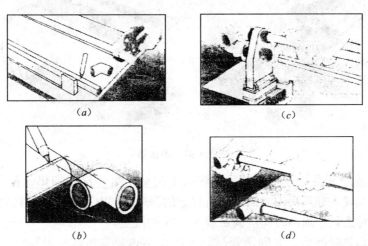

图 3.4-96　热熔连接

(a)、(b) 在管端测量并标绘出热熔深度；
(c) 在焊头上把熔焊深度加热；(d) 无旋转直线插入所标深度

　　(A) 切断管材，必须使端面垂直于管轴线。管子用切管器剪切 $De \leqslant 25$ 的小口径管材时，边剪边旋转，以保证切口面的圆度；必要可使用细齿锯，但切割后管材断面应除去毛边和毛刺。

（B）测量下料。使用卡尺在管端测量，并用笔标绘出热熔深度，热熔深度应符合表3.4-21的规定。

热熔连接技术要求 表 3.4-21

公称直径（mm）	热熔深度（mm）	加热时间（s）	加工时间（s）	冷却时间（min）
20	14	5	4	3
25	16	7	4	3
32	20	8	4	4
40	21	12	6	4
50	22.5	18	6	5
63	24	24	6	6
75	26	30	10	8
90	32	40	10	8
110	38.5	50	15	10

管材与管件连接端面必须无损伤、清洁、干燥、无油。

（C）熔接弯头或三通时，按设计要求，应注意其方向，在管件和管材的直线方向，用辅助标志标出其位置。

（D）热熔工具，如图 3.4-97 所示。接通普通单相电源（220±10%、50Hz）加热，升温时间约 6 分钟，焊接温度自动控制在约 260％，可连续施工，到达工作温度指示灯亮后方能开始操作。

图 3.4-97 熔接器

（E）做好熔焊深度及方向记号，在焊头上把整个熔焊深度加热，包括管道和接头。无旋转地把管端导入加热套内，插入到所标志的深度，同时，无旋转地把管件推到加热头上，达到规定标志处。加热时间应满足表 3.4-21 的规定。

（F）达到加热时间后，立即把管材与管件从加热套与加热头上同时取下，迅速无旋转地直线均匀插入到所标深度，使接头处形成均匀凸缘。

（G）在表 3.4-21 规定的加工时间内，刚熔接好的接头还可以校正，但严禁旋转。

（H）工作时应避免焊头和加热板烫伤，或烫坏其他财物，保持焊头清洁，以保证焊接质量。

②电熔连接：

（A）应保持电熔管件与管材的熔合部位不受潮；

（B）电熔承插连接管材的连接端应切割垂直，并应用洁净棉布擦净管材和管连接面上的污物，并标出插入深度，刮除其表皮；

（C）校直两对应的连接件，使其处在同一轴线上；

（D）电熔连接机具与电熔管件的导线连通应正确。连接前，应检查通电加热的电压，加热时间应符合电熔连接机具与电熔管件生产厂家的有关规定；

（E）在熔合及冷却过程中，不得移动、转动电熔管件和熔合的管道，不得在连接件上施加任何压力；

（F）电熔连接的标准加热时间应由生产厂家提供，并随环境温度的不同而加以调整。若电熔机具有温度自动补偿功能，则不需调整加热时间。

③法兰连接：

法兰盘套在管道上，校直两对应的连接件，使连接的两片法兰垂直于管道中心线，表面互相平行；法兰的衬垫采用耐热无毒橡胶圈；应使用相同规格的螺栓，螺栓帽宜采用镀锌件。安装方向一致。螺栓应对称紧固。紧固好的螺栓应露出螺母之外，宜齐平；连接管道的长度应精确，当紧固螺栓时，不应使管道产生轴向拉力；法兰连接部位应设置支吊架。

④丝扣连接：

PP-R管与金属管件连接，应采用带金属嵌件的聚丙烯管件作为过渡，管件与塑料管采用热熔连接，与金属管件或卫生洁具五金配件采用丝扣连接。

⑤支吊架安装：

管道安装时必须按不同管径和要求设置管卡或吊架，位置应准确，埋设要平整，管卡与管道接触应紧密，但不得损伤管道表面；采用金属管卡或吊架时，金属管卡与管道之间应采用塑料带或橡胶等软物隔垫。立管和横管支吊架的间距应符合施工验收规范的规定；明管敷设的支吊架作防膨胀措施时，应按固定点要求施工。管道的各配水点、受力点以及穿墙支管节点处，应采取可靠的固定措施。

⑥水压试验与消毒冲洗：

热熔连接管道，水压试验时间应在连接完成24h后进行；生活饮用水系统经冲洗后，还应用含20~30mg/2 的游离氯的水灌满管道进行消毒。含氯水在管中应滞留24h以上。管道消毒后，再用饮用水冲洗，水质符合现行的国家标准《生活饮用水卫生标准》后，方可交付使用。

（3）铝塑复合管

铝塑复合管是一种集金属与塑料优点为一体的新型管材。主要用于自来水、采暖、饮用水供应系统。以及天然气管道、石油化工输送用管。

安装简便，不必套丝、切割，连接很容易。铝塑复合管可暗管铺设，可根据排管需要，直接对铝塑复合管进行弯曲，一般允许弯曲半径为管子直径的5倍。但如在管内插入一根相同1:3径的软弹簧，则可作任意角度的弯曲，弯曲后将弹簧取出。

铝塑复合管连接方式有两种：

（A）螺纹连接：用剪管刀将管子剪成合适的长度；如图3.4-98所示，穿入螺母及C型铜环如图3.4-99所示，将整圆器插入管内到底用手旋转整圆，同时完成管内圆导角，如图3.4-100所示，整圆器对准管子内部口径按顺时针方向转动，连接螺母和内芯接头，如图 3.4-101 所示，用扳手将螺母拧紧。

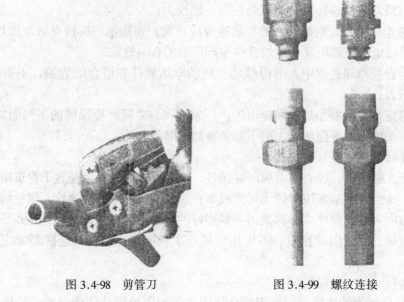

图 3.4-98　剪管刀　　　　　　　　　图 3.4-99　螺纹连接

用扳手旋紧螺丝帽

图 3.4-100　整圆器插入管内旋转整圆　　图 3.4-101　用扳手将螺母拧紧

铝塑复合管与接头的连接顺序与安装方法，如图 3.4-102 所示。

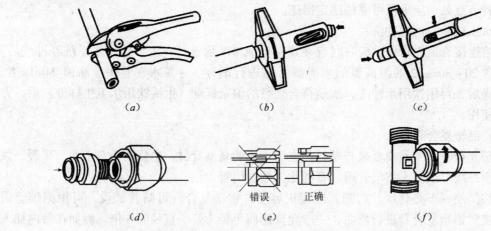

(a)　　　　　　　　(b)　　　　　　　　(c)

错误　　正确

(d)　　　　　　　　(e)　　　　　　　　(f)

图 3.4-102　复合管与接头的连接安装方法示意图
(a) 用剪管器将管子剪成合适的长度；(b) 将管子一头塞入绞刀内；
(c) 绞刀按顺时针方向转动，对准管子内部口径；(d) 连接螺母和内芯接头；
(e) 在管子上做好记号，尽量将管子准确地套在接头上；(f) 用螺母连接长度适合的管子

(B) 压力连接：压制钳，有电动压制工具与电池供电压制工具。当使用承压和螺栓

122

管件时，将一个带有外压套筒的垫圈压制在管末端。用 O 形密封圈将垫圈和内壁紧固起来。压制过程分为两种，使用螺栓管件时，只需拧紧旋转螺栓；使用承压管件时，需用压制工具和钳子压接外层不锈钢套筒。承压管件连接一旦紧固，就不能再开启；而螺栓管件连接使用螺母可以拆卸，但垫圈部分仍与管件紧固在一起，不能拆分。压制连接，如图 3.4-103 所示。

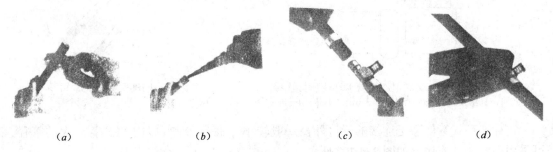

(a)　　　　　　(b)　　　　　　(c)　　　　　　(d)

图 3.4-103　压力连接

(a) 量好尺寸剪断；(b) 先放置铜环并使用整圆器；
(c) 经倒角后放置接头到定位；(d) 使用压接钳压接

(4) 交联聚乙烯管与高密度聚乙烯管

交联聚乙烯管（PEX 管）

交联聚乙烯管用于包括饮用水和热水在内的各类流体输送管道。并被广泛应用于地面采暖系统。交联聚乙烯管材可以在 75～95℃（短期 110℃）和 0.6～2MPa 压力下长期使用，寿命高达 50 年。

①管道连接

交联聚乙烯管的连接有：交联聚乙烯管用螺母连接和卡环式压接。交联聚乙烯管的线膨胀系数比金属管材要大得多，所以，在安装时要留有伸缩空间，必要时要使用膨胀伸缩节等进行补偿。

②螺母连接

用剪管刀将管子剪成适合的长度；穿入螺母及 C 型铜环；将整圆器插入管内到底旋转整圆、导角；连接螺母和内芯接头，用扳手将螺母拧紧。如图 3.4-104 所示。

图 3.4-104　交联聚乙烯管用螺母连接

③卡环式压接

卡环式管件一般由接头和环两个零件组成。接头体多为铜制或钢制，也有塑料制。如图 3.4-105 所示。

连接步骤是：预先将卡环套到被连接的管材上，然后将管材插入接头体；再用特制的对应的夹紧钳如图 3.4-106 所示。上的圆孔卡住卡环并用力内压，使紫铜卡环圆圈向内收缩变形，与其相套的管材在此压力的作用下，也向内压紧变形，造成接头体上的数个凸环槽与管材内壁紧紧咬合密封，从而保证接头的密封。

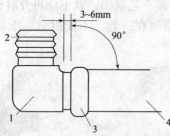
图 3.4-105　交联聚乙烯管卡环式压接连接
1—直角接头；2—管件内芯；3—铜制卡芯；4—PEX 管

图 3.4-106　专用夹紧钳

这种卡环式管件适于连接的管材外径一般较小，常为 DN25 以内 PEX 管。大的管径，可采用钢制卡环连接。如图 3.4-107 所示。

钢制卡环接头体的结构形式与铜制卡环基本相同，只是其接头外径比管材内径略大些，所用的卡环的壁厚和环宽尺寸都比铜环大，因此不易变形。这种管件的连接原理是：先将卡环套在被连接的管材上，然后用专门的扩孔器将管材的管口部位扩孔，使管端内径尺寸扩展到比接头体的头部外径稍大，然后将管材迅速套入接头体。由于经过交联的管材具有回弹性，则在数秒钟之后，管材扩口处因回缩而紧紧地套在接头体头部，这时再用一种专用的压迫器轴向推压卡环，使其套入管端。使管子内面与接头处凸环槽咬紧贴合密封，从而避免了管液的外泄。

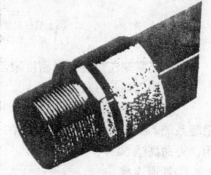
图 3.4-107　钢制卡环连接

（5）氯化聚氯乙烯（CPVC）管道安装

CPVC 管道适用于生活给水排水系统、建筑用空调系统、工业给水、冷却水系统的热水管、污水管、废液管等。管道安装采用粘接方式。CPVC 管道安装程序和方法是：

①根据管道安装尺寸，量取管材长度后，可用钢锯、手工割锯、小圆锯片切锯，锯割后的管道两端应垂直于管轴线，锯口平整。用锉刀除去毛边并倒角，倒角不宜过大。

②粘接前必须进行试组装。清洗插入管的管端外表面约 50mm 长度和管件（或管材）承口的内壁，再用棉纱擦干净。

③粘接管材和管件（或管材之间的粘接），然后在粘合面上用毛刷均匀涂一层胶粘剂，不可漏涂。涂毕即将管材插入管件（或管材）的承口，再用木槌敲击，使管材插入承口达到插入深度，及时擦去粘合处挤出的胶粘剂以保持管道清洁。氯化聚氯乙烯（CPVC）管道安装，如图 3.4-108 所示。

CPVC 塑料管件、阀件，如图 3.4-109 所示。

由于 CPVC 塑料管的热胀冷缩，因此在管路设计和施工安装过程中要采取相应的预防措施。

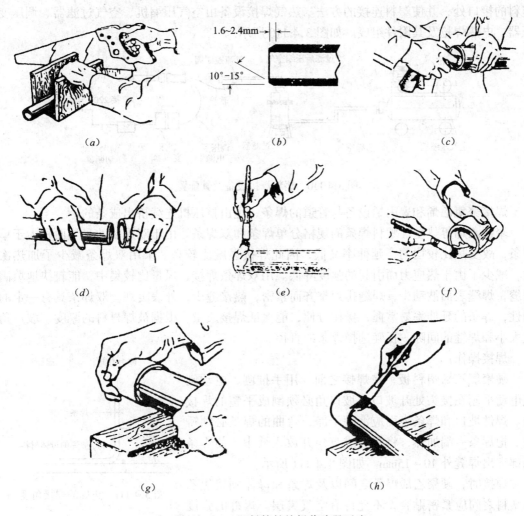

图 3.4-108　塑料管粘接操作步骤示意

(a) UPVC 管切割；(b) 坡口；(c) 去毛刺滑管口；(d) 试装；
(e) 先涂承口外部；(f) 后涂承口内侧；(g) 连接管道；(h) 清理粘接剂

| 90°弯头 | 大小头 | 活接头 | 球阀 | 手柄式蝶阀 | 止回阀 |

图 3.4-109　CPVC 管件

(6) 硬聚氯乙烯塑料的焊接

焊接是利用焊枪将硬聚乙烯塑料加热熔化进行接合的方法。焊接可分热气焊接、超声焊接、感应焊接等。

应用最广的是热气焊接。热气焊接是利用焊枪喷出的热气流，使塑料焊条熔结在待焊塑料的接口处,并使塑料连接的方法。热气焊接设备由空气压缩机、空气过滤器、调压变压器、电热焊枪及其附件组成。如图 3.4-110 所示。

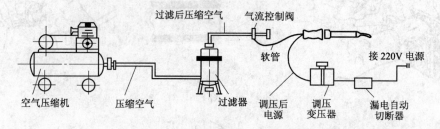

图 3.4-110　塑料焊接设备及其配置

焊接聚氯乙烯和聚丙烯设备与管道的焊条,是由挤压机连续挤出成条的。

聚氯乙烯等热塑性塑料焊条的规格分单焊条和双焊条。由于双焊条的受热面积大于单焊条,故受热比较均匀,延伸率又低,因此焊接强度比较高。采用双焊条减少了加热次数,减少了由于热应力而引起的强度降低。用双焊条焊接,风量比较集中,能较快地填满焊缝,焊缝表面波动少,焊缝排列整齐而紧密,热接缝少,外表美观。双焊条具有一定的硬性,焊条的延伸率易掌握,操作方便,能保证焊接质量。根据被焊材料的厚度、坡口角度大小和焊缝的间隙,正确选择焊条的直径。

焊接操作:

硬聚氯乙烯塑料板,在焊接之前,用手推刨、电动刨或电动平刨在接头处开坡口,坡口角必须倒成平整的焊接面。焊件坡口和焊条表面应清理干净,弯曲的焊条必须矫直。把焊条一端加热,将其弯成直角并放入缝中,使焊条端部突出焊缝外 10~15mm。如图 3.4-111 所示。

焊接时,硬聚乙烯焊条之间以及焊条和母体硬聚氯乙烯塑料之间应紧密贴合,不允许有空气夹层。焊缝的强度与焊条是否正确地送入焊缝以及热空气流吹送方向有关。

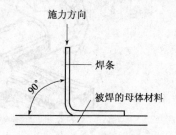

图 3.4-111　正确的焊接角度

把被焊件固定后,当焊枪中的空气加热到 220~240℃(指距喷嘴 6~8mm 处的温度)时开始焊接。空气流应吹向焊缝的根部,焊条的一端也送至焊缝根部。焊接速度控制在 9~15m/h 之间。

焊枪的喷嘴应距焊条与焊缝接触处 4.5mm。热空气流在加热被焊接材料的同时,也能使焊条软化。

焊接操作要求一手持焊枪,一手持焊条,并对焊条施加一定压力,直到焊件和焊条被均匀加热后熔接在一起为止。

焊接时,焊条施力方向应与母体塑料的焊缝成 90°角度,如果大于 90°时,如图 3.4-112(a)所示。则部分分力会消耗于焊条的拉伸,使焊条的伸长率过大,以致在再加热过程中产生收缩应力,严重时会断裂。

有时则在再次焊接时产生断裂,从而影响焊接强度。当角度小于 90°时,如图 3.4-111(b)所示,由于焊条过于接近焊枪,焊枪的热空气使焊条的加热面积增加,造成焊条分段同时软化,在对焊条施加压力的分力作用下,使焊条一段一段地被熔焊在焊缝内,形成一个个的波纹,大大减弱了焊缝强度和致密性。焊接过程中须切断焊条时,应用刀将留在焊缝内的端头成斜面切掉,从切断处焊接的新焊条也必须切成斜口。

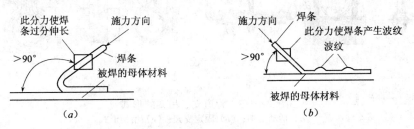

图 3.4-112　不正确的焊接角度
(a) 角度大于 90°;(b) 角度小于 90°

在焊接硬聚氯乙烯塑料时,为了防止聚氯乙烯分解,焊枪必须不断地上、下来回摆动,使焊条及焊件都能均匀受热,以达到均匀熔化提高焊接强度的目的。

为避免焊缝只有一面受热,应当准确地沿焊缝方向移动焊枪喷嘴。

使用每根焊条进行焊接时,要注意力集中,不得中途停焊,换手时严防焊条出现凸瘤现象;焊条与焊件必须均匀加热,充分熔融,尤其是第一根打底的焊条,不能有烧焦现象,发现焊条有叩头和烧焦等不正常现象,必须及时用刀铲后补焊;严禁焊枪单向加热焊条或焊件;焊缝表面要饱满、平整,不能有波纹及凹瘪现象;焊缝中每根焊条接头处,必须错开 100mm 以上,以免影响强度;焊条的延伸率要控制在 15% 以内,以免产生裂纹;焊缝表面覆盖前的一层焊条不要用刀铲平,而应自然排列后进行覆盖焊接;必须保证一定的焊缝强度,一般焊缝的拉伸强度不能低于母材的 60%。焊条局部或全部焊接完毕后,应使其自然冷却,不许用水或压缩空气人为地冷却,因为人为地冷却会使母体材料与焊条不均匀地收缩而产生应力,甚至裂开。

焊缝的类型与焊件的形状、厚度和用途有关,也与管道、设备的使用条件有关。视其情况采用对接焊缝、搭接焊缝。采用最广泛的对接焊缝。这种焊缝的机械强度最高。搭接焊缝的机械强度很低,当焊接板材时不宜采用,在不能采用对接焊缝的地方才用搭接焊缝。

在焊接 6mm 以下的板时采用单面的 V 形焊缝。在焊接厚度大于 6mm 的板时,采用 X 形焊缝。角状连接采用 V 形焊缝。在焊圆缝时,应当注意将被焊板材贴紧。

当焊缝的张角为 55°～60°(对厚度为 5mm 及 5mm 以下的板)及 70°～90°(对厚度大于 5mm 的板)时,可以得最严密的焊缝。对全部类型的焊缝,板边缘的坡口不要磨钝边。焊缝不一定要加强。

3.4.12　一般管道支、吊架的制作与安装

(1) 管道支、吊架的形式

承托管道的支架,按结构形式可分为托架和吊架。按作用特点可分为活动支架和固定支架。活动支架可分为滑动支架、滚动支架及吊架等,活动支架用于因温度变形而移动的管道上。固定支架,为均匀分配补偿器间约束管道的热伸长,防止热应力引起管道破坏和过大变形。管道支、吊架的形式,如图 3.4-113 所示。托架由固定型钢、支撑型钢、U 形管卡组成。管道吊架由吊杆、管卡及吊架根部(如图 3.4-114 所示)三部分组成。

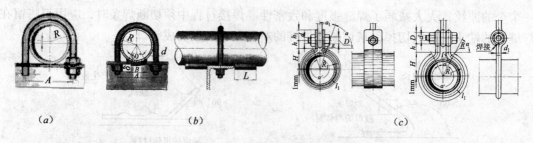

(a)   (b)   (c)

图 3.4-113　管道支、吊架的形式
(a) 活动支架；(b) 固定支架；(c) 吊架形式

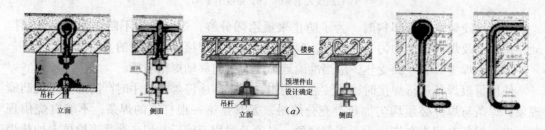

图 3.4-114　吊架在建筑结构上的根部形式

(2) 管道支、吊架的制作

①管道支架的制作

首先根据设计图样（或标准图集、或施工图册）的要求，确定制作支架所需要的型钢类型、规格及长度，然后按每个支架上承托管子的根数和规格，确定卡子的形式及托架上面钻孔的位置。下料后，应在型钢上划线、钻孔，并用氧-乙炔焰将型钢栽入墙壁的一端，按要求长度割开，然后用锤子沿两个不同方向击打其端头，使其劈叉，并将露在外面一端上的毛刺打光。当承托较重的管道、附件或设备时，按要求在托架的下面加斜撑或作直角三角形的托架。斜撑角钢制作：根据沿墙敷设单管管径，选取相应规格角钢，并按其展开长度下料；在角钢端部划出分别与支承角钢顶、底面均成45°相交的切割线；用氧—乙炔焰沿切割线切割；将斜撑角钢底边的顶端，由下向上置于支承角钢两螺栓孔中间，经调正两角钢间呈45°夹角后，用电焊作定位焊，确认无误后用 E4300 电焊条焊牢；在斜撑角钢底边下角处，将固定角钢焊牢。

②管道吊架的制作

常用吊杆制作要求：吊杆穿螺栓的圆环必须圆、光、平；吊杆两端的圆环须向相反方向扣环，且两圆环须在同一平面内；吊杆端头套螺纹，不偏扣，不乱扣，光滑，无毛刺，螺纹长度应符合规定要求。

制作步骤与方法：选取需要规格的圆钢，并按需要的长度下料；将坯料预制圆环的一端送进烘炉（或用氧—乙炔焰）加热，待呈红色时取出，放在铁砧上，用锤子将其端部打成圆环，使圆环的内径以能穿入与圆环相应的螺栓且有适当的活动余地为宜。圆环要圆、光、平；制作双环吊杆时，注意两环需向相反方向扣环，且两环要在同一平面内；制作两环相扣的吊杆时，宜在即将打成圆环之际，穿入另一吊杆的扁环，随即将圆环封闭；对需要套螺纹的吊杆，按需要的长度套制螺纹；对需要由搭接后组成的吊杆，按要求搭接长度施以焊接。任意搭接后的吊杆须成一条直线；凡须焊死的部位，均须在安装前进行定位焊。用锤子打制吊杆端圆环操作，如图3.4-115所示。

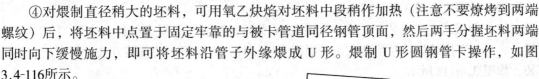

管道吊架用圆钢管卡的制作：管道吊架用圆钢管卡，由圆钢管卡、六角头螺栓、螺母及垫圈组成。

U形管卡制作步骤：

①选取需要规格的圆钢，可查《施工安装图册》。按需要的长度锯割下料，不得用气割，并在坯料2等分处划上管卡中点标记。

②将坯料夹持在台虎钳上，并在坯料两端分别套制出需要长度的螺纹。为避免磕碰螺纹，螺纹两端要戴上螺母。

图3.4-115　打制吊杆端圆环操作

③对于直径较小的坯料，用冷弯法将坯料弯制成倚合被卡管子外径大小的U形管卡。

④对煨制直径稍大的坯料，可用氧乙炔焰对坯料中段稍作加热（注意不要燎烤到两端螺纹）后，将坯料中点置于固定牢靠的与被卡管道同径钢管顶面，然后两手分握坯料两端同时向下缓慢施力，即可将坯料沿管子外缘煨成U形。煨制U形圆钢管卡操作，如图3.4-116所示。

（3）管道支架的安装

①安装支、托、吊架的要求：

（A）固定支架应严格按设计要求安装，并在补偿器预拉伸前固定。无补偿装置、有位移的直管段上，只可安装一个固定支架。

（B）固定支托架位置应正确，应使管道平稳地放在支托架上，管道没有悬空现象，管卡应紧卡在管道上。

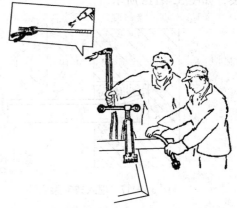

（C）无热位移的管道，其吊杆应垂直安装，有热位移的管道，吊杆应在位移相反方向，按位移长度的一半倾斜安装。

图3.4-116　煨制U形圆钢管卡操作

（D）两根热位移方向相反或位移值不等的管道，除设计有规定外，不得使用同一吊杆。

（E）导向支架或滑动支架的滑动面，应光洁、平整，不得有歪斜和卡涩现象，其安装位置，应从支承面中心向位移反向偏移，偏移值为位移长度的一半。

（F）活动支托架应保证在热胀冷缩时，管道能自由移动，并保证活动部分不扭斜，互不相咬。

（G）埋入墙内的支托架，填塞砂浆稳固后，要使砂浆饱满而不突出墙面。埋墙深度一般不小于120mm。

（H）埋墙支托架须牢固可靠，不活动后方可承受负荷。

（I）抱柱式支托架的螺栓一定要上紧，保证支托架受力后不活动，同时承托面要水平。

（J）各支托架连线的坡度必须一致，支托架上部应水平，不允许有上翘、下垂或扭斜现象，支托吊架上不允许有管道焊缝接头、管件或活接件。

②管道支、托、吊架安装方法

室内管道支架，应按设计图样上的管道标高，将同一水平直管段两端的支架（或控制点）位置确定在墙或柱子上。安装管道有坡度要求时，应按设计管道起点（或末点）标高与坡度要求，通过水准仪测量，在墙或柱子上确定若干个控制点，钉上用圆钢打制的铁钎子，然后在铁钎之间拉上白线绳，从一端看过去，白线绳应呈一条直线。在校正好坡度后，按设计要求的支架间距，依次确定各支架的轴线位置，并划出支架位置的十字线（十字线的长度要超过墙上预埋托架孔的大小），以便栽托架时作为定位标准。如图样对支架间距无明确要求时，应按规范中《钢管管道支架最大间距表》确定。

③支架安装形式

根据型钢横梁的安装要求，主要有以下几种形式：

（A）埋入式支架安装。是把型钢直接埋入建筑结构的安装方法。按埋入的时间又分为预埋和后埋。在建筑施工时就配合埋入为预埋。在建筑施工时，预留孔洞或后打洞口埋入型钢为后埋。如图 3.4-117 所示。

（B）焊接式支架安装，是在不允许打洞或不宜打洞的混凝土构件上安装型钢支架横梁，将支架牢固地焊接在预埋在钢筋混凝土墙（柱）内钢板上的安装方法。焊接式支架安装，如图 3.4-118 所示。

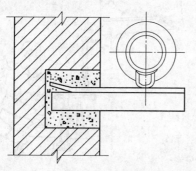

图 3.4-117 埋入式支架安装

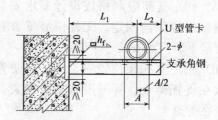

图 3.4-118 焊接式支架安装

（C）抱柱式支架安装，是用型钢和螺栓把柱子夹起来作支架的方法，抱柱式支架安装，如图 3.4-119 所示。

（D）膨胀螺栓固定支架安装，是按照支架的安装位置，在钢筋混凝土墙（柱）上，埋设胀锚螺栓或直接用射钉枪将螺栓射钉射入固定支架的方法，膨胀螺栓固定支架安装，如图 3.4-120 所示。

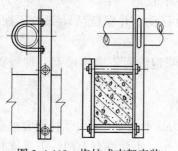

图 3.4-119 抱柱式支架安装

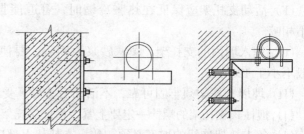

图 3.4-120 膨胀螺栓固定支架安装

3.4.13 保温层施工

保温又称绝热，由保温层、防潮层、保护层等组成。管道绝热施工，应在管道试压及涂漆合格后进行。绝热施工前，管道应清理干净并保持干燥。冬雨期施工，应采取防冻和防雨措施。由于保温材料形状不同，其保温层施工方法也不同。应按设计规定的形式、材质和要求施工。常用的保温层施工方法有胶泥涂抹法、预制块装配法、缠包法及填充法。一般按隔热层、防潮层、保护层的顺序施工。

（1）胶泥涂抹法

胶泥涂抹法施工是将粒状保温材料，如石棉硅藻土或碳酸镁石棉粉等，用水调成胶泥，将这种胶泥涂抹在已作试压和防腐处理的管道上，或缠好的草绳外面。胶泥涂抹保温操作如图 3.4-121 所示。

操作步骤与方法

（A）一种做法是：用水将石棉硅藻土或碳酸镁石棉粉调成胶泥。调合要均匀，使其具有粘结力，达到能用手揉成团的程度。将较稀的胶泥散敷在已试压合格并作好防腐处理的管道上，厚度为 3～5mm，作为底层，以增加隔热材料与管壁的粘结力；待底层完全干燥后，用保

图 3.4-121　胶泥涂抹法施工

温抹子涂抹第二层胶泥，厚度 10～15mm，以后每层厚度为 15～25mm。当管径小于 32mm时，可以一次抹好；待第二层胶泥完全干燥后，再涂抹下一层胶泥，至达到设计要求的保温层厚度。也可以带上胶手套，托起胶泥涂在保温层外缘，但手套要用水沾湿，使胶泥不会粘住手套。抹上后，再用抹子找圆。

为便于施工涂抹胶泥，可自制涂抹胶泥的工具。可用镀锌薄钢板自制保温抹子，制作时，抹子的圆弧半径随管径及保温层厚度的不同而异。故可做成适用于不同管径和厚度的保温抹子，抹子上钉有木把手，自制保温抹子如图 3.4-122 所示。涂抹时，最好一次就达到设计要求的厚度，先用抹子初步找圆，等半小时之后再行压光。如果在铅丝网的外壳上涂抹，则必须将钢丝网扎紧，不能有颤动现象，否则胶泥抹上后，一松手时，由于钢丝网回弹颤动而使胶泥大片地脱落。为加速保温胶泥干燥，可在管道内通入温度不高于 150℃的热介质。

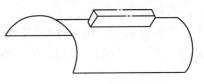

图 3.4-122　自制保温抹子

（B）另一种做法是：在已作好防腐处理的管道上，首先缠绕草绳，草绳须干燥，为缠绕方便，可先绕成团状，且每截长度不宜过长，缠绕中，草绳间留有 15～20mm 的空隙，每截草绳的开头和末尾要扎牢，不得散头，然后直接在草绳上面按上述操作方法涂抹胶泥，直至达到设计要求的厚度。

（C）鉴于按上述方法施工速度较慢，胶泥易脱落的情况，可采用下述方法施工：首先将胶泥揉成团块，并直接将其摔贴在管壁上，然后用草绳将胶泥团块缠绕拢住。缠绕时草绳应松紧适度一致，草绳间留有约 20mm 的空隙，草绳的搭接头要压住，不得出现松脱、散头现象，然后用保温抹子按上述做法涂抹保温层，直至达到设计要求的厚度。这种施工方法虽耗费工时稍多，麻烦些，但保温胶泥不易脱落，施工质量好。

（D）做立管保温时，应自下而上地进行，为防止胶泥下坠，应在立管上先焊上托环，然后再涂抹保温胶泥。托环钢板厚度为6mm，宽度为保温层厚度的1/2～2/3，托环间距2～3mm。当管子不允许焊接时，可采用夹环，当管径小于150mm时，也可以在管道上捆扎几道镀锌钢丝代替托环。

为加速保温胶泥干燥，可在管道内通入温度不高于150℃的热介质。

（E）防潮层安装要求：对于冷介质管道，保冷要求严格。除阀门手轮外，其余管件都应作保冷。冷保温管道或地沟内的热保温管道应有防潮层，防潮层应在干燥的隔热层上施工。防潮层在管道连接支管及金属件上的施工范围，应由隔热层边缘向外伸展出150mm或至垫木处，并予以封闭。

采用油毡防潮层应作搭接，搭接宽度为30～50mm，接口应朝下，并用沥青玛碲脂粘结密封，每300mm捆扎镀锌钢丝或铁箍1道。

采用玻璃布防潮层应粘接在3mm厚的沥青玛碲脂层上，该防潮层应作搭接，搭接宽度为30～50mm，防潮层外再涂3mm厚的沥青玛碲脂。

（F）保护层安装：胶泥涂抹保温层外面，应做油毡、玻璃丝布保护层，或涂抹石棉水泥保护壳。采用石棉水泥保护层时，应有镀锌钢丝网。保护层抹面应分两次进行，抹灰要求平整、圆滑，端部棱角整齐，且无显著裂纹。

采用缠绕式保护层也有镀锌钢丝网，外涂沥青橡胶粉玛碲脂，外面再缠绕玻璃布。缠绕时，重叠部分为带宽的一半，缠绕应裹紧，不得有翻边、松脱、皱摺和鼓泡，玻璃布的起点和结束处，须用镀锌钢丝捆扎牢固，并应密封。

采用金属保护层应压边、箍紧，不得有脱壳或凹凸不平，其环缝和纵缝应搭接或咬口，注意缝口应朝下。当采用自攻螺钉紧固时，不得刺破防潮层，螺钉间距不应小于200mm。保护层末端应予以封闭。

（2）预制块装配法

预制块装配法又称预制块包扎法，是将预制保温瓦块围抱在管子周围，并用镀锌钢丝捆扎。

操作步骤与方法：

①调制胶泥。甩水将石棉硅藻土或碳酸镁石棉粉或其他与保温瓦块相同的保温材料，调合成胶泥（装配玻璃棉、矿渣棉、岩棉保温瓦时可不制备胶泥，装配软木保温瓦块时，应熬制3号石油热沥青）。

②涂抹胶泥。在试压合格并作完防腐处理的管道上，用保温抹子涂抹一层厚度为3～5mm的胶泥。

③装配瓦块。将保温瓦块扣在已涂抹胶泥的管子上，另一瓦块以同样方法交错地扣在管子另一对面上（也可以在保温瓦块内表面涂上胶泥或热沥青，按上述方法将瓦块直接扣在管子上）。硬质保温材料直管段，热介质温度不大于300℃时，每隔5～7m留一条膨胀缝，间隙为5mm；热介质温度大于300℃时，每隔3～4m留一条膨胀缝，间隙为20mm，瓦块横向接缝和双层保温瓦的纵向接缝应相互错开。管道保温瓦块保温，如图3.4-123所示。

扇形保温瓦块的拼装方法和要求与半圆形瓦块装配相似。瓦块接缝间隙，保温管不大于5mm，保冷管不大于2mm。

④捆扎瓦块。管径不大于 100mm 时，用 18 镀锌钢丝捆扎瓦块，管径为 125～600mm 时，用 16 镀锌钢丝捆扎；管径大于 600mm 时，用 14 镀锌钢丝捆扎，或外面包扎网格为 30×30～50×50 镀锌钢丝网。每节保温瓦块至少捆扎两圈钢丝，钢丝距瓦块边缘 50mm，钢丝的接头要安排在管子的里侧，且应扳倒，以便抹保护层时看得见，防止扎手。

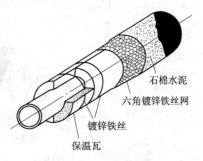

石棉水泥

六角镀锌铁丝网

镀锌铁丝

保温瓦

图 3.4-123　管道保温瓦块

⑤当保温层厚度超过预制保温瓦块厚度时，可采用多层结构。注意内、外层瓦块纵横接缝均要错开，每层分别用镀锌钢丝捆扎。

⑥立管装配保温瓦块时，为防止瓦块下坠，应在管子上先焊接托环，托环间距 2～3m，装配时应自下而上地进行。托环与法兰间应留出供装卸螺栓用的空隙，托环下面应留出膨胀缝，缝宽 20～30mm，并填充石棉绳。

⑦弯管保温首先需将保温瓦块按弯管样板形状锯割成若干节，并以相同的方法进行拼装。拼装时，管径不大于 350mm 的弯管，留一条膨胀缝；管径大于 350mm 的弯管，留两条膨胀缝，间隙均为 20～30mm。保温管道膨胀缝填充石棉或玻璃棉等，保冷管道填充沥青玛碲脂。

（3）缠包法

缠包法保温，是用矿渣棉或玻璃棉毡作保温材料，制成一定厚度的棉毡，从下向上将管子缠包起来，再用镀锌钢丝网捆牢。缠包法保温操作步骤、方法：

①裁剪毡块。按管子保温层外圆周长度加上搭接宽度，将矿渣棉毡或玻璃棉毡剪成适用的条状。

②缠包毡块。将剪成条块状的矿渣棉毡或玻璃棉毡，由下向上缠包在试压合格并作了防腐处理的管子上。缠包时，应按设计要求的厚度的棉毡或玻璃棉包扎。当单层棉毡的厚度达不到设计要求的保温层厚度时，可以缠包多层，但要分层捆扎。

③棉毡的纵向和横向接缝，要相互紧密压合，不允许有间隙，横向搭接缝若有间隙时，可用矿渣棉或玻璃棉填塞。单层棉毡的纵向接缝要放在管顶，每段接缝要错开不小于 100mm。毡棉的搭接宽度，根据保温层外径大小确定。

④捆扎毡块。棉毡缠包后要用镀锌钢丝或箍带捆扎，使其达到设计厚度。采用镀锌钢丝规格，与捆扎保温瓦块时所用相同。两圈铁丝或箍带间距为 150～200mm。管道缠包法保温，如图 3.4-124 所示。

⑤蒸汽外伴热管施工：蒸汽外伴热管，有单管伴热和双管伴热两种形式。单管伴热用于管径较小、介质凝固点温度较高不易凝固的管道。双管伴热用于管径较大、介质凝固点温度较低，易凝结或易冻结的管道。对输送一般介质的管道，蒸汽外伴热管敷设在被加热管的下面，外伴热管与被加热管水平敷设，外伴热管应敷设在输送介质的管道下半部 45°角范围内，并且紧贴，用绝热层包裹在一起，如图 3.4-125 所示。

⑥当保温层外径大于 500mm 时，除用镀锌钢丝外，还需再包上网孔为 20×20～30×30 镀锌钢丝网。

⑦缠包法保温，必须使用干燥的保温材料，宜采用钢板保护层或油毡玻璃布保护层，不宜采用石棉水泥保护壳。

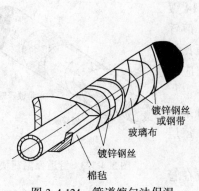

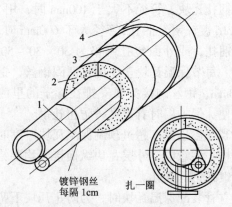

图 3.4-124　管道缠包法保温

图 3.4-125　蒸汽伴热管道保温
1—伴热管；2—保温层；3—镀锌钢丝；4—保护层

（4）填充法

填充法保温，是将纤维状或散状保温材料，如矿渣棉、玻璃棉或泡沫混凝土等，填充在管子周围特制的套子或钢丝网中。操作步骤、方法：

①支撑环制作与安装：支撑环有环形钢支撑环和半环形钢支撑环。环形钢支撑环。用直径 6～8mm 圆钢焊制，圆环外径同保温层外径，四个卡爪构成的内圆直径略小于管子外径。安装时，借四个卡爪的压力卡紧在管子上，支撑环间距，视保温材料的密度及保温层厚度而定，一般为 300～500mm。半环形钢支承环。用直径 6～8mm 圆环煅制，半环外径同保温层外径，半环内径同管子外径，即半环厚度同保温层厚度，并将其首尾用定位焊固定。安装时将两个半环形钢支承环对扣在管子两侧，然后，用镀锌钢丝将两个半环形钢支承环端部捆在一起，如图3.4-126所示。

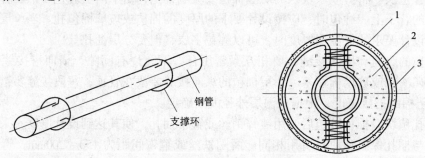

图 3.4-126　半环形钢支撑环
1—保护壳；2—保温材料；3—支撑环

②填充外层安装将钢丝网包在钢支承环上，钢丝网接口要朝上。

③填充保温材料是将矿渣棉、玻璃棉或泡沫混凝土等，填充在管子周围特制的套子或钢丝网中并压实。

④用镀锌钢丝将钢丝网接口缝合，外面作保护层。

实 操 训 练

实操训练1　手工锯割管子；使用铰扳套丝；进行管子与管件螺纹连接。

（1）锯弓与锯条安装，根据锯条长度调整锯弓，正确安装锯条。

（2）用管子台虎钳夹持管子并留出适于操作的长度。

（3）用钢锯切割管子，要求锯口平齐，便于套丝。

（4）掌握铰扳使用方法，正确选用和安装扳牙。

（5）套管螺纹操作，要求姿势正确。一般小于 $DN25$ 的管子可一次套成螺纹，$DN25 \sim DN40$ 的管子，可两遍套成螺纹，$DN50$ 以上，要分三次套成。管螺纹达到规定长度，松开扳牙松紧把手，套出 $2 \sim 3$ 扣末端形成锥度。要求套丝要正，不断丝乱扣。

（6）丝头涂抹铅油缠麻或聚四氟乙烯胶带 $1 \sim 3$ 圈、上管件。要求手握管钳正确，操作用力均匀，不可用力过大。

实操训练2　管道冷煨弯操作，如图 3.4-127 所示。

（1）用手动弯管器弯管

（2）用液压弯管器弯管

（3）用电动弯管器弯管

使用弯管器，将 $DN25$ 以下的焊接钢管煨制成 90°弯管和乙字弯管。注意焊接钢管的焊缝位于距中心轴线 45°区域内，将钢管煨成所需角度，检查弯曲角度。

实操训练3　焊接三通制作如图3.4-128所示。

（1）样板制作及下料正确；

（2）支管组对垂直；

（3）主管开孔位置正确，偏差值小于等于 2mm。

实操训练4　铸铁散热器的组成安装。

（1）材料准备：散热器、对丝、丝堵、补芯、石棉橡胶垫、托钩。

（2）机具：冲击钻、铸铁散热器组对架子、对丝钥匙、手动试压泵、压力表、压力案子、管钳、手动弯管器、带丝、钢锯、水平尺、钢尺、线坠等。

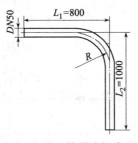

图 3.4-127　管道冷煨弯图

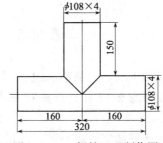

图 3.4-128　焊接三通制作图

（3）现场条件：水、电源、室内墙面、地面抹完灰；连接散热器的立、支管预留管口位置，标高符合要求，无障碍物。

（4）操作工序：散热器组对—水压试验—试验合格摆放—汽包钩划线、打眼—栽钩固定—挂汽包—支管下料加工—锁汽包。

质量要求：

（1）组对散热器应平直紧密，符合下表的规定；组对后垫片外露不大于 1mm。

散热器组对平直度允许偏差

序号	散热器类别	片　　数	允许偏差（mm）
1	长翼型	2～4	4
		5～7	6
2	铸铁片式 钢制片式	3～15	4
		16～25	6

（2）散热器安装位置按设计要求确定，设计无要求时自定安装位置应一致，挂装散热器距地安装高度如设计无要求，一般不低于150mm，明装散热器上表面不得高于窗台标高，允许偏差应符合下表规定。

散热器安装允许偏差和检验方法

序号	项　　目	允许偏差（mm）	检　验　方　法
1	散热器背面与墙表面距离	6	尺量
2	与窗中心线设计定位尺寸	20	
3	散热器垂直度	3	吊线和尺量
4	底部距地面	±15	尺量

散热器的型号、规格、质量及安装前的水压试验必须符合设计要求和施工规范的规定，试验压力如设计无要求时，应为工作压力的1.5倍，但不小于0.6MPa。压力试验时间为2～3min压力不降且不渗不漏；

栽散热器托钩时，应上下挂两道水平线，线的两端应与墙距离一至，上下线应在一个垂直面上。散热器托钩数量符合要求，位置正确，平、正、牢固；

安装在轻质墙上的散热器，应采用落地式带足片的散热器或用下部支架，上部用拉紧螺栓。散热器与窗中心对中，左右偏差不大于20mm；安装高度符合要求；连接支管坡度、立管垂直度、乙字煨弯符合要求。

课题5　质量标准

（1）管螺纹加工时，应清洁、规整、无断丝，连接时应牢固，管段连接后平直，无弯曲现象，管螺纹外露2～3扣，外露麻头清理干净；所有焊接钢管安装前均应进行认真除锈、防腐处理。

（2）各种管道安装完毕进行的水压试验、灌水试验和系统冲洗必须符合设计和施工规范要求。

（3）管道隐蔽工程必须符合设计及施工规范要求，且分部位在隐蔽前进行验收；直埋管道及管道支墩严禁铺设在冬土和未经处理的松土上，排水管道应进行灌水、通水试验，符合要求后方可隐蔽。

（4）管道焊缝处及弯曲部位严禁焊接支管，接口焊缝距起弯点支吊架边缘必须大于50mm；坡度、固定支架的位置和构造必须符合设计和施工规范要求，埋设平整、牢固、排列整齐，支架和管道接触紧密。

（5）阀门安装前应进行压力及严密性试验，干线及主要开启作用的阀门应逐个试压，分支阀门抽检不小于10%，阀门安装时位置、进出口方向应正确，连接牢固、紧密，启闭灵活，朝向合理。

（6）管道系统安装完毕后，应对管道的外观质量和安装尺寸进行复核检查，其质量要求如下：

①管道的实测尺寸应符合设计要求。

②立管应垂直，横管坡度应均匀一致，并且不小于规定值，管道不得半明半暗安装。

③滑动支座和固定支座，管卡等支撑件的位置应正确，安装牢固。与管身接触应平整不得嵌入杂物。

④立管和横管的检查口、清扫口均应装在便于检修的位置。

⑤螺母挤压密封圈的插入深度应符合规定，螺帽安装应符合要求粘接接头应牢固可靠。

⑥伸缩节安装位置与插入深度，以及固定支座的位置应符合设计要求。

⑦与横管连接的各卫生器具的受水管口和立管口，均应采取可靠的固定措施。

⑧立管和横管内杂物均应清除干净，管道应畅通。管道堵塞时，不得使用有锐边尖口的机具清通。

⑨管道穿越楼板和墙的孔洞应按规定严密堵实，接合部分的防渗漏措施应牢固可靠，严禁在接合部位出现渗水漏水现象。

管道安装允许偏差和检验方法应符合下表的规定。

⑩施工完毕的管道应严格进行通水实验。对高层建筑，可根据管道布置分层、分段做通水实验。通水实验应按给水系统的1/3配水点同时开放，检查排水管道系统是否畅通，有无渗漏。

管道安装允许偏差、检验项目和方法

检 查 项 目	允 许 偏 差	检 验 方 法	
立管直度	（1）每1m高不大于3mm （2）$h < 5m$，全高 < 10mm （3）$h > 5m$，全高 < 30mm	挂线锤和用钢尺量	h 为立管高度；
横管弯曲度	（1）每1m长不大于2mm （2）$l < 10m$，全长 < 8mm （3）$l > 10m$，每10m < 8mm	用水平尺量	l 为横管长度；
卫生器具的排水管口和横直管的纵横坐标	单独器具不大于 ±10mm 成排器具不大于 ±5mm	用钢卷尺量	必须符合全部要求
	单独器具不大于 ±10mm 成排器具不大于 ±5mm	用水平尺和钢卷尺量	

复习思考题

1. 安全生产的方针是什么？当安全与生产任务发生矛盾时，应如何解决？

2. 发生伤亡事故的原因有哪些？

3. 管道安装时，一般的安全防护技术有哪些？

4. 防止火灾的基本技术措施有哪些？

5. 施工现场防火主要规定有哪些？

6. 焊接、锅炉安装与通风工程安全技术措施有哪些？

7. 冬、雨期施工时，应注意哪些安全问题？

8. 使用电动机具时有哪些安全注意事项？

9. 职工自我防护能力的大小与哪些因素有关？

10. 切断管子的方法有哪几种？最常用的有哪几种？各有何优点？

11. 套丝的方法有哪几种？最常用的有哪几种？

12. 弯管的方法有哪几种？

13. 用有缝钢管煨弯时，应注意哪些问题？试画图说明。

14. 钢制弯头的弯曲半径是怎样确定的？试举例说明。

15. 任意角度和 $90°$ 弯头弯曲长度的计算公式之间有什么关系？

16. 试画出 $De159 \times 5$、$R = 1.5D$、$90°$ 两节焊接弯头的展开图。

17. 试画出 $De108 \times 4$ 与 $De57 \times 3.5$ 异径正三通展开图。

18. 试画出 $De219 \times 5 \sim De133 \times 5$，$H = 200$ 同心大小头的展开图。

19. 试画出 $De159 \times 5 \sim De89 \times 5$，$H = 200$ 偏心大小头的抽条法的展开图。

20. 管道坡口的加工方法有哪几种？最常用的是哪几种？

21. 管道的连接方法有哪几种？

22. 承插填料接口按材质分为哪几种？最常用的是哪种？

23. 简述石棉水泥、自应力水泥和三合一水泥接口的填料配比方法？

24. 石棉水泥和自应力水泥的接头接口的养护应注意什么？

25. 什么情况下采用青铅作承插口填料？操作应注意什么问题？

26. 石棉水泥接口、自应力水泥接口、青铅接口各自的施工方法及技术要求有哪些？

27. 硬聚氯乙烯管材有哪些特性？

28. 塑料管道连接有哪几种形式？各种连接形式的特点和适用范围如何？

29. 塑料焊焊枪喷嘴与焊缝应成多大角度？焊条与焊缝之间角度为多少？

30. 检验塑料管的焊接质量，应注意哪些问题？

单元4 钣 金 工

知 识 点： 操作安全常识；加工工具；机械和手工剪切、咬口、折方、卷圆、铆接、焊接操作。

教学目标： 明确安全操作规程，熟悉加工制作机具，掌握放样下料、手工剪切、咬口、折方、卷圆的制作加工工艺。

课题1 安 全 常 识

学习并掌握安全常识，是为预防操作过程中发生人身、设备事故，形成良好劳动环境和工作秩序而采取的各种技术措施。变危险为安全，变有害为无害，防止工伤事故和职业病的发生。

4.1.1 操作现场的一般安全要求

（1）参加操作的人员，必须进行安全教育，要熟知本工种的安全技术操作规程。在操作中，应坚守工作岗位，严禁酒后操作。

（2）正确使用个人防护用品和采取安全防护措施。进入施工现场，必须戴安全帽，女同志不得将长发露在外边，禁止穿拖鞋。在没有防护设施的高空施工，必须系安全带。上下交叉作业有危险的出入口要有防护棚或其他隔离设施。距地面 3m 以上作业要有防护栏杆、挡板和安全网。安全帽、安全带、安全网要定期检查。

（3）施工现场的脚手架、防护设施、安全标志和警告牌，不能擅自拆动。施工现场的洞、坑、沟、升降口等危险处，应有防护设施或明显标志。

（4）操作时用火，必须申请用火证，清除周围易燃物，配足消防器材，应有专人看火和防火措施。

（5）下料所裁的薄钢板边角余料，应随时清理并堆放到指定地点，必须做到活完料净场地清。

（6）操作前应检查所有的工具，特别是锤柄与锤头的安装必须牢固可靠。活扳手的控制螺栓失灵和活动钳口受力后易打滑和歪斜，不得使用。

（7）操作使用錾子剔法兰或剔墙眼应戴防护眼镜。錾子毛刺应及时清理掉。

（8）在风管内操作铆法兰及冲眼时，管内外操作人员应配合一致，里面的人面部必须避开冲孔。

（9）人力搬抬风管和设备时，必须注意路面上的孔、洞、沟、坑和其他障碍物。通道上部有人施工，通过时应先停止作业。两人以上操作要统一指挥，互相呼应。抬设备或风管时应轻起慢落，严禁任意抛扔。往脚手架或操作平台搬运风管和设备时不得超过脚手架或操作平台允许荷载。在楼梯上搬运风管时，应步调一致，前后呼应，应避免跌倒或碰伤。

（10）搬抬钢板必须带手套，并应用破布或其他物品垫好。

（11）安装使用的脚手架，使用前必须经检查验收合格后方可使用。非架子工不得任意拆改。使用高凳或高梯作业，底部应有防滑措施并有人扶梯监护。

（12）安装风管时不得用手摸法兰接口，如螺栓孔不对，应用尖冲撬正。安装材料不得放在风管顶部或脚手架上，所用工具应放入工具袋内。

（13）在操作过程中，室内外如有井、洞、坑、池等周边应设置安全防护栏或牢固盖板。安装立风管未完工程，立管上口必须盖严封牢。

（14）在斜坡屋面安装风管、风帽时，操作人员应系好安全带，并用索具将风管固定好，待安装完毕后方可拆除索具。

（15）吊顶内安装风管，必须在龙骨上铺设脚手架，两端必须固定，严禁在龙骨、顶板上行走。

（16）安装玻璃棉、消声及保温材料时，操作人员必须戴口罩、风帽、风镜、薄膜手套，穿丝绸料工作服。作业完毕时可洗热水澡冲净。

4.1.2　使用手持电动工具的安全操作

（1）使用非双重绝缘或加强绝缘的电机、电器时，应安装漏电保护继电器、安全隔离变压器等保护装置。如条件不能具备时，应有牢固可靠的保护接地装置。操作人员必须戴绝缘手套、穿绝缘鞋或站在绝缘垫上。

（2）在潮湿地区或在金属构架、管道等导电良好的作业场所，应使用有双重绝缘或加强绝缘的电动工具，否则必须装设漏电保护装置。

（3）非金属壳体的电机、电器在存放或使用时，应避免受压、受潮并不得和汽油等溶液接触。

（4）刀具应刃磨锋利，完好无损，安装正确、牢固。

（5）受潮、变形、裂纹、破碎、磕边缺口或接触过油类、碱类的砂轮片不得使用。受潮的砂轮片，不得自行烘干使用。砂轮片与接盘间软垫应安装稳妥，螺帽不得过紧。

（6）作业前必须做下列检查：

①外壳、手柄应无裂缝、破损；

②保护接地、接零连接应正确、牢固可靠，电缆软线及插头等应完好无损，开关动作应正常，并注意开关的操作方法；

③电气保护装置良好、可靠，机械防护装置齐全。

（7）起动后空运转并检查工具联动应灵活无阻。

（8）手持砂轮机、角向磨光机，必须装有机玻璃罩，操作时加力要平稳，不得用力过猛。

（9）严禁超负荷使用，随时注意声响温升，发现异常应立即停机检查；作业时间过长，温度升高时，应停机待自然冷却后再行作业。

（10）作业中不得用手触摸刀具、模具、砂轮片，发现有磨钝、破损情况时，应立即停机修整或更换后再行作业。

（11）使用电动剪应遵守以下规定：

①根据被剪材料的厚度选用相应规格的剪刀，预防因超负荷工作而崩刃。

②使用电动剪刀时，手要扶稳电动剪，用力适当，严禁用手摸刀片和用手触摸刚刚剪过的工件边缘。

（12）使用电锤注意事项：

①钻头应顶在工件上再打钻，不得空打和顶死；

②钻孔时应避开混凝土中的钢筋；

③必须垂直地顶在工件上，不得在钻孔中晃动；

④使用直径大于 25mm 的电锤，作业场地应设护栏。在地面以上操作应有稳固的平台。

（13）使用液压铆钉枪应遵守以下规定：

①作业前检查各部螺栓应无松动，高压油泵转动方向应正确。

②应先空运转，确认正常后，才能作业。在空载情况下，不能开动液压开关。

③安放铆钉时，不能按动手柄上的开关。

④随时观察油路工作压力，不得超过额定值。

⑤接通电源后，应运转 2～3min 无异常声音时再按动钳头按钮。操作时，必须将铆钉头与钳头活塞杆中心对准，按动电钮完成板材冲孔，然后偏移铆钉中心，再按动电钮即完成铆接作业。

⑥操作时严禁将手置于活塞杆与铆钉之间。应注意手同开关的距离，严禁准备工作时触动开关。

⑦系统上的压力调整螺钉与流量调整螺钉，严禁随意拧动。

4.1.3　使用钻床注意事项

（1）工件夹装必须牢固可靠；钻小工件时，应用工具夹持，不得手持工件进行钻孔；薄板钻孔，应用虎钳夹紧并在工件下垫好木板，使用平头钻头。

（2）使用摇臂钻床时横臂必须卡紧，横臂回转范围内，不得有障碍物。

（3）手动进钻退钻时，应逐渐增压或减压，不得用管子套在手柄上加压进钻。

（4）钻头上绕有长屑时，应停钻后用铁钩或刷子清除，严禁用手拉或嘴吹。

（5）严禁用手触摸旋转的刀具和将头部靠近机床旋转部分，不得在旋转着的钻头下，翻转、卡压或测量工件。

4.1.4　使用砂轮机注意事项

（1）使用前应对砂轮机进行全面检查，发现砂轮片质量不符合要求或外观有裂纹等缺陷时不得使用。

（2）砂轮片应直接装在心轴上，法兰直径应为砂轮片直径的 1/3～1/2。法兰与砂轮片之间必须有衬垫垫好。

（3）砂轮片装好后，要先经电动检查，并经 5～10min 的空运转，确认正常后，才能使用。

（4）砂轮在运转中，操作人员不得面向砂轮旋转方向。

（5）操作时要戴眼镜，以防飞砂、火星伤眼，磨工件时不准戴手套；操作人员应站在砂轮两侧。

（6）磨工件时，应将工件缓慢接近砂轮片，不准用力过猛或进行撞击。

4.1.5　使用剪板机应遵守以下规定

（1）剪板机起动前应检查各部润滑、紧固情况是否正常，刃口不得有缺口，启动后空运转 1～2min。确认正常方可作业。

（2）剪切钢板的厚度不得超过剪板机规定的能力，应根据剪切板材厚度，调整下、上刃口间隙，刃口间隙不得大于板材厚度的 5%；斜口剪时不得大于 7%，调整后应用手盘动及空车运转试验。切窄钢板时，应在被剪钢板上压一块较宽钢板，使垂直压力装置下落时，能压牢钢板。

（3）制动装置应根据磨损情况，及时调整。

（4）操纵开关人员，须待指挥人员发出信号方可开动，送料时须待上剪刀停止后进行，严禁将手伸进垂直压力装置的内侧。

（5）进料时应放正、放平、放稳，手指不得接近剪刀和压板。

（6）操作剪板机剪切钢板，应放置平稳。应与机器操作人员配合一致，手严禁伸入压力下方，待送料人员离开危险部位后方可进行剪切。严禁剪切超过规定厚度和压不住的窄钢板。上刀架不得放置工具等物品。调整钢板时，手不得触动开关，脚不得放在踏板上。

（7）机器在运转中严禁在剪床上捡、拾边角废料。工作完毕应拉闸断电，锁好闸箱，并及时清理下脚料，做到活完场清。

4.1.6 使用卷板机应遵守以下规定

（1）在卷板作业中，操作人员应站在被卷钢板的两侧。

（2）操作时应把工件放平、放稳再开机，手不得直接推送板料，预防手被卷入。

（3）卷板时，机器未停止转动不准进行检测，卷板的圆度卷到末端时必须留一定余量，预防伤人或损坏机械设备。

（4）在作业中，用样板检查圆度时，必须停机后进行。

（5）作业时工件上严禁站人，也不得站在已滚好的圆筒上找正圆度。

（6）板料进入辊筒后，应防止人手和衣服被带入辊内。

4.1.7 使用剪冲机应遵守以下规定

（1）剪冲机不得冲剪已淬火及强度超过剪冲机技术性能要求的钢材。

（2）安全防护装置齐全、牢靠；启动前应检查离合器，制动器要灵敏、可靠；传动的齿轮中应无小铁块及杂物．并用手盘动确认正常后才能启动。

（3）启动后先空运转，各部正常后才可作业。作业中严禁将手伸到胎具中取工件或调整工件位置，应用钳、钩等在离合器分开时进行，此时不得将脚搁在离合器踏板上。

（4）更换或校对模具，必须停机进行，模具应卡紧，不得松动，冲模四周间隙必须相等，冲模及被冲工件均应保持清洁，调节冲程时应防止冲模冲入过深。

（5）冲剪窄钢板时应用特制的扳手叉进钢板边缘，并压住钢板进行冲剪，冲剪下的余料应随时用木棍推出。

（6）角钢冲孔时，必须用特制的扳手将角钢稳定后才能进行。

（7）多人操作冲剪大料时，应有专人指挥，做到步调一致。

4.1.8 使用咬口机应遵守以下规定

（1）在咬口折边前，应先空运转，确认其正常后，才能作业。

（2）操作时手不得放在咬口机轧道上，送料时要将板材摆直方正、扶稳，手指距滚轮不得小于 5cm。

（3）工作人员应与出料钢板保持安全距离，预防钢板边蹭伤。

（4）作业中如有异物进入辊中，应及时停机处理。

(5) 严禁用手抚摸转动中的辊轮，用手送料到末端时，手指应离开工件台。

4.1.9 使用弯头咬口机应遵守以下规定

(1) 作业时，要将上、下转轮间隙，按板材厚度调节后，才能开机。

(2) 送料应拿直，跟随料轮转动进料，要注意刮手现象。

4.1.10 使用压口机应遵守以下规定

(1) 送料要将已咬口折边的板材平稳托住，等压缝与滚轮对正后再开机。

(2) 送料时手不得伸进压口处。

4.1.11 使用法兰卷圆机应遵守以下规定

(1) 加工角钢的规格不能超过机具的加工能力。并应先空运转，确认正常后，才能作业。

(2) 如轧制的法兰不能进入第二道型辊时，应使用专用工具进入，不得用手直接推送。

(3) 作业时，任何人不能靠近法兰尾端。

4.1.12 使用扳边机应遵守以下规定

(1) 上下模间的间隙必须调整均匀，下模和工作台不准放置任何工具和杂物，工件表面不得有焊疤等缺陷。

(2) 操作时不得将手靠近上下模。操作人员应相互配合，翻板及折方时，前面不得站人。

(3) 向上扳边时用力不能过猛。

4.1.13 风管和部件制作

(1) 裁剪下料的部位，不得站立闲人，防止在翻料或转身时，将人碰伤。

(2) 操作前应检查所有工具，特别对锤把进行检查是否牢靠；打大锤时不得戴手套，并注意周围环境。

(3) 使用剪板机，上刀架不准放置工具等物品。调整钢板时，脚不能放在踏板上，剪切时手禁止伸入压板空隙中。

(4) 使用固定式振动剪，两手要扶稳钢板，用力适当，手指离刀口不得小于 50mm。刀片破损，应及时停机更换。

(5) 使用切断机剪切钢板时，工件要压实。剪切窄小钢板，要用工具卡牢，调换或校正刀具，必须停机。

(6) 折方时，应互相配合，并与折方机保持距离，防止被翻转的钢板和配重击伤。

(7) 在风管内铆法兰及加固部件冲孔时，管外配合人员面部要避开冲孔。

(8) 组装风管，法兰孔应用尖冲撬正，严禁用手指触摸。

(9) 熔化锡锭时，不得淋溅雨水，防止气化爆炸。

(10) 稀释盐酸时，不得将水倒入盐酸中，应将盐酸慢慢地倒入水中。

4.1.14 风管及部件安装

(1) 风管及部件安装前，先检查支、吊、托架的固定是否牢固，有无脱落危险。

(2) 采用滑轮或倒链吊装风管及部件时，应将其绑扎在固定的结构上，不得因受力而松动。

(3) 高空作业用的脚手架搭设，必须符合架子工的技术安全要求，要牢固可靠，并在安装前进行严格的检查。

(4) 各工种交叉作业时，必须戴安全帽，防止掉下料具伤人。

(5) 吊装风管及部件所用的索具要牢固，吊装时应加溜绳稳住，与电线应保持安全距离。

(6) 吊装风管必须连续进行，不能中途停止，防止发生危险。在吊装过程中，确定必须中途停止时，但吊绳要临时绑扎在牢固的结构上，不能停止时间过长，在下班前风管必须就位。

(7) 风管吊装就位后，不得用钢丝、麻绳等临时固定，必须用正式支、吊、托架固定。

(8) 连接风管的螺孔对准，应采用尖头冲定位，不能用手指摸索，防止手指轧伤。

(9) 在顶棚内安装风管及部件，必须戴安全帽，检查檩条或轻钢龙骨是否牢固，并铺上脚手板，防止踏空。

(10) 在斜坡屋面上安装风管、风帽等部件时，应挂好安全带，并在牢固部位绑扎。

(11) 在石棉瓦吊顶内安装风管，不得站立在石棉瓦上操作，必须在木龙骨上铺上脚手板。

(12) 安装场所必须有足够的照明设备。行灯照明必须有防护罩，电压不得超过36V；金属风管内行灯照明电压不得超过12V。

4.1.15 通风、空调设备安装

(1) 搬运和安装大型通风机、冷水机组等通风空调设备，应配合起重工进行，起重指挥应由技术熟练、懂得起重机械性能的人员担任。指挥时应站在能够照顾到全面工作的地点，所发信号应事先统一，并做到准确、洪亮和清楚。

(2) 大型通风、空调设备吊装前，应搭好支承架，用卷扬机或倒链吊装，四周不得碰撞。采用三角架的下脚应相对固定，倒链应挂在正中，移动时应防止倾倒。采用人字桅杆起重法吊装时，桅杆两腿间的夹角应不大于45°，受力方向应在两腿的中间。桅杆的高度，应为设备高度的1/2.5～1/2。桅杆两腿和设备绞座应放在一起。

(3) 通风、空调设备采用滚动法装卸车时，滚道的坡度不得大于20°，滚道的搭设应平整、坚实、接头错开。滚动的速度不宜太快，必要时应设溜绳。在滚道一侧的车体下面应用枕木垫实。

(4) 使用管子（滚杠）拖运设备，管子的粗细应一致，其长度应比托板宽度长500mm。填管子，大拇指应放在管子的上表面，其他四指伸入管内，严禁戴手套和一把抓管子。

(5) 通风、空调设备吊装就位时，要注意操作人员的手脚，以防压伤；吊装就位类似除尘器的直立式的设备，应先固定一、二处稳固，待全部固定好后才能卸去捆扎的绳子。

(6) 安装风机的皮带轮时，应两人密切配合，防止皮带轮将手碰伤，特别是在挂皮带时，不要将手指卷入皮带轮内造成事故。

(7) 检查设备内部，要用安全行灯或手电筒，禁用明火。对头重脚轻、容易倾倒的设备，一定要垫实撑牢。

(8) 拆卸设备部件，应放置稳固。装配时，严禁用手插入连接面或探摸螺孔。取放垫

铁时,手指应放在垫铁的两侧。

(9) 设备清洗、脱脂的场地,要通风良好,严禁烟火。清洗零件应用煤油。用过的棉纱、布头、油纸等应收集在金属容器内。

(10) 设备试运转,应严格按照单项安全技术措施进行。运转时,不准擦洗和修理,并严禁将头、手伸入机械行程范围内。

4.1.16 防腐与保温

(1) 各类油漆和其他易燃、有毒材料,应存放在专用库房内,不得与其他材料混放。挥发性油料应装入密闭容器内,妥善保管。

(2) 使用喷砂除锈,喷嘴接头要牢固,不准对人。喷嘴堵塞,应停机消除压力后,才能修理或更换。

(3) 使用煤油、汽油、松香水、丙酮等调配油料,应戴好防护用品,严禁吸烟。

(4) 在室内或容器内喷漆,要保持通风良好,喷漆作业周围不准有火种。

(5) 采用静电喷漆,为避免静电聚集,喷漆室(棚)应有接地保护装置。

(6) 在紧固钢丝或拉铁丝网时,用力不得过猛,不得站在保温材料上操作或行走。

(7) 从事矿渣棉、玻璃纤维棉(毡)等作业,操作者的衣领、袖口、裤脚应扎紧。

(8) 聚苯乙烯泡沫塑料保温板使用电加热器切割时,应采用 36V 电压。

(9) 装运热沥青不准使用锡焊的金属容器,装入量不得超过容器深度的 3/4。

4.1.17 使用撬棍应遵守以下规定

(1) 撬棍的支点应靠近重物,支点下应利用坚硬石块或铁块垫实,并应有一定的底面积,防止支点滑脱。

(2) 操作时先将一端撬起,垫上枕木,再撬起另一端,如此反复进行,依次逐渐把重物举高。将重物落下也是用上述方法。两边高差不得太大,防止设备倾倒。

课题 2 材 料 要 求

4.2.1 所使用板材、型钢等主要材料应具有出厂合格证明或质量鉴定文件。

4.2.2 普通钢板表面应平整、光滑、厚度均匀,并有紧密的氧化铁薄膜,不得有裂纹、结疤等缺陷。

4.2.3 镀锌钢板(带)应符合国家标准《连续热镀锌薄钢板和钢带》(GB 2518)的要求,其性能宜选用机械咬口类。采用 100 号以上的镀锌层,其三点试验平均值(双面)应小于 $100g/m$。

4.2.4 不锈钢板和铝板应符合国家标准《不锈钢冷轧钢板》(GB 3280)及《铝及铝合金轧制板材》(GB 3280)的要求,其表面不得有划痕、刮伤、斑痕和凹穴等缺陷。

4.2.5 型钢材料应符合国家标准《热轧等边角钢尺寸、外型、重量及允许偏差》(GB 9787)及《热轧扁钢尺寸、外型、重量及允许偏差》(GB 704)的要求。

4.2.6 制作风管及部件的塑料板材表面应平整,不得含有气泡、裂缝;板材的厚薄应均匀,无离层等现象。

4.2.7 铝箔复合保温板材的品种、规格、性能、厚度等技术参数,应符合设计规定。铝箔复合面粘合应牢固,粘合表面单面产生的分层、起泡等缺陷不得大于 6‰。

4.2.8 非金属风管材料燃烧性能应符合下列规定

（1）风管材料耐火等级应满足防火设计要求，非金属风管材料的燃烧性能应符合表4.2-1的规定。

非金属风管板材的技术参数及适用范围   表 4.2-1

风 管 类 别		保温材料密度 （kg/m³）	管板厚度 （mm）		燃烧性能	强度 （MPa）	适 用 范 围
酚醛铝箔复合板风管		≥60	≥20		B1级	弯曲强度 ≥1.05	工作压力小于或等于2000Pa的空调系统及潮湿环境
聚氨酯铝箔复合板风管		≥45	≥20			弯曲强度 ≥1.02	工作压力小于或等于2000Pa的空调系统、洁净系统及潮湿环境
玻璃纤维复合板风管		≥70	≥25			—	工作压力小于或等于2000Pa的空调系统
无机玻璃钢	水硬性无机玻璃钢风管	≤1700	7		A级	弯曲强度 ≥70	低、中、高压空调及防排烟系统
	氯氧镁水泥风管	≤2000	7			弯曲强度 ≥65	
硬聚氯乙烯风管		1300～1600	圆形	6	B1级	拉伸强度 ≥34	洁净室及含酸碱的排风系统
			矩形	8			

（2）非金属风管所用压敏（热敏）胶带和胶粘剂固化后的燃烧性能应为难燃B1级。

（3）PVC材料的法兰燃烧性能应为难燃B1级。

（4）风管连接处密封材料燃烧性能应为不燃或难燃B1级。

（5）防火风管加固框架与固定材料、密封垫料应为不燃材料。

（6）风管穿过需要封闭的防火、防爆楼板或墙体时，应设壁厚不小于1.6mm的预埋管或防护套管，风管与防护套管之间应采用柔性不燃材料封堵。

4.2.9 风管连接的密封材料应满足系统功能技术条件、对风管的材质无不良影响，并具有良好的气密性。风管法兰垫料的燃烧性能和耐热性能应符合表4.2-2规定。

风管法兰垫料燃烧性能和耐热性能   表 4.2-2

种 类	燃 烧 性 能	主要基材耐热性能
玻璃纤维类	不燃A级	300℃
氯丁橡胶类	难燃B1级	100℃
异丁基橡胶类	难燃B1级	80℃
丁腈橡胶类	难燃B1级	120℃
聚氯乙烯	难燃B1级	100℃

4.2.10 风管成品不许有扭曲变形、开裂、孔洞、法兰脱落、开焊、漏铆、漏紧螺栓等缺陷。

4.2.11 当设计无要求时，法兰垫料可按下列规定使用

（1）法兰垫料厚度宜为3～5mm。

（2）输送温度低于70℃的空气，可用橡胶板、闭孔海绵橡胶板、密封胶带或其他闭

孔弹性材料。

（3）防、排烟系统或输送温度高于70℃的空气或烟气，应采用耐热橡胶板或不燃的耐温、防火材料。

（4）输送含有腐蚀性介质的气体，应采用耐酸橡胶板或软聚氯乙烯板。

（5）净化空调系统风管的法兰垫料应为不产尘、不易老化、具有一定强度和弹性的材料。

课题3 机 具 设 备

4.3.1 机械设备

常用的机械设备有：龙门剪板机、双轮直线剪板机、联合冲剪机、振动式曲线剪板机、矩形风管的直线和弯头咬口机、直线咬口折边机、联合角咬口与折边机、弯头咬口折边机、圆形弯头咬口机、圆形弯头合缝机、咬口压实机、插条法兰机、型钢切割机、角（扁）钢卷圆机、台钻、折方机、卷圆机、手提电动液压铆接机、长臂铆接机、电动拉铆枪、手动拉铆枪、电焊机、气焊设备等。

（1）机械剪切设备

金属板材的剪切，就是加工制作通风管道和部件时，利用剪切工具对板材进行放样划线和进行裁减下料。剪切时应核对划线的正确性，做到剪切位置正确，切口整齐。

根据施工条件可使用手工工具或机械对板材进行剪切，剪切可分为手工和机械剪切两种，在施工现场一般使用铁剪刀或手动滚轮剪刀进行手工剪切；机械剪切就是采用各种类型的剪板机进行机械化操作。使用机械剪切板材，剪切厚度大，工作效率高，剪切质量好，优于手工剪切。常在工厂化施工中采用。剪切机械种类较多，龙门剪板机在各种剪切机械中使用最为广泛。

①龙门剪板机 可剪板料最大厚度为4mm，可剪板宽为2000～2500mm。使用前，应按剪切的板材厚度调整好上下刀片间的间隙。因为间隙过小，剪厚钢板会增加剪板机负荷，或易使刀刃局部破裂。反之，间隙大时，常把钢板压进上下刀刃的间隙中而剪不下来。间隙一般取被剪板厚的5%左右，例如，钢板厚小于2.5mm时，间隙为0.1mm；钢板厚小于4mm时，间隙为0.16mm。龙门剪板机外形结构，如图4.3-1所示。

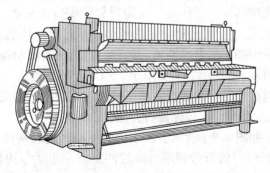

图4.3-1 龙门剪板机

②振动式剪板机 如图4.3-2所示。主要用于剪切厚度为2mm以内的低碳钢及有色金属板材。

③双轮直线剪板机　如图4.3-3所示。适用于剪切厚度不大于2mm的直线和曲率不大的曲线板材。

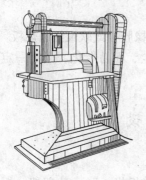

图4.3-2　振动式剪板机

图4.3-3　双轮直线剪板机

④联合冲剪机　其外形结构如图4.3-4所示。既能冲孔又能剪切,既能剪板料又能切断型钢,也可用于冲孔和开三角凹槽等,适用范围比较广。通风工程使用的联合冲剪机截割钢材的最大厚度为13mm。

(2)卷圆机　制作圆形风管一般用卷圆机进行机械卷圆,如图4.3-5所示。卷圆机适用于厚度为2mm以内,板宽为2000mm以内的板材卷圆。

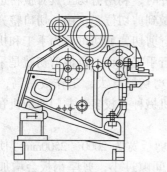

图4.3-4　联合冲剪机

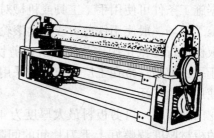

图4.3-5　卷圆机

卷圆机由电动机通过皮带轮和蜗轮减速,经齿轮带动两个下辊旋转,当板材送入辊轮间时,上辊因与板材间的摩擦力而转动,上辊由电动机通过变速机构经丝杠,使滑块上下动作,以调节上、下辊的间距。操作时,应先把靠近咬口的板边,在钢管上用手工拍圆,再把板材送入上、下辊之间,辊子带动板材转动,当卷出圆风管所需圆弧后,将咬口扣合,再送入卷圆机,根据加工的管径调整好丝杠,进行往返滚动即成。

(3)折方机　如图4.3-6所示。主要用于矩形风管的直边折方。折方机工作,是由电机带动齿轮、蜗杆,通过传动机构使折梁和压梁抬起或放下,完成折方操作。加工的板长超过1m时,应由两人配合操作,以保证折方质量。

(4)手动扳边机　如图4.3-7所示。扳边机有手动和电动两种。手动扳边机适用于厚度为1.2mm以内的钢板咬口的折弯和矩形风管的折方。手动扳边机是由固定在墙板上的下机架和在墙板上可以上下滑动的上机架,以及在墙板上转动的活动翻板组成。上机架由两端的丝杠调节上下,压住或松开钢板。为了减轻扳动翻板的力量,在翻板的两端轴上,加设平衡铁锤。为使折角平直,上、下机架及翻板接触处,由刨平的刀片组成。

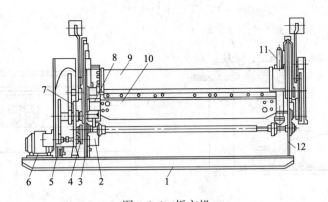

图 4.3-6　折方机

1—机架；2—调节螺钉；3—立柱；4、5—齿轮；6—电机；
7—杠杆；8—工作台；9—压梁；10—折梁；11—调节杠杆；12—立柱

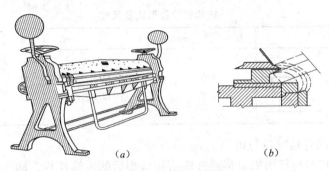

(a)　　　　　　　　　　　(b)

图 4.3-7　手动扳边机

操作时，扳动丝杠手轮，抬起上支架，使上刀片和下刀片之间留出空隙，将划好线的板材放入，并使上刀片的棱边对准折线，放下上机架并压紧，然后扳动活动翻板至90°，则成单角咬口的立折边。若把活动翻板扳到底，即成单角咬口的平折边。当扳制单平咬口时，把钢板放入上、下刀片之间，放入的深度等于折边宽度，压紧钢板后，把活动翻板扳到底即可。

（5）咬口折边机械　咬口折边机械有：加工矩形风管的按扣式咬口折边机、单平咬口折边机、弯头咬口折边机、圆形弯头咬口机、圆形弯头合缝机和咬口压实机等。

①单平咬口折边机，如图4.3-8所示。是由电机带动滚轮，经皮带轮和齿轮减速，固定在机身上的槽形滚轮转动，使板边的变形由浅到深，逐渐成型。

②按扣式咬口折边机，如图4.3-9所示。可对矩形

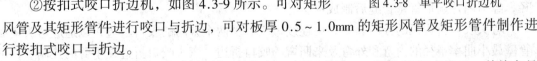

图 4.3-8　单平咬口折边机

风管及其矩形管件进行咬口与折边，可对板厚0.5～1.0mm的矩形风管及矩形管件制作进行按扣式咬口与折边。

按扣式咬口折边机是经辊轮轧制，将钢板一侧折成雄口，另一侧折成雌口，其特点是板料经轧制折边成型后，可直接将雄口一侧与雌口插接组成风管。这种设备可以加工方形、矩形截面的直管，其咬口形式及尺寸如表4.3-1所示。

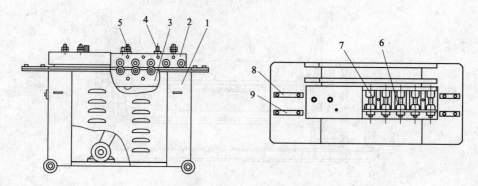

图 4.3-9　按扣式咬口折边机

1—机架；2—上横梁部分；3—下横梁部分；4—外辊横梁调整螺杆；

5—中辊横梁调整螺杆；6—外辊轮；7—中辊轮；8—中辊进料靠尺；9—外辊进料靠尺

按扣式咬口形式及尺寸 表 4.3-1

按扣式咬口形式		板材厚度（mm）	A	B	C	a	b	c	d
		1.0	14	13.7	4.8	11	5.2	6.0	2.0
		0.5	14	12.5	4.0	11	5.4	5.8	1.4

③YZL-12 型联合角咬口与折边机

联合角直线咬口与折边机是将经外辊折边成型后的风管片料，插入经中辊折边成型的风管片料中，经锁缝加工成通风管道。这种设备可加工矩形、方形截面的直管及异径管，共有六道辊轮工序，可加工板材厚度为 0.5～1.2mm，咬口预留尺寸为外辊 7mm、中辊 30mm，辊压工序 6 道。联合角咬口折边机调整机构，如图 4.3-10 所示。

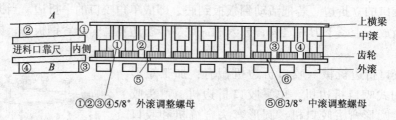

①②③④5/8°外滚调整螺母　　⑤⑥3/8°中滚调整螺母

图 4.3-10　联合角咬口折边机调整机构

④弯头咬口折边机

弯头咬口折边机是将矩形弯头两片扇形管壁的板料辊轧成雄咬口，由直线咬口折边机将两侧管壁的板料辊轧成雌咬口，再由人工或卷板机将两侧管壁的板料弯成一定的曲率半径，经与两片扇形管壁合缝后制成弯头。

弯头咬口折边机的导向装置，可连续做正、反两个方向的咬口折边，以适应弯头扇面管壁最小曲率半径的内弯和外弯及来回弯的咬口折边。弯头咬口折边在手臂的控制下，可做直线和直线转角咬口折边，还可用于加工制做异径管等管件。弯头咬口折边机使用前，应根据加工板材的厚度，对辊轮进行适当的调整。弯头咬口折边机加工钢板的最大厚度为 2.0mm。用于弯头咬口的钢板应为较软材质，不然咬口时容易发生断裂，各节弯头的直缝，最好采用气焊焊接，如果已采用咬口，应把咬口处去掉，待弯头咬口完成后，再把孔洞处用气焊补焊。

⑤圆形弯头咬口机

（A）如图 4.3-11 所示的圆形弯头咬口机，是用来制作钢板厚度为 1.2mm 以下的圆形弯头和来回弯的单立咬口，也可轧制圆形风管的加固凸棱。圆形弯头咬口机由机架、传动机构、咬口辊轮、直径调节机构、角度调节机构和深度调节机构等部分组成。该机有两个工作头，可以同时操作，可根据钢板厚度调节上下辊轮的轴向间隙。

（B）如图 4.3-12 所示的弯头咬口机，加工钢板的最大厚度为 2mm，从板边到凸棱的最大距离为 750mm，加工圆形弯头的直径为 315~1015mm。

图 4.3-11　圆形弯头咬口机

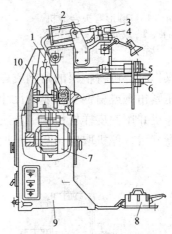

图 4.3-12　弯头咬口机
1—机械的铸造外壳；2—气缸；3—开关；
4—双臂杠杆；5—下轧辊；6—上轧辊；
7—电动机；8—气动脚踏开关；9—机架；10—减速机

（6）圆形弯头合缝机

圆形弯头合缝机适用于管壁厚度在 1.2mm 以下，直径在 265~660mm 范围内的弯头各短节的合缝。圆形弯头合缝机由电动机、挡轮、托轮、成型辊轮及压轮等部件组成，如图 4.3-13 所示。

（7）咬口压实机

咬口压实机，其结构简单，便于操作，如图 4.3-14 所示。适用于厚度为 1.2mm 以内的钢板的拼接缝和风管的纵向闭合缝的咬口压实。咬口压实机是由机架下的电动机通过皮带轮和齿轮减速，可带动丝杠以适当的速度旋转，使穿在丝杠上行走的压辊装置压实咬口。为了增加摩擦力，压辊上刻有花纹，机身两端装有行程开关。

操作时，将要压实咬口的风管，放在横梁与压辊之间，先把咬口钩挂上，再把风管两端的咬口用手锤打实，然后扳动手轮，使压辊压紧咬口缝，按动行程开关，使行走丝杠转动，并带动压辊箱沿丝杠往返行走两次，咬口即被压实。停机后，打开钩环，可将压实咬口的风管取出。

（8）法兰煨弯机　是用来煨制角钢和扁钢加工圆形风管法兰的机械设备。如图 4.3-15 所示。适用于∟ 40×40×4 以内的角钢和 -40×4 的扁钢煨制直径 200mm 以上各种规格的

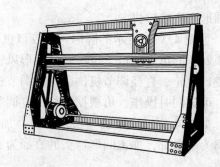

图 4.3-13　圆形弯头合缝机
1—挡轮；2—成型辊轮；3—压轮；
4—托轮；5、6—操作手柄

图 4.3-14　咬口压实机

圆形法兰。操作时，可将整根的角钢或扁钢的端部，插入下辊轮的缝隙内，先调节压紧丝杠，使上辊压紧角钢或扁钢至需要的尺寸，然后，按动电钮开关进行卷圆，当起始部分被卷圆后，应停机并用铁皮样板检查已卷成的圆弧是否符合要求，决定是否调整丝杠和继续进行卷制。卷好后，停机取出切断。稍加平整即可焊接、钻孔。

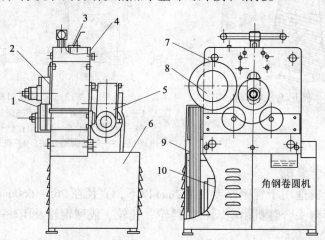

图 4.3-15　法兰煨弯机
1—下辊轮组；2—上辊轮组；3—中支板；4—后支板；5—蜗轮减速箱；
6—机架；7—前板；8—导向轮；9—三角皮带；10—电动机

课题 4　操作工艺

4.4.1　工艺流程

备料──→展开放样──→下料──→剪切──→板材纵向连接──→咬口、铆接、焊接、咬口制作──→卷圆、折方──→成型──→法兰下料加工──→焊接──→打眼冲孔──→铆法兰──→成品喷漆──→检验──→出厂

4.4.2　风管与管件、附件的加工制作

通风管道的加工（包括空调风管）是指组成整个系统的风管和部件、配件的制作和组

装过程，也就是根据设计图纸，从原材料到半成品、成品，最后组装成系统的过程。

通风管道的加工与制作有两种情况：

一是在加工工厂加工，现场组合安装，对于工程规模大、安装质量要求较高的场合，可以在加工厂或预制厂内利用各种专用机械集中加工制成成品和半成品后运到施工现场，进行组合安装。既提高了机械化程度，降低工人的劳动强度和生产成本，又有利于提高制作质量和单位产量，而且还有利于充分利用原材料，避免浪费。

二是在施工现场进行加工制作和安装。对于工程量不大或施工现场条件允许，可以使用一些小型加工机械在现场加工制作风管，这样可以减少风管和部件、配件的运输费用，避免装卸和堆放可能造成的成品、半成品的损坏，能够比较好的配合现场的施工进度进行加工制作。但由于施工现场条件所限，手工操作比较多，人员的素质不同，不可避免的会造成原材料浪费和产品质量不够稳定。

4.4.3 金属风管标准

通风管道规格宜按表 4.4-1、表 4.4-2 的规定，风管是以外径或外边长为准的，风道是以内径或内边长为准的。圆形风管应优先采用基本系列，非规则椭圆形风管参照矩形风管，并以长径平面边长及短径尺寸为准。

圆形风管规格（mm）   表 4.4-1

风 管 直 径 D			
基 本 系 列	辅 助 系 列	基 本 系 列	辅 助 系 列
100	80	250	240
	90	280	260
120	110	320	300
140	130	360	340
160	150	400	380
180	170	450	420
200	190	500	480
220	210	560	530
630	600	1250	1180
700	670	1400	1320
800	750	1600	1500
900	850	1800	1700
1000	950	2000	1900
1120	1060	—	—

矩形风管规格（mm）   表 4.4-2

风 管 边 长				
120	320	800	2000	4000
160	400	1000	2500	—
200	500	1250	3000	—
250	630	1600	3500	—

4.4.4 镀锌钢板风管放样下料

通风空调系统安装中，展开下料是管道、管件及部件加工制作中的重要工序，是一项基本的操作技能，正确掌握展开下料技术，对于保证加工质量，节约材料，提高工作效率具有重要作用。

展开下料也称放样。就是根据管道、管件及部件几何形状和外形尺寸，用作图的方法，按 1:1 的比例将风管和管件及配件的展开图形划在金属薄板上，以作为下料剪切的依据。

画展开图一般在平台上进行，对于较常用的管件和部件可用薄钢板或油毡纸制成样板。通风管道、管件和部件在制作过程中必须明确板材的壁厚、接缝形式及风管连接方式。在展开下料时，应根据手工加工或机械加工留出一定咬口裕量。其咬口裕量如表4.4-3。

咬口裕量（mm）   表 4.4-3

薄 板 厚 度	机 械 咬 口						手 工 咬 口					
	平咬口		按扣式咬口		联合角咬口		平咬口		角咬口		联合角咬口	
0.5 ~ 0.7	24	10	31	12	30	7	12	6	12	6	21	7
0.8	24	10	31	12	30	7	14	7	14	7	24	8
1 ~ 1.2	24	10	31	12	30	7	18	9	18	9	28	9

当金属薄板风管接合处采用焊接时，应根据焊缝形式留出搭接量或扳边量；风管之间采用法兰连接时，应在管端留出相当于制作法兰角钢的宽度与翻边量（约 10mm）之和的裕量；如采用无法兰插条连接时，应根据插条形式和插接咬口机的种类而定。

4.4.5 划线的方法

划线是用金属薄板加工制作风管时首要的操作工序，一般采用几何作图的方法，使用划线工具，在金属板面上划出被加工件的展开图形。为了画好展开图，应掌握直线、平面投影的规律，能够求出一般位置直线的实长、平面的实形及两面之间的夹角。

画展开图的方法有：平行线法、放射线法、三角形法以及不可展开曲面的近似画法。

（1）平行线法

平行线法，其适用范围是表面是柱面（圆柱、棱柱）的管件。平行线法展开的步骤是：

①画出立面图和正断面图。

②将断面图分为若干等分，把各个等分点平行于中心轴线投到立面图上。其目的是表示出各个等分点对应的素线的位置和长度。

③在与立面图中心轴线垂直的方向上，将柱体表面展开并同样进行等分，随后得到各个对应等分线（素线）的长度，连接各点就可以得到展开图。

（A）斜口圆形风管的展开划线，如图 4.4-1 所示。将其圆口分成 12 等分，并通过等分点在表面作与轴线相平行的线 1-1、2-2……12-12，然后，从平行线 1-1 处切断展开，即为斜口圆形风管的展开图。

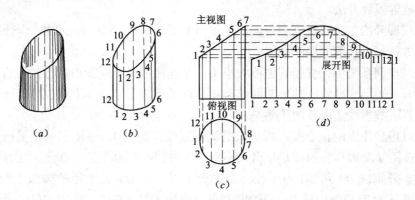

图 4.4-1　斜口圆形风管的展开

（a）立体图；（b）画等分点；（c）视图；（d）展开图

（B）圆形弯头表面展开图划线，如图 4.4-2 所示。由已知尺寸管道直径 D，弯管角度 α 和曲率半径 R，圆形风管的组成最少节数画出弯头的立面图（其中弯管的中间节在大小上等于两个端节，故每个端节在弯管中所占的角度为 $\dfrac{\alpha}{n+2}$，n 为中间节节数）；在立面图上画出断面圆并将其 12 等分，过各点作垂直于 OB 的直线与 OC 交于各点；延长 OB 线并截取 EF 线段使其等于圆管的周长 $D\pi$ 并 12 等分。由 OC 线上各点作平行与 EF 的平行线与各等分线分别相交并连接各点即得端节展开图。向下镜像作图即得中间节展开图，以展开图为样板并放出咬口裕量在板材上即可划线下料。弯管曲率半径和最少节数应符合规范规定，如表 4.4-4。

圆形弯管曲率半径和最少节数　　　　　　　　　　　表 4.4-4

弯管直径	曲率半径	弯 管 角 度 和 最 少 节 数							
		90°		60°		45°		30°	
D（mm）	R	中节	端节	中节	端节	中节	端节	中节	端节
80～220	≥1.5D	2	2	1	2	1	2	—	2
220～450	D～1.5D	3	2	2	2	1	2	—	2
450～800	D～1.5D	4	2	2	2	1	2	1	2
800～1400	D	5	2	3	2	2	2	1	2
1400～2000	D	8	2	5	2	3	2	2	2

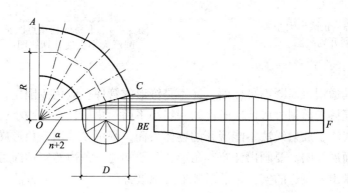

图 4.4-2　平行线法圆形弯头展开划线图

（2）放射线展开法

放射线展开法，其适用范围是表面是锥形和锥形的一部分（正圆锥、斜圆锥、棱锥）的管件。如圆形变径管的展开划线。

在通风空调系统中，变径管也称大小头，是连接两个不同断面的过渡短管，变径管有圆形变径管、矩形变径管、圆形断面变为矩形断面的变径管（天圆地方）。可采用放射线展开法放样。放射线法展开的步骤是：

①可以得到顶点的正心圆形大小头的展开划线：如图 4.4-3 所示。根据已知大口直径 D，小口直径 d 及大小头的高 h 作出大小头的主视图；使得正确，O 点一定在轴线上。以 O 为圆心，分别以 OA 和 OC 为半径，划两个圆弧。在 OA 为半径的圆弧上取任意点 A'，并截取圆弧 $A'A''$ 等于圆周长 $D\pi$，定出 A'' 点，连接 OA'、OA''，则 $A'A''C'C''$ 就是圆形大小头的展开图。

②不易得到顶点的正心圆形大小头展开：如果圆形大小头，大口直径和小口直径相差很少，其顶点相交在很远的地方，在这种情况下不可能采用放射线法作展开图，一般常采用近似的划线法来得到展开图。

根据已知的大口直径 D、小口直径 d 以及高度 h 先画出主视图和俯视图。将大口直径和小口直径的圆周长各 12 等分，取大小头的斜边 L 和 $\dfrac{D\pi}{12}$ 及 $\dfrac{d\pi}{12}$ 作样板，如图 4.4-4 所示。实际施工中只要取斜边 L 和 $\dfrac{D\pi}{12}$ 及 $\dfrac{d\pi}{12}$ 作样板即可。

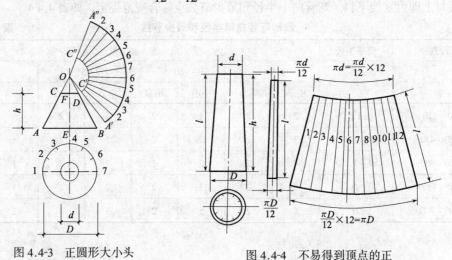

图 4.4-3　正圆形大小头
展开划线图

图 4.4-4　不易得到顶点的正
圆形大小头展开划线图

（3）三角形法

三角形法其适用表面既不是柱面，又不是锥形的管件。应用范围比较广泛。三角形展开法，就是把壳体表面划分成依次毗连的一组小平面三角形，把这些小三角形依次铺平开来，凡是平行线法、放射线法不能展开的物体表面，都可以采用三角形展开法，便得到所需要的物体表面展开图。要画出任意三角形，只要知道三条边的实长即可。因此三角形展开法必须首先求出三条边的实长，然后才能做出展开图。求实长的方法，可以采用直角三角形法和直角梯形法两种。当零件的中心（轴）线与水平投影面相垂直时可采用直角三角

156

形法；当零件的中心（轴）线与水平投影面相互倾斜时则采用直角梯形法。

例如天圆地方的展开图就是利用直角三角形求各棱线实长的方法得到的。以正天圆地方为例，如图4.4-5所示，该接头天圆地方的表面由四个相等的等腰三角形和四个具有单向弯度的圆角组成。

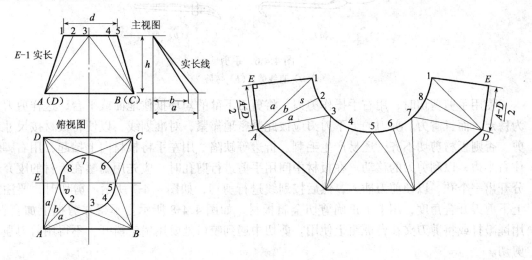

图4.4-5　天圆地方展开划线图

天圆地方展开的步骤是：根据已知的圆管直径 D，矩形风管端口尺寸 A-B 和 B-C 以及天圆地方的高度 h，画出立面图和俯视图，并将圆管口等分编号，利用已知直角三角形法求表面各棱线的实际长线。俯视图中的 E-1 棱线为天圆地方的接口处。其实长线已直接反映主视图，不必另求，仅求 a、b 的实长线。用三角形法划展开图，先划线段 E-A 为 $(A—D)/2$，以 E 点为圆心，E-1 实长为半径划弧，与以 A 点为圆心，a 的实长为半径划弧相交为1点；再以1点为圆心，1-2的弧长为半径划弧，与以 A 点为圆心，b 的实长为半径划弧相交为2点，以此类推，将各交点连接后即为天圆地方的展开划线图。

在通风和空调工程中风管的其他类型管件配件展开划线一般均可采用上述的方法进行。但是，应注意：划线下料的展开图图样尺寸大小应针对板厚进行适当的处理，一般情况下，如果板厚为2mm以下时按管件的外壁尺寸进行放样，板厚在3mm以上时按板中心尺寸进行放样；同时放线下料的展开图尺寸还必须根据风管连接咬口的形式加放咬口裕量和法兰的翻边裕量。

4.4.6　金属板材的手工剪切

金属板材的剪切，就是加工制作通风管道和部件时，利用剪切工具对板材进行放样划线和进行裁减下料。剪切时应核对划线的正确性，做到剪切位置正确，切口整齐。

根据施工条件可使用手工工具或机械对板材进行剪切，剪切可分为手工和机械剪切两种，在施工现场一般使用铁剪刀、电动剪或手动滚轮剪刀进行手工剪切；对于集中加工的通风管道和部件，采用工厂化施工，使用各种类型的剪板机进行机械化操作，功效高，剪切板材厚度大，切口质量有保证。

（1）手剪

加工金属风管常用的剪切手工工具，适于手工剪切薄钢板的厚度，一般为1.2mm以下。手剪分直线剪和弯剪两种，如图4.4-6所示。直线剪适用于剪切直线和曲线外圆；弯剪便于剪切曲线的内圆。

图4.4-6 手剪
(a) 直线剪；(b) 弯剪

使用手剪剪切时，用右手操作剪刀，将剪刀下部的勾环抵住地面或平台，这样剪刀较为稳定，而且省力。剪刀的上下刀刃应彼此紧密地靠紧，对准划线，以便将板材按尺寸裁剪。否则板材剪切不齐，还易产生毛刺、折边等缺陷。用左手将板材向上抬起，用右脚踩住右半边，以利剪刀的移动。在板材中间用手剪进行剪孔时，应先用扁錾在板材的废弃部分开出一个孔，以便剪刀插入，然后按划线进行剪切，如图4.4-7所示。剪切时，要注意上下剪刃开合角度，用手工正确剪切金属板材，如图4.4-8所示。不得在剪柄上加套管、用锤敲打或将剪刀夹在台虎钳上使用。剪切中遇到咬口处要用扁铲凿开，不得用剪刀强行剪切。

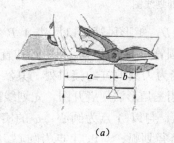
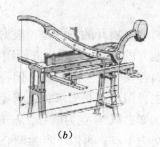

图4.4-7 手工剪切工具
(a) 手剪；(b) 手压剪刀

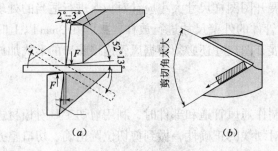
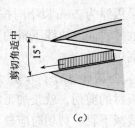

图4.4-8 手工剪切操作
(a) 上剪刃、下剪刃；(b) 剪切角太大；(c) 剪切角适中

(2) 电动剪

电动剪，如图4.4-9所示。主要用于剪切厚度为2.5mm以下的金属板材，方便修剪圆弧和边角，具有体形小、重量轻、操作简便、工效高、加工质量好等特点。因此，在金属板材的剪切，加工制作通风管道和部件时应用广泛。使用前，先依据被剪板材厚度，调整

好刀刃间的距离，避免出现卡剪故障。当剪切最大厚度时，两刃口的横向间隙为 0.5mm。剪切热轧薄钢板时，横向间隙为钢板厚度的 0.2 倍。剪切其他材质的薄钢板时，要适当加减其间隙。剪切软而韧的材料时，间隙要减小；剪切硬而脆的材料，间隙要加大。

使用前，先空转 1min，检查转动部分是否灵活。剪切时，接上电源，前推开关，端平刀剪，并将剪口对准被剪切部位或依据划线位置向前推进。操作时要时刻注意，当发生卡剪时，不要用力扭动刀剪，防止损坏刀片等零件，只需停机后，重新调整二刃口间隙，卡剪现象即可排除。剪切时不要堵塞塑料机壳的通风孔，以免电动机过热而烧坏，使用后，要注意保养，经常清理电动机机壳冷却空气的开口处，使其保持干净。要定期向润滑点、刀片和刀架的摩擦处加注润滑油。正常情况下，6 个月清洗一次机头，12 个月更换全部润滑脂。

（3）手动滚轮剪，如图 4.4-10 所示

其构造是在机架的上部固定有上滚刀、棘轮和手柄，铸钢机架的下部固定有下滚刀。操作时，将钢板送入两滚刀之间，一手握住钢板，一手扳动手柄，使上下两个互成角度的滚轮相切转动，将钢板剪切。

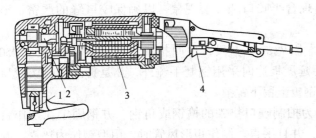 

图 4.4-9　手用电动剪　　　　　　　　图 4.4-10　手动滚轮剪
1—剪刀；2—传动轴；3—电机；4—开关

4.4.7　板材的折方和卷圆

制作矩形风管和部件时，应根据纵向咬口形式，对板材进行折方。

（1）板材的手工折方

当矩形风管或部件周长较小，只有一个或两个角咬口（或接缝）时，板材就需折方。折方一般用折方机进行，当折方长度较短或钢板较薄时，也可用手工折方。

手工折方前，应先在板材上划线，再把板材放在工作台上，使折线和槽钢边对齐，一般较长的风管由两人分别站在板材两端，一手把板材压紧在工作台上，不使板材移动，一手把板材向下压成 90°直角，然后用木方沿折方线打出棱角，并使折角两侧板材平整。由于手工折方劳动强度大，效率低，质量不易保证，所以，施工中一般都采用机械折方。

（2）板材的卷圆

制作圆形风管和部件时，应把板材卷圆。板材的卷圆可采用手工方法或机械方法。

手工卷圆是将打好咬口的板材，把咬口边一侧板边在钢管上用方尺初步拍圆，然后先用手和方尺进行卷圆，使咬口能相互扣合，并把咬口打紧打实。接着再找圆，找圆时方尺用力应均匀，不宜过大，以免出现明显的折痕。找圆直到风管的圆弧均匀为止。

4.4.8　金属薄板的连接

在通风空调工程中，用金属薄板制作风管和配件可用咬口、铆接、焊接，其中咬口是

最常用的一种连接方式。金属薄板的连接形式主要取决于板厚及材质，见表 4.4-5。

金属薄板连接方式的适用范围 表 4.4-5

板　材	板　材　厚　度			
	$\delta \leqslant 1.0$	$1.0 < \delta \leqslant 1.2$	$1.2 < \delta \leqslant 1.5$	$\delta > 1.5$
钢板连接方式	咬接	咬接	焊接（电焊）	焊接（电焊）
铝板连接方式	咬接	咬接	咬接	焊接（氩弧焊及气焊）
不锈钢板连接方式	咬接	焊接（氩弧焊及电焊）	焊接（氩弧焊及电焊）	焊接（氩弧焊及电焊）

用金属薄板制作的通风管道及部件，可根据板材的厚度及设计的要求，分别采用咬口连接、铆钉连接及焊接等方法进行板材之间的连接。

咬口连接是采用折边法，将板材的板边折成曲线钩状，然后相互钩咬压紧。板材咬口加工连接变形小，外形美观。板材咬口加工可用机械和手工操作。手工咬口一般限于加工厚度小于 1.2mm 的普通薄钢板和镀锌薄钢板、厚度小于 1.5mm 的铝板、厚度小于 0.8mm 的不锈钢板。手工加工咬口的操作过程，主要是折边（打咬口）和压实咬合。折边应宽度一致和平直，保证在咬合压实时不出现含半咬口和开裂现象，以确保咬口缝的严密、牢固。

手工咬口使用的工具有：用硬木制做的木方尺，也叫拍板，规格为 $45 \times 35 \times 450$（mm），硬质木锤、钢制方锤。除需要延展板边时采用钢制手锤外，凡是折曲或打实咬口时，都应采用木方尺和木锤，以免在钢板上留下锤痕。

加工咬口在工作台上进行，将作为拍制咬口垫铁的槽钢或角钢、方钢固定在工作台上。各种型钢垫铁要求有尖固的棱角，并且平直。制作矩形风管时，用型钢作为垫铁。制作圆形风管时，可使用钢管作为垫铁，除咬口的垫铁外，还要使用手持衬铁和咬口套。

（1）咬口形式

根据钢板接头的构造，常用的咬口形式有：单咬口、双咬口、按扣式咬口、联合角咬口、转角咬口；根据钢板接头的外形可分为平咬口、立咬口；根据钢板接头的位置可分为纵咬口、横咬口。咬口的种类如图 4.4-11 所示。

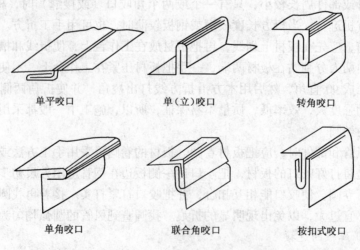

单平咬口　　　　单（立）咬口　　　　转角咬口

单角咬口　　　　联合角咬口　　　　按扣式咬口

图 4.4-11　各种咬口形式

160

单平咬口：用于板材的拼接缝、圆形风管或部件的纵向闭合缝。

单立咬口：用于圆形弯头、来回弯及风管的横向缝。

转角咬口：用于矩形风管或部件的纵向闭合缝及矩形弯头、三通的转角缝。

按扣式咬口：用于矩形风管或部件的纵向闭合缝及矩形弯头、三通的转角缝。

联合角咬口：使用的范围与转角咬口、按扣式咬口相同。

双平咬口和双立咬口：因加工较为复杂，较少采用；在严密性要求较高的风管系统中，一般都以焊接或在咬口缝上涂抹密封胶等方法代替双咬口连接。金属风管板材连接形式及适用范围如表4.4-6所示。

金属风管板材连接形式及适用范围　　　　　　　　　　　　　表4.4-6

名　称	连　接　形　式		适　用　范　围
单咬口		内平咬口	低、中、高压系统
		外平咬口	低、中、高压系统
联合角咬口			低、中、高压系统 矩形风管及配件四角咬接
转角咬口			低、中、高压系统 矩形风管或配件四角咬接
按扣式咬口			低、中压矩形风管或配件 四角咬接低压圆形风管
立咬口			圆、矩形风管横向连接或纵向 接缝圆形弯头制作不加铆钉
焊接			低、中、高压系统

（2）咬口宽度和留量

咬口宽度按制作风管或部件的板材厚度和咬口机械的性能而定，一般应符合表4.4-7的要求。

咬　口　宽　　　　　　　　　　　　　　表4.4-7

钢板厚度（mm）	咬口宽（mm）	角咬口宽（mm）
0.5以下	6~8	6~7
0.5~1.0	8~10	7~8
1.0~1.2	10~12	9~10

咬口留量的大小、咬口宽度与重叠层数和使用的机械有关，一般来说，对于单平咬口、单立咬口、单角咬口的咬口留量在一块板材上等于咬口宽，而在另一块板材上是两倍咬口宽，总的咬口留量就等于3倍咬口宽。例如，厚度为0.5mm的钢板，咬口宽度为7mm，其咬口留量等于$7 \times 3 = 21$mm。联合角咬口在一块板材上等于咬口宽，而在另一块板材上是3倍咬口宽，因此，联合角咬口的咬口留量就等于4倍咬口宽度。咬口留量，如表4.4-8。应根据咬口的形式和需要，分别在一块板材的两边或两块板材留各自的拼接边。

咬 口 留 量 　　　　　　　　　　　　　表 4.4-8

咬 口 形 式	咬 口 宽 度	线至板边距离
单平咬口	6	5
	8	7
	10	8
单立咬口	6	10
	8	13
	10	16

（3）手工咬口的加工

板材采用手工咬口的加工，是使用手工工具，对下料板材进行折边、咬合压实连接的加工程度。要求达到折边宽度一致、平直，咬口缝严密牢固。

①单平咬口的加工

将要连接的板材，放在固定有槽钢的工作台上，根据咬口宽度，来确定折边宽度，实际上折边宽度比咬口宽度稍小，因为一部分留量变成了咬口厚度。

单平咬口的加工，如图4.4-12所示。在板材上用划线板划线，按咬口宽度划线后，移动板材使线和槽钢边重合。为了在拍打咬口时避免板材移动，可在板材两端先打出折边，用左手压住板材，右手用木方尺按划好的线先打出折印。拍打时木方尺略偏于板边侧，把板边折成50°左右，再用木方尺沿水平方向把板边打成90°，折成直角后，将板材翻转，检查折边宽度，对折边较宽处，用木方尺拍打，使折边宽度一致，再用木方尺把90°的立折边，拍倒成130°左右。然后，把板边根据板厚伸出槽钢边10～12mm左右，用木方尺对准槽钢的棱边拍打，把板边拍倒，如图4.4-12（a）、（b）、（c）所示。

用同法加工另一块板材的折边。然后，两块板的折边相互钩挂，如图4.4-12（d），全部钩挂好后，垫在槽钢面上或厚钢板上，用木锤把咬口两端先打紧，再沿全长均匀地打实、打平。为使咬口紧密、平直，应把板材翻转，在咬口反面再打一次，即成图4.4-12（e）所示的单平咬口。

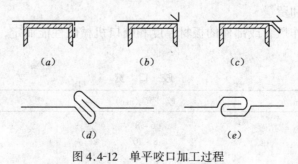

（a）　　　　　　　　（b）　　　　　　　　（c）

（d）　　　　　　　　（e）

图 4.4-12　单平咬口加工过程

为使制作的风管或部件表面平整，通常把一块板材加工成如图4.4-13（a）所示的折边，另一块板加工成带钩的折边，相互钩挂，并用木锤打平，再用咬口套把咬口压平、压实，加工成如图4.4-13（b）所示的单平咬口。

（a）　　　　　　　　　　（b）

图4.4-13　单平咬口加工过程

②端部单立咬口的加工

端部单立咬口用于圆形弯头或直管的横向缝，其加工操作步骤如图4.4-14所示。

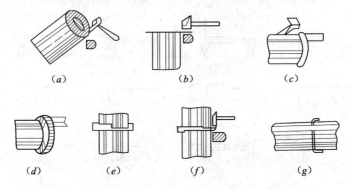

（a）　　　　　　（b）　　　　　　（c）

（d）　　　（e）　　　（f）　　　（g）

图4.4-14　端部单立咬口和单平咬口的加工步骤

单立咬口是将管子的一端做成双口，将另一根管子的一端做成单口，两者结合而成。

加工双口时，根据咬口宽度划线，咬口宽度为6mm时，线至板边的距离为10mm；咬口宽度为8mm时，线至板边的距离为13mm；咬口宽度为10mm时，线至板边的距离为16mm。

划线后，将管子放在方钢上，慢慢地转动管子，同时用方锤在整个圆周均匀錾出一条折印，如图4.4-14（a）。为了使管子圆正，錾折过程用力要均匀，并且应先用方锤的窄面把板边的外缘先展开，不要只錾折线处，如只把折线处展延，而外缘处没有展延，就会产生裂缝。待逐步錾成直角后，用钢制方锤的平面把折边打平并整圆，如图4.4-14（b）。然后再在折边上折回一半，如图4.4-14（c）、（d），即成双口。

单口时，当咬口宽度为6、8、10（mm）时，卷边宽度分别为5、7、8（mm），用前述方法把管端折成直角，然后将单口放在双口内，如图4.4-14（e），用方锤在方钢上将两个管件紧密连接，即成单立咬口，如图4.4-14（f）。

如果需要单平咬口，可将立咬口放在方钢或圆管上用锤打平、打实即可，如图4.4-14（g）。

③单角咬口的加工

单角咬口的加工方法与单平咬口的加工方法基本相同。将一块钢板折成90°立折边，另一块钢板折成90°后再翻转折成平折边。将带有立折边的板材放在工作台边上，并将带有平折边的板材套在立折边的板材上，如图4.4-15（a）。然后用小方锤和衬铁将咬口打紧，并用木方尺将咬口打平，如图4.4-15（b）。再用小方锤和衬铁加以平整，如图4.4-15

(c)，即成单角咬口。

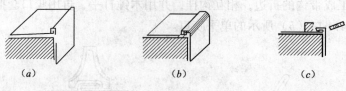

图 4.4-15　单角咬口的加工

④联合角咬口的加工

联合角咬口的加工操作步骤，如图 4.4-16 所示。在固定有槽钢的工作台上，根据咬口宽度，来确定折边宽度，用木方尺沿水平方向把板边打成 90°，折成直角后，将板材翻转向下打成直角，形成 S 形。将折成 90°的片料 1′插入 S 形片料 5 口内，经锁缝加工成型。

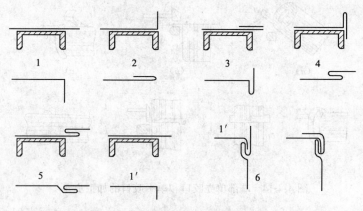

图 4.4-16　联合角咬口的加工步骤

4.4.9　非金属板风管的连接

（1）酚醛铝箔复合板风管与聚氨酯铝箔复合板风管制作

采用 45°角粘接或采用"H"形加固条并在拼接处涂胶粘剂拼接而成。

酚醛铝箔复合板与聚氨酯铝箔复合板风管制作，当风管边长小于或等于 1600mm 时采用 45°角形槽口直接粘接，并在粘接缝处两侧粘贴铝箔胶带，如图 4.4-17 所示。

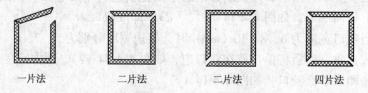

一片法　　　二片法　　　二片法　　　四片法

图 4.4-17　矩形风管 45°角组合方式

矩形风管组合，可采用一片法、两片法或四片法，复合板材切割应使专用刀具，拼接处的切口应平直、风管的折角应平直，拼缝粘接应牢固平整，粘接材料宜为难燃材料。风管管板组合前应清除油渍、水渍、灰尘，组合时 45°角切口处应均匀涂满胶粘剂粘合。粘接缝应平整，不得有歪扭、错位、局部开裂等缺陷。铝箔胶带粘贴时，其接缝处单边粘贴宽度不应小于 20mm。风管内角缝应采用密封材料封堵，外角缝铝箔断开处，应采用铝箔胶带封帖。

"H"形加固条拼接。其接缝处应涂胶粘剂粘合，边长大于1600mm时，采用"H"形PVC或铝合金加固条在90°角槽口处拼接。如图4.4-18所示。

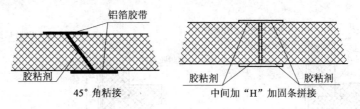

图4.4-18　风管板材拼接方式

（2）玻璃纤维复合板风管制作

玻璃纤维复合板风管制作，应采用整板材料。如板材需要拼接时，在结合缝处均匀涂满胶液，使板缝紧密粘合。应在外表面接缝处预留宽30mm的外护层，经涂胶密封后，用一层大于或等于50mm宽（压敏）的热敏铝箔胶带粘贴密封。接缝处单边粘贴宽度不应小于20mm。内表面接缝处可用一层大于或等于30mm宽铝箔复合玻璃纤维布粘贴密封或采用胶粘剂抹缝。如图4.4-19所示。

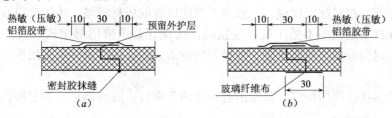

图4.4-19　玻璃纤维复合板拼接

风管制作，一般采用45°角形或90°梯形接口，应使用专用刀具切割成形。并且不能破坏铝箔表层，在组合风管的封口处留有大于35mm的外表面搭接边量。如图4.4-20所示。

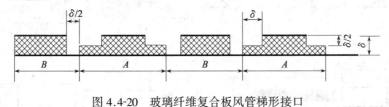

图4.4-20　玻璃纤维复合板风管梯形接口

风管组合前，先清除管板表面的切割纤维、油渍、水渍。在风管组合时，调整好风管端面的平整度，槽口不得有间隙和错口。如图4.4-21所示。

风管内角接缝处用胶粘剂勾缝。风管外接缝应用预留外护层材料和热敏（压敏）铝箔胶带重叠粘贴密封。

丙烯酸树脂涂层应均匀，涂料重量不应小于105.7g/m²，且不得有玻璃纤维外露。

风管采用金属槽形框外加固时，应设置内支撑，并将内支撑与金属槽形框紧固为一体。负压风管的加固，应设在风管的内侧。风管采用外套角钢法兰、外套C形法兰连接时，其法兰连接处可视为一外加固点。其他连接方式，风管的边长1200mm时，距法兰

150mm 内应设纵向加固。采用阴、阳榫连接的风管，应在距榫口 100mm 内设纵向加固。风管加固内支撑件和管外壁加固件的螺栓穿过管壁处应进行密封处理。风管成形后，在外接缝处宜采用扒钉加固，其间距不宜大于 50mm，并应采用宽度大于 50mm 的热敏胶带粘贴密封。

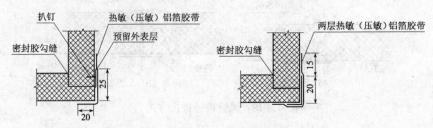

图 4.4-21　风管直角组合

风管成形后，管端为阴、阳榫的管段应水平放置，管端为法兰的管段可立放。风管应待胶液干燥固化后方可挪动、叠放或安装。风管应存放在防潮、防雨和防风沙的场地。

4.4.10　铆接

（1）铆接操作，也称为铆钉连接。它是将两块需要连接的板材，按规定的尺寸用铆钉穿连铆合在一起。在实际工程中，一般由于制作风管的板材较厚，手工咬口或机械咬口无法进行，或板材质地较脆不适于咬口连接时，按设计要求采用铆接或焊接。在风管制作中，常用于板材与板材之间的连接、板材与角钢法兰的连接。铆接可采用手工铆接或机械铆接操作。

用于风管铆接连接的铆钉，常用的有：半圆头铆钉、沉头铆钉、抽芯铆钉、击芯铆钉等，如图 4.4-22 所示。

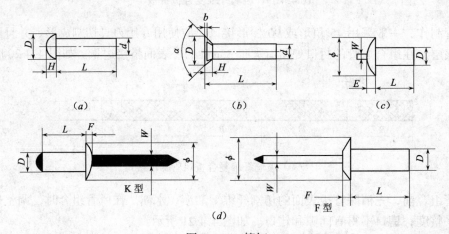

图 4.4-22　铆钉
（a）半圆头铆钉；（b）沉头铆钉；（c）击芯铆钉；（d）抽芯铆钉

①选择适合的铆钉。抽芯铝铆钉必须用拉铆枪进行铆接，抽芯铝铆钉分为 K 型和 F 型抽芯铝铆钉，用普通手锤敲击进行铆接。操作中应根据板厚和能够打成压帽以压紧板材，需选择直径、长度都适合的铆钉。铆钉直径 $d = 2\delta$（δ 为板厚），但不得小于 3mm。铆钉长度 $L = 2S + (1.5 \sim 2)d$。铆钉之间的间距 A 一般为 40～100mm，对严密性要求较

高时，铆钉间距还要小一些。铆钉孔中心到板边的距离 $B=(3\sim4)d$。铆钉孔直径只能比铆钉孔直径大 0.2mm。

②手工铆接操作时，先进行板材划线，确定铆钉位置，再按铆钉直径钻出铆钉孔，然后把铆钉穿入，并垫好垫铁，铆接时，必须使铆钉中心垂直于板面，铆钉应把板材压紧，使板缝密合，且铆钉排列应整齐。用手锤把钉尾打堆，最后用罩模（铆钉克子）把铆钉打成半圆形的铆钉帽。如图 4.4-23 所示。为防止铆接时板材移位造成错孔，可先钻出两端的铆钉孔，先铆好，然后再把中间的铆钉孔钻出并铆好。板材之间的铆接，中间一般可不加垫料。但设计有规定时，应按设计要求进行。

壁厚小于或等于 1.2mm 的风管套入角钢法兰后，应将风管端面翻边，并用铆钉铆接。要求风管翻边平整、紧贴法兰、宽度均匀，翻边宽度不应小于 6mm；管折方线与法兰平面应垂直，然后使用手工或铆钉枪用铆钉将风管与法兰铆固。咬缝及四角处应无开裂与孔洞；铆接连接应无脱铆和漏铆。

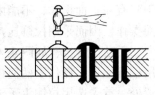

图 4.4-23　手工铆接

角钢法兰矩形风管的制作，连接螺栓和铆钉的规格及间距应符合表 4.4-9 的规定。

角钢法兰连接螺栓和铆钉的规格及间距（mm）　　　　表 4.4-9

角钢规格	螺栓规格	铆钉规格	螺栓及铆钉间距	
			低、中压系统	高压系统
└ 25×3	M6			
└ 30×3	M8	$\phi4$		
└ 40×3	M8		≤150	≤100
└ 50×5	M8			

圆形风管采用法兰连接时，低压和中压系统风管法兰的螺栓及铆钉间距应小于或等于 150mm；高压系统风管应小于或等于 100mm。

不锈钢风管与法兰铆接时，宜采用不锈钢铆钉，当法兰采用碳素钢时，其表面应采用镀铬或镀锌等处理。铝板风管与法兰铆接时，宜采用铝铆钉，当法兰采用碳素钢时，其表面应按设计要求作防腐处理。

（2）铆接机具使用

①手提电动液压铆接机是风管制作中的小型机具，如图 4.4-24 所示。主要用于风管与角钢法兰及其他部件的铆接。手提电动液压铆接机统一使用直径 4mm 的铆钉，可以完成薄钢板冲孔和铆接工艺。铆接 └ 25×3～└ 50×4 的角钢法兰。手提电动液压铆接机由液压系统和铆钉弓钳等组成，以液压为动力，将活塞杆与弓形体连接成铆接钳，由活塞做往复运动，一次完成冲孔、铆接工艺。使用电动液压铆接机铆接的风管与法兰，如图 4.4-25 所示。

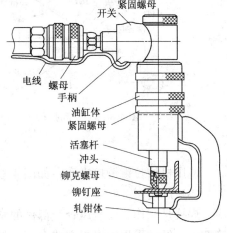

图 4.4-24　电动液压铆接机

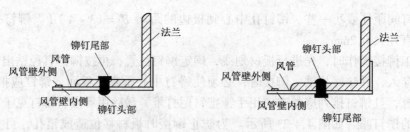

图 4.4-25　风管与法兰铆接

②拉铆枪，有手动拉铆枪和电动拉铆枪，是进行拉铆铆接的常用工具。拉铆连接常用于只有在一面操作，不能内外操作的场合，例如在风管上开三通、开风口，只能在风管外面操作，因而采用拉铆连接。

手动拉铆枪，如图 4.4-26 所示。由手动作功机构和工作机构组成。手动作功机构采用杠杆原理，操作手柄使拉铆杆移动，进行拉铆操作时，将手动拉铆枪的手柄开至最大位置处，首先选用拉铆头子，用拉铆铆钉的钉轴去配拉铆头子的孔径，以滑动为宜，把铆钉轴插入拉铆头子的孔内，并将选用的拉铆头子拧紧在导管上；松开导管上的拼帽，将导管退出一些，使拉铆头子孔口朝上，同时旋转导管，使铆钉轴能自由落入，不能调节过松，以免损伤机件，然后板紧拼帽；铆钉孔与铆钉的间隙宜为滑动配合，铆钉孔比铆钉只能大0.2mm，间隙过大将影响铆接强度；夹紧被铆钢板，将铆钉插入被铆接钢板孔内，搬动手柄带动工作机构的倒齿爪子自动夹紧铆钉轴，将铆钉轴拉断，完成铆接工序。有时一次不能拉断铆钉轴，可重复前面的动作；然后，将拉铆枪手柄张开，取出铆钉轴。抽芯铝铆钉拉铆范围 $\phi3 \sim \phi5$，其拉铆头子孔径为 $\phi2$、$\phi2.5$、$\phi3.5$。

电动拉铆枪，如图 4.4-27 所示。其外形尤如手电钻。电动拉铆枪由电动机、拉伸机构、退钉机构及变速箱等部件组成，最大拉铆钉为 $\phi5$。进行拉铆操作时，启动电动机旋转运动，经过齿轮减速由主轴传出，再通过拉伸机构将旋转扭力转变为轴向拉力，头部爪子夹紧铆钉轴，将铆钉轴拉断，完成铆接工序。拉伸机构回复原位，退钉机构将断芯退出机外。

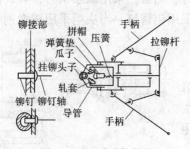

图 4.4-26　手动拉铆枪

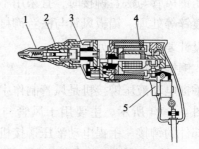

图 4.4-27　电动拉铆枪图
1—退钉机构；2—拉伸机构；
3—变速箱；4—电动机；5—开关

使用机械拉铆铆接操作，如图 4.4-28 所示。

（3）焊接

焊接是制作、安装风管及部件的常用方法之一。根据金属板材种类和设计要求确定焊接方式，经常采用的焊接方式有：电弧焊、氧-乙炔焊、氩弧焊、点焊、缝焊和锡焊等。

①电弧焊

当用薄钢板焊接制作风管时，板材厚度大于 1.2mm，可采用电弧焊。用电弧焊焊接薄钢板，不需开坡口，焊缝处应留出 0.5 ~ 1mm 的间隙，不宜过大，否则容易烧穿和结瘤。焊接前，应用钢丝刷将焊缝两边的污物铁锈清除干净。平直对齐两个板边，先把两端和中间每隔 150 ~ 200mm 做一处点焊，用小锤进一步把焊缝不平处打平，然后进行焊接。

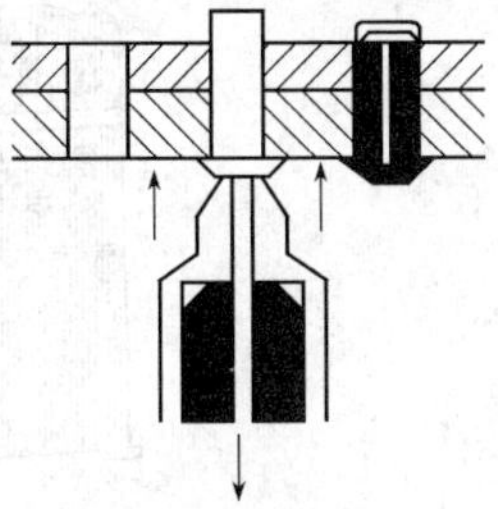

图 4.4-28　拉铆铆接

②氧-乙炔焊

制作风管采用氧-乙炔焊，只是在金属板材较薄、不适于使用电弧焊，而对风管的严密性要求较高时采用。一般风管厚度为 0.8 ~ 1.2mm 的钢板时，可采用氧-乙炔焊接。在加工钢板风管厚度小于 1.0mm 时，常把板边扳起 5 ~ 6mm 的立边进行焊接。板边要扳得均匀一致，两个焊件的边要等高。焊接时应每隔 50 ~ 60mm 做一处点焊，再用小锤使边缝密合，然后再进行连续焊接。由于焊接时加热面积大，预热时间较长，产生的变形比电焊大，因而会影响风管表面的平整度，需要采取防变形措施。

③二氧化碳气体保护焊

二氧化碳气体保护焊是用二氧化碳作为保护气体，其焊条作为电极和构成焊缝金属填充材料的一种电弧熔化焊方法，具有采用明弧焊。熔池可见度好，便于对接板缝。二氧化碳气体保护焊，热量集中，熔池小，热影响区窄，焊件焊后变形小等特点，但成本较高。适用于制作厚度 1.2mm 以下薄钢板风管的焊接。

④氩弧焊

氩弧焊适于焊接不锈钢风管，可分为两种：钨极氩弧焊和熔化极氩弧焊。其中，钨极氩弧焊适用于焊接厚度大于 0.5mm 的不锈钢和有色金属材料。熔化极氩弧焊适用于焊接厚度大于 6mm 的不锈钢和有色金属材料。氩弧焊是利用惰性气体-氩气作保护气体，焊接时，电弧在电极与焊件之间燃烧，氩气使金属熔池、焊丝熔滴及钨极端头与空气隔绝。具有焊接热量集中，热影响区窄，焊件变形量减小，焊缝中杂质少，机械性能好等特点。

⑤点焊

点焊是使用点焊机进行焊接。操作点焊机时，应通冷却水。接通电源后，把要焊接的搭接缝放在铜棒触头中间，用脚将踏板踏下，触头就压在钢板上同时接通电路。由于电的加热和触头的压力，使两块钢板的接触点熔焊在一起。焊好一点，再移动钢板进行下一点的焊接。如图 4.4-29 所示。点焊的特点是加热时间短，焊接速度快，而且不需填充材料、焊剂及保护气体。点焊适用于风管的拼缝和闭合缝。

当点焊机临时停止工作时，只需切断电源，并关闭进水阀门；在较长时间停止工作时，则应切断电源、水源和气源，特别是在气温较低的环境下工作时，应将压缩空气及冷却系统中的剩水排尽。点焊原理如图 4.4-30 所示。

⑥缝焊

缝焊机，如图 4.4-31 所示。用于钢板搭接缝的焊接。缝焊是用旋转滚盘电极代替点焊用的固定电极，以产生连续焊点，形成缝焊焊缝，对于要求密封的风管，采用缝焊机进行缝焊。缝焊原理如图 4.4-32 所示。缝焊机工作时需要通水冷却。缝焊机的缝焊速度可在 0.5~3m/min 的范围内调节。

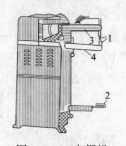

图 4.4-29　点焊机

1—铜棒触头；2—踏板；3—上挺杆；4—下挺杆

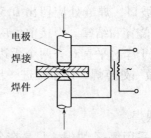

图 4.4-30　点焊原理

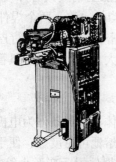

图 4.4-31　缝焊机

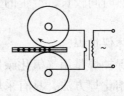

图 4.4-32　缝焊原理

⑦锡焊

锡焊是用加热的烙铁将焊锡熔化后，使焊锡在金属焊口凝固后连接的方法。由于锡耐温低，强度差，所以在风管及部件制作中很少单独使用。通常在镀锌钢板制作管件时配合咬口使用，以增加咬口的严密性。锡焊使用电烙铁，也可用碳火加热的火热烙铁。焊锡用的烙铁，一般用紫铜制成。烙铁的大小和端部形状，应根据焊件的大小和焊缝位置而定，一般以使用方便、焊接迅速为原则。焊缝形式应根据风管的构造需要和焊接方法而定，为了使锡焊牢固，锡焊前，清除焊缝周围污渍、锈斑，然后，在薄钢板焊缝处涂上氯化锌溶液，在镀锌钢板上涂 50% 盐酸的水溶液后，即可以进行锡焊。

⑧焊缝形式

采用焊接时，应根据焊接方式和风管的构造选择确定适当的焊缝形式。

（A）对接焊缝　用于板材的拼接缝、横向缝或纵向闭合缝，如图 4.4-33（a）所示。

（B）角焊缝　用于矩形风管或管件的纵向闭合缝或矩形弯头、三通的转角缝等，如图 4.4-33（c）所示。

（C）搭接焊缝及搭接角焊缝　一般在板材较薄时采用，如图 4.4-33（b）、（d）所示。

（D）板边焊缝及板边角焊缝　当板材较薄而采用气焊时使用。如图 4.4-33（e）、（f）所示。

为了便于对口和防止薄钢板被烧穿，也可用如图 4.4-33（b）、（d）所示的搭接焊缝和搭接角缝进行焊接。一般搭接量为 10mm。焊接前先划好搭接线，焊时按线点焊好，再用小锤进行平整，使焊缝密合后进行连续焊接。

为了减少变形，无论是对接焊还是搭接焊，焊缝全长的焊接可采用逆向分段方法施焊。

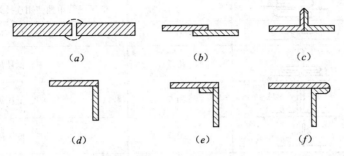

图 4.4-33 焊缝形式

(a) 对接缝；(b) 搭接焊缝；(c) 角缝；
(d) 搭接角缝；(e) 折边缝；(f) 折边角缝

4.4.11 风管无法兰连接

无法兰连接施工工艺，是把法兰与附件取消，而采取直接咬合、加中间件咬合、辅助夹紧件等方式完成风管的横向连接的方式。无法兰连接适用于通风与空调工程中的宽度小于 1000mm 风管的连接。

无法兰连接的接头连接工艺简单，加工安装的工作量也小，同时漏风量也小于法兰连接的风管，即使漏风也容易处理，而且省去了型钢的用量，降低了风管的造价。由于受到材料、机具和施工的限制，每段风管的长度一般在 2m 以内。由于风管接口较多，接口严密性较差，因此，风管的漏风量比较大。

(1) 圆形风管无法兰连接，主要用于一般送排风系统的钢板圆风管和螺旋缝圆风管的连接。圆形风管无法兰连接形式、接口要求、使用范围，如表 4.4-10 所示。

圆形风管无法兰连接形式 表 4.4-10

无法兰连接形式		附件板厚（mm）	接口要求	使用范围
承插连接		—	插入深度≥30mm，有密封要求	低压风管直径 <700mm
带加强筋承插		—	插入深度≥20mm，有密封要求	中、低压风管
角钢加固承插		—	插入深度≥20mm，有密封要求	中、低压风管
芯管连接		≥管板厚	插入深度≥20mm，有密封要求	中、低压风管
立筋抱箍连接		≥管板厚	翻边与楞筋匹配一致，紧固严密	中、低压风管
抱箍连接		≥管板厚	对口尽量靠近不重叠，抱箍应居中	中、低压风管宽度≥100mm

(2) 矩形风管无法兰连接，可按不同情况采用承插式、插条式及薄钢板弹簧等形式。矩形风管的无法兰连接形式，接口要求、使用范围，如表 4.4-11 所示。

无法兰连接形式		附件板厚（mm）	使 用 范 围
S形插条		≥0.7	低压风管单独使用连接处必须有固定措施
C形插条		≥0.7	中、低压风管
立插条		≥0.7	中、低压风管
立咬口		≥0.7	中、低压风管
包边立咬口		≥0.7	中、低压风管
薄钢板法兰插条		≥1.0	中、低压风管
薄钢板法兰弹簧夹		≥1.0	中、低压风管
直角形平插条		≥0.7	低压风管
立联合角形插条		≥0.8	低压风管

注：薄钢板法兰风管也可采用铆接法兰条连接的方法。

　　为了防止风管漏风或减少漏风量，对于风管采用插条连接时，必须进行密封处理。一般采用玻璃丝布、铝箔密封带或密封胶，对风管的连接缝隙上进行密封。对于圆形风管管段连接的密封形式，如图 4.4-34 所示。对矩形风管管段连接的密封，如图 4.4-35 所示。

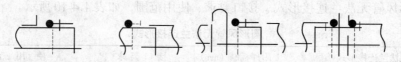

图 4.4-34　圆形风管管段连接的密封

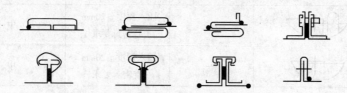

图 4.4-35　矩形风管管段连接的密封

4.4.12　风管法兰

　　目前在通风系统中，风管与风管、风管与部件（配件）之间的连接，主要采用法兰连接这种形式。法兰连接拆卸方便并能增加风管的刚性。

　　（1）风管法兰的加工顺序

　　量尺下料→组合成形→焊接→成对钻孔

　　①冷煨法。在现场加工时常采用等边角钢为原材料，对于圆形法兰，一般采用冷弯法

进行加工，其下料长度为：

$$L = \pi(D + B/2) \tag{9-1}$$

式中　L——法兰展开周长，mm；

　　　D——法兰内径，mm；

　　　B——角钢宽度，mm。

按下料长度，将角钢或扁钢切断后，用冷煨法兰的下模煨制法兰。如图 4.4-36 所示。先将下模下端的方柱插在铁墩的方孔内，然后，将放入有槽形的下模内的角钢或扁钢，使用手锤一点点的打弯，并用外圆弧度等于内圆弧度的铁皮样板进行卡圆。使整个角钢或扁钢的圆周与样板重合，直到形成一个均匀的整圆后，截去多余部分或补上缺角，用电焊焊牢并找圆平整，即可进行钻螺栓孔或铆钉孔。

②热煨法。采用热煨法时，应按需要的法兰直径先做好胎具如图 4.4-37 所示。把角钢或扁钢切断后，放在炉子上加热至红黄色，然后取出放在胎具上，一人用放在胎具底盘上的钳子夹紧角钢的端部，另一人用左手扳转手柄，使角钢沿胎具圆周煨圆，右手使用手锤，使角钢更好的与胎具的圆周吻合，煨成圆形法兰，如图 4.4-38 所示。直径较大的法兰，可分段多次煨成。

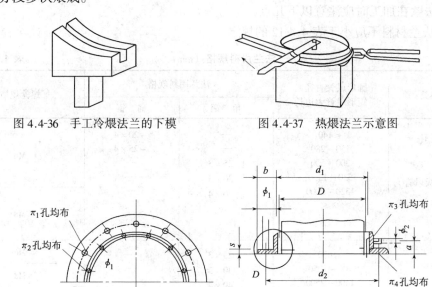

图 4.4-36　手工冷煨法兰的下模　　　图 4.4-37　热煨法兰示意图

图 4.4-38　圆形法兰

③矩形法兰制作

对于矩形法兰如图 4.4-39 所示。一般采用四根角钢焊接而成，加工时应成对进行，同一批量加工的相同规格法兰的螺孔排列应一致，以便能方便的进行对口连接。

在矩形法兰加工时，应注意焊接后的法兰内径，不能小于风管的外径。角钢切断后，应把角钢进行找正调直，并把两端的毛刺挫掉，然后在钻床上钻出铆钉孔，就可进行焊接。为了保证法兰平面的平整，焊接应在平台上进行。焊接前应仔细复核角钢长度，使焊成的法兰内径不大于允许误差。焊接时，先把大边和小边两根角钢点焊成直角，然后再拼成一个法兰。用钢板尺量对角线的长度来检查法兰四边是否角方，经检查合格后，再用电焊焊牢固。焊好的法兰，可按规定的螺栓间距进行划线，并均匀地分出螺栓孔的位置，用样冲定点。为了安装方便，螺孔直径应比螺栓直径大1.5mm，随后将两个相配套的法兰框用夹子夹在一起，在台钻上钻出螺孔。

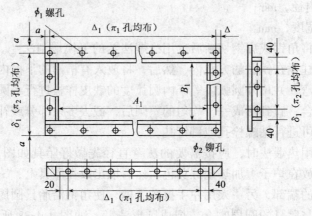

图 4.4-39 矩形法兰

风管法兰在加工时应注意以下几点：

（A）法兰材料不应小于表4.4-12的规定。

法兰用料规格（mm）   表 4.4-12

风管种类	圆形风管直径或矩形风管大边长	法兰用料规格		螺栓规格
		角 钢	扁 钢	
圆形薄钢板风管	≤140	—	−20×4	M6
	150~280	—	−25×4	
	300~500	∟25×3	—	
	530~1250	∟30×3	—	
	1320~2000	∟40×4	—	M8
矩形薄钢板风管	≤630	∟25×3	—	M6
	700~1250	∟30×3	—	M8
	1400~2500	∟40×4	—	M8
	3000~4000	∟50×5	—	M8
	≥4500	∟60×5	—	M8

直缝圆形风管的直径大于800mm、管段长度大于1250mm或总表面积大于4m²时，均应采取加固措施。

（B）中低压系统风管法兰的螺栓及铆钉孔的孔距不得大于150mm；高压风管系统不应大于100mm。空气洁净系统法兰的螺栓间距不应大于120mm，法兰铆钉间距不应大于100mm。

（2）风管上架安装

为加快施工速度，保证安装质量，风管的安装多采用在现场地面组装，再分段吊装的施工方法。风管安装前，应对安装好的支吊架、托架进一步检查，核对其位置、标高是否正确，安置是否牢固可靠，然后根据施工方案确定的吊装方法，按照先干管后支管的安装程序进行上架安装。在安装过程中，应注意以下一些问题：

①安装前应清除风管内外杂物。

②风管组合连接后应使风管平直、不扭曲。

③风管组合连接时，对有拼接缝的风管应尽量使接缝置于背面，以保持美观；每组装一定长度的管段，均应及时拉线检测组装的风管平直度。如果检测结果超过要求的允许值，应拆掉调整后重新组合，直至达到要求。

④风管安装时距壁面间距不宜小于150mm，以方便拧螺栓和后道工序的操作。

⑤除尘系统的风管，宜垂直或倾斜安装，与水平夹角宜大于等于45°。

⑥输送含有易燃、易爆介质气体的系统和在易燃易爆介质环境中的通风系统，应妥善接地，并尽量减少接口。通过生活间或其他辅助生产间必须严密，不能设置接口。

⑦对含有凝结水或其他液体的风管，坡度应符合设计要求，并在最低处设排液装置。风管底部不应设置纵向接缝，如有接缝应做密封处理。

⑧排风系统的风管穿出屋面时应设防雨罩；当穿出屋面高度大于1.5m时应采用不少于三根拉索固定，拉索不应固定于风管法兰、风帽、避雷针（网）上。

⑨风管吊装可用滑轮、麻绳拉吊，滑轮应挂在可靠牢固的地方，也可根据风管的重量和同时操作人员的数量，用人力直接上架安装。不管用何种方法，均应注意安全，一般在风管离地200～300mm时，应略作停顿检查，确认安全后再继续抬升。在距地面3m以上进行风管的连接操作时，应检查梯子、脚手架、起落平台等的牢固性，操作人员应系安全带，做好防护工作。

⑩水平风管管段吊装到位后，及时用托、吊架找平、找正并固定；水平主管安装并经检查，位置、标高均符合要求且固定牢固后，方可进行分支管或与立管的连接安装。

⑪垂直风管可分段自下而上进行安装，但每段风管的长度应结合场地的实际情况和预留施工洞的大小合理安排，以免出现预制风管体积过大无法移入的情况。

⑫风管安装完毕或暂停施工时，应将管开口处封闭，防止灰尘和异物进入。

（3）风管安装的基本要求

①风管的纵向闭合缝应交错布置，不得置于风管底部。

②风管与配件、管件的可拆卸接口不得置于墙、楼板、屋面内。

③矩形保温风管不能与支吊架、托架直接接触，应垫上坚固的隔热材料，其厚度与保温层厚度相同。

④风管安装后明装风管水平度的允许偏差为3/1000，总偏差不大于20mm；明装风管垂直度的允许偏差为2/1000，总偏差不大于20mm；暗装风管位置应正确、无明显偏差。

⑤柔性短管的安装，应松紧适度，无明显的扭曲。

⑥可伸缩性金属和非金属软风管的长度不宜大于2m且不应有死弯和塌凹。

⑦风管与砖、混凝土风道的连接接口，应顺气流方向插入。

⑧输送的空气湿度较大时，风管应有1%～1.5%的坡度。

⑨用普通钢板制作的风管与配件、部件在安装前均应按设计要求做好防腐工作。

实 操 训 练

实训课题 1 正天圆地方的制作

（1）确定制作管件所用板材、壁厚、接缝形式；

（2）在平台上进行放样画展开图；

（3）利用剪切工具对板材进行裁剪，要留出一定咬口裕量。

（4）咬口加工成型。

要求：可用一块板材制成，也可用两块或四块板材拼成。咬口要平直，牢固，圆口和方口及长度尺寸正确。

实训课题 2 法兰盘的制作

（1）风管、配件、部件连接所用法兰的制作。材料采用角钢，人工冷煨法，按所需直径或角钢大小确定下料长度，用公式计算：$S = \pi(D + B/2)$，式中，S—角钢下料长度；D—法兰内径；B—角钢宽度。角钢下料后，在有槽型的下模上，用手锤把角钢一点一点的打弯，并用外圆弧度等于法兰内圆弧度的薄钢板样板进行卡圆，直到圆弧均匀，符合尺寸成为整圆后，截取多余部分或补上缺角用电弧焊焊牢平整，然后按铆钉间距钻孔。

（2）法兰与风管用铆钉连接。

课 题 5 质 量 标 准

（1）风管的材料品种、规格、性能、厚度、严密性与成品外观质量等应符合设计和现行国家产品标准的规定。

（2）风管系统按其系统的工作压力划分为三个类别，其类别划分应符合表 4.5-1 的规定。

风管系统类别划分 表 4.5-1

系统类别	系统工作 P（Pa）	密 封 要 求
低压系统	$P \leqslant 500$	接缝和接管连接处严密
中压系统	$500 < P \leqslant 1500$	接缝和接管连接处增加密封措施
高压系统	$P > 1500$	所有的拼接缝和接管连接处均应采取密封措施

（3）金属风管的制作：

①风管的咬口缝应紧密，宽度应一至，折角应平直，圆弧应均匀，两端面平行，风管无明显扭曲与翘角，表面应平整。

②焊接风管的焊缝应平整，不应有裂缝、凸瘤、穿透的夹渣、气孔及其他缺陷等。焊接后板材的变形应矫正，并将焊渣及飞溅物清除干净。

（4）法兰连接风管的制作：

①风管法兰的焊缝应熔合良好、饱满、无假焊和孔洞；同一批量加工的相同规格法兰

的螺孔排列应一致，并具有互换性。

②风管与法兰采用铆接连接时，铆接应牢固，不应有脱铆和漏铆现象；翻边应平整、紧贴法兰，其宽度应一致，且不应小于6mm；咬缝与四角处不应有开裂与孔洞。

③风管与法兰采用焊接连接时，风管端面不得高于法兰接口平面。当风管与法兰采用点焊固定连接时，焊点应熔合良好，间距不应大于100mm；法兰与风管应紧贴，不应有穿透的缝隙或孔洞。

④当不锈钢板或铝板风管的法兰采用碳素钢时，应根据设计要求做防腐处理；铆钉应采用与风管材质相同或不产生电化学腐蚀的材料。

（5）无法兰连接风管的制作：

①薄钢板法兰矩形风管的接口及附件，其尺寸应准确，形状应规则，接口处应严密；薄钢板法兰的折边（或法兰条）应平直；弹性插条或弹簧夹应与薄钢板法兰相匹配；角件与风管薄钢板法兰四角接口的固定应稳固、紧贴，端面应平整；相连处不应有大于2mm的连续穿透缝。

②采用C、S形插条连接的矩形风管，其边长不应大于630mm；插条与风管加工插口的宽度应匹配一致；连接应平整、严密，插条两端压倒长度不应小于20mm。

③采用立咬口、包边立咬口连接的矩形风管，其立筋的高度应大于或等于同规格风管的角钢法兰宽度。同一规格风管的立咬口、包边立咬口的高度应一致；咬口连接铆钉的间距不应大于150mm，间隔应均匀；立咬口四角连接处的铆固，应紧密、无孔洞。

（6）风管的密封，应以板材连接的密封为主，可采用密封胶嵌缝和其他方法密封。密封胶性能应符合使用环境的要求，密封面宜设在风管的正压侧。

（7）镀锌钢板及各类含有复合保护层的钢板应采用咬口连接或铆接，不得采用影响其保护层防腐性能的焊接连接方法。

（8）金属风管的连接应符合下列规定：

①风管板材拼接的咬口缝应错开，不得有十字型拼接缝。

②金属风管法兰材料规格不应小于表4.5-2和表4.5-3的规定。中低压系统风管法兰的螺栓及铆钉孔的孔距不得大于150mm；高压系统风管不得大于100mm。矩形风管法兰的四角部位应设有螺孔。

③当采用加固方法提高了风管法兰部位的强度时，其法兰材料规格相应的使用条件可适当放宽。无法兰连接风管的薄钢板法兰高度，应参照表4.5-2，金属法兰风管的规定执行。

金属圆形风管法兰及螺栓规格（mm） 表4.5-2

风管直径 D	法兰材料规格		螺栓规格
	扁　钢	角　钢	
$D \leqslant 140$	-20×4	—	M6
$140 < D \leqslant 280$	-25×4	—	
$280 < D \leqslant 630$	—	$\llcorner 25 \times 3$	
$630 < D \leqslant 1250$	—	$\llcorner 30 \times 4$	M8
$1250 < D \leqslant 2000$	—	$\llcorner 40 \times 4$	

管长边尺寸大小 b	法兰材料（角钢）规格	螺栓规格
$b \leqslant 630$	∟25×3	M6
$630 < b \leqslant 1500$	∟30×3	M8
$1500 < b \leqslant 2500$	∟40×4	M8
$2500 < b \leqslant 4000$	∟50×5	M10

（9）金属风管的加固应符合下列规定：

①圆形风管（不包括螺旋风管）直径大于等于 800mm，管段长度大于 1250mm 或总面积大于 $4m^2$ 均应采取加固措施；

②矩形风管边长大于 630mm，保温风管边长大于 800mm，管段长度大于 1250mm 或低压风管单边平面积大于 $1.2m^2$、中、高压风管大于 $1.0m^2$ 均应采取加固措施；

③非规则椭圆风管的加固，应参照矩形风管执行。

（10）加工风管易产生的质量问题及防治措施，见表 4.5-4。

加工风管易产生的质量问题及防治措施　　　　表 4.5-4

质 量 问 题	产 生 原 因	防 治 措 施
圆形风管不同心，圆形三通角度不准，咬口不严	板材下料不正确，咬口偏斜	应正确进行展开下料，咬口认真操作保证咬口符合要求
矩形风管扭曲、翘角	板材下料不正确，咬口预留量不正确	下料正确，咬口预留量正确，咬口宽度一致
风管大边上下有不同程度下沉，两侧面小边稍向外凸出，有明显变形	板材选用厚度小	应按要求厚度选用板材
法兰翻边四角漏风	制作时，未进行切角，四角有豁口	板材剪切时应切角，板材切角应符合要求，不能过大
风管法兰连接不方正	法兰焊接时未进行检查，管端翻边不一致	采用方尺找正，使法兰为正方形，管端四边翻边长度、宽度一致
铆钉脱落	责任心不强，铆钉短	加强责任心教育，加长铆钉，铆后认真检查

（11）注意成品保护

①制作风管所用钢板应置于隔潮木垫架上，且应叠放整齐。

②型钢及法兰应分类码放，采取防雨雪措施。

③不锈钢板、铝板下料时应使用不产生划痕的划线工具，操作中不使用铁锤。

④风管成品应置于平整、无积水的场地，并有防雨、雪措施。应按系统编号整齐、合理的码放，便于装运。

⑤装卸搬运时风管应轻拿轻放，防止损坏成品。

复习思考题

1. 钣金工安全操作一般有哪些规定？

2. 使用咬口机应遵守哪些规定？

3.使用液压铆钉钳应遵守哪些规定？

4.使用电动剪应遵守哪些规定？

5.使用卷圆机应遵守哪些规定？

6.使用剪板机应遵守哪些规定？

7.使用折方机应遵守哪些规定？

8.使用板材、型钢等主要材料应符合哪些要求？

9.钣金工操作常用的机械设备有哪些？

10.画展开图的方法有哪些？

11.使用手剪剪切薄钢板时应掌握哪些要点？

12.用金属薄板制作风管和配件常用的连接形式主要有哪些？

13.金属风管加工制作时易产生哪些质量问题？应采取哪些防止措施？

14.金属风管咬口形式及其适用范围有哪些？

15.简述单平咬口与单立咬口的加工方法？

16.非金属板制作风管和配件的连接方式主要有哪些？

17.用于风管铆接连接用的铆钉有哪几种？

18.如何进行风管手工铆接操作？

19.风管焊接的方式有哪几种？焊缝形式有哪些？

20.圆形风管和矩形风管连接方式主要有哪些？

21.简述风管法兰的加工方法？

22.金属风管的制作质量有哪些要求？

23.金属风管的加固应符合哪些规定？

单元 5　建 筑 电 工

知 识 点：安全操作规程；建筑电工常用工具；导线连接；室内配线敷设；照明（灯具、配电箱、开关、插座）安装；

教学目标：熟悉电工安全操作规程；掌握建筑电工常用工具使用方法；能按要求进行导线连接；按照室内配线方式敷设；能够进行照明（灯具、配电箱、开关、插座）安装。

课题 1　安 全 常 识

5.1.1　一般规定

（1）电工作业必须经专业安全技术培训，考试合格，取得《特种作业操作证》方准上岗独立操作。非电工严禁进行电气作业。

（2）电工作业时，必须穿绝缘鞋、戴绝缘手套，不准酒后操作。

（3）所有绝缘、检测工具应妥善保管，严禁他用，并应定期检查、校验。保证正确可靠接地或接零。所有接地或接零处，必须保证可靠电气连接。保护线 PE 必须采用绿/黄双色线，严格与相线、工作零线相区别，不得混用。

（4）电气设备的设置、安装、防护、使用、维修必须符合《施工现场临时用电安全技术规范》的要求。

（5）在施工现场专用的中性点直接接地的电力系统中，必须采用 TN-S 接零保护。

（6）电气设备不带电的金属外壳、框架、部件、管道、金属操作台和移动式碘钨灯的金属柱等，均应做保护接零。

（7）定期和不定期对临时用电工程的接地、设备绝缘和漏电保护开关进行检测、维修，发现隐患及时消除，并建立检测维修记录。

（8）建筑工程竣工后，临时用电工程拆除，应按顺序先断电源，后拆除。不得留有隐患。

5.1.2　三级配电两级保护

（1）三级配电，配电箱根据其用途和功能的不同，一般可分为三级：

①总配电箱（又称固定式配电箱）。总配电箱用符号"A"表示。总配电箱是控制施工现场全部供电的集中点，应设置在靠近电源地区。电源施工现场用变压器低压侧引出的电缆线接入，并装设电流互感器、有功电度表、无功电度表、电流表、电压表及总开关、分开关。总配电箱内的开关均应采用自动空气开关（或漏电保护开关）。引入、引出线应穿管并有防水弯。

②分配电箱（又称移动式配电箱）。分配电箱用符号"B"表示。其中1、2、3表示序号。分配电箱是总配电箱的一个分支，控制施工现场某个范围的用电集中点，应设在用电设备负荷相对集中的地区。箱内应设总开关和分开关。总开关应采用自动空气开关，分开

180

关可采用漏电开关或刀闸开关并配备熔断器。

③开关箱。直接控制用电设备。开关箱与所控制的固定式用电设备的水平距离不得大于 3m，与分配电箱的距离不得大于 30m。开关箱内安装漏电开关、熔断器及插座。电源线采用橡套软电缆线，从分配电箱引出，接入开关箱上闸口。

(2) 配电箱及其内部开关、器件的安装应端正牢固。安装在建筑物或构筑物上的配电箱为固定式配电箱，其箱底距地面的垂直距离应大于 1.3m，小于 1.5m。移动式配电箱不得置于地面上随意拖拉，应固定在支架上，其箱底与地面的垂直距离应大于 0.6m，小于 1.5m。

(3) 配电箱内的开关、电器，应安装在金属或非木质的绝缘电器安装板上，然后整体固定在配电箱体内，金属箱体、金属电器安装板以及箱内电器不带电的金属底座、外壳等，必须做保护接零。保护零线必须通过零线端子板连接。

(4) 配电箱和开关箱的进出线口，应设在箱体的下面，并加护套保护。进、出线应分路成束，不得承受外力，并作好防水弯。导线束不得与箱体进、出线口直接接触。

(5) 配电箱内的开关及仪表等电器排列整齐，配线绝缘良好，绑扎成束。熔丝及保护装置按设备容量合理选择，三相设备的熔丝大小应一致。三个及其以上回路的配电箱应设总开关，分开关应标有回路名称。三相胶盖闸门开关只能作为断路开关使用，不得装设熔丝，应另加熔断器。各开关、触点应动作灵活、接触良好。配电箱的操作盘面不得有带电体明露。箱内应整洁，不得放置工具等杂务，箱门应有锁，并用红色油漆喷上警示标语和危险标志，喷写配电箱分类编号。箱内应设有线路图。下班后必须拉闸断电，锁好箱门。

(6) 配电箱周围 2m 内不得堆放杂物。电工应经常巡视检查开关、熔断器的接点处是否过热。各接点是否牢固，配线绝缘有无破损，仪表指示是否正常等。发现隐患立即排除。配电箱应经常清扫除尘。

(7) 每台用电设备应有各自专用的开关箱，必须实行"一机、一闸、一漏一箱"制，严禁同一个开关电器直接控制两台及两台以上用电设备（含插座）。

两级漏电保护。总配电箱和开关箱中两级漏电保护器的额定漏电动作电流应合理配合，使之具有分级、分段保护的功能。

施工现场的漏电保护开关在总配电箱、分配电箱上安装的漏电保护开关的漏电动作电流应为 50 ~ 100mA，保护该线路；开关箱安装漏电保护开关的漏电动作电流应为 30mA 以下。

漏电保护开关不得随意拆卸和调换零部件，以免改变原有技术参数。并应经常检查试验，发现异常，必须立即查明原因，严禁带病使用。

5.1.3 施工照明

(1) 施工现场照明应采用高光效、长寿命的照明光源。工作场所不得只装设局部照明，对于需要大面积的照明场所，应采用高压汞灯、高压钠灯或碘钨灯，灯头与易燃物的净距离不小于 0.3m。流动性碘钨灯采用金属支架安装时，支架应稳固，灯具与金属支架之间必须用不小于 0.2m 的绝缘材料隔离。

(2) 施工照明灯具露天装设时，应采用防水式灯具，距地面高度不得低于 3m。工作棚、场地的照明灯具，可分路控制，每路照明支线上连接灯数不得超过 10 盏；若超过 10 盏时，每个灯具上应装设熔断器。

（3）室内照明灯具距地面不得低于 2.4m。每路照明支线上灯具数和插座数不宜超过 25 个，额定电流不得大于 15A，并用熔断器或自动开关保护。

（4）一般施工场所宜选用额定电压为 220V 的照明灯具，不得使用带开关的灯头，应选用螺口灯头。相线接在与中心触头相连的一端，零线接在与螺纹口相连的一端。灯头的绝缘外壳不得有损伤和漏电，照明灯具的金属外壳必须做保护接零。单项回路的照明开关箱内必须装设漏电保护开关。

（5）现场局部照明用的工作灯，室内抹灰、水磨石地面等潮湿的作业环境，照明电源电压应不大于 36V。在特别潮湿，导电良好的地面、锅炉或金属容器内工作的照明灯具，其电源电压不得大于 12V。工作手灯应用胶把和网罩保护。

（6）36V 的照明变压器，必须使用双绕组型，二次线圈、铁芯、金属外壳必须有可靠保护接零。一、二次侧应分别装设熔断器，一次线长度不应超过 3m。照明变压器必须有防雨、防砸措施。

（7）照明线路不得栓在金属脚手架、龙门架上，严禁在地面上乱拉、乱拖。灯具需要安装在金属脚手架、龙门架上时线路和灯具必须用绝缘物与其隔离开，且距离工作面高度在 3m 以上。控制刀闸应配有熔断器和防雨措施。

（8）施工现场的照明灯具应采用分组控制或单灯控制。

5.1.4 施工用电线路

施工用电线路从结构形式上可分为架空线路和电缆线路两大类型。

架空线路：

（1）施工现场运电杆时，应由专人指挥。小车搬运，必须绑扎牢固，防止滚动。人抬时，前后要响应，协调一致，电杆不得离地过高，防止一侧受力扭伤。

（2）人工立电杆时，应由专人指挥。立杆前检查工具是否牢固可靠（如叉木无伤痕，链子合适，溜绳、横绳、逮子绳、钢丝绳无伤痕）。地锚钎子要牢固可靠，溜绳各方向吃力应均匀。操作时，互相配合，听从指挥，用力均衡；机械立杆，吊车臂下不准站人，上空（吊车起重臂杆回转半径内）所有带电线路必须停电。

（3）电杆就位移动时，坑内不得有人。电杆立起后，必须先架好叉木，才能撤去吊钩。电杆坑填土夯实后才允许撤掉叉木、溜绳和横绳。

（4）电杆的梢径不小于 13cm，埋入地下深度为杆长的 1/10 再加上 0.6m。木质杆不得劈裂、腐朽，根部应刷沥清防腐。水泥杆不得有露筋、环向裂纹、扭曲等现象。

①登杆组装横担时，活扳子开口要合适，不得用力过猛。

②登杆脚扣规格应与杆径相适应。使用脚踏板，钩子应向上。使用的机具、护具应完好无损。操作时要系好安全带，并栓在安全可靠处，扣环扣牢，严禁将安全带栓在瓷瓶或横担上。

③杆上作业时，禁止上下投掷料具。料具应放在工具袋内，上下传递料具的小绳应牢固可靠。递完料具后，要离开电杆 3m 以外。

（5）架空线路的干线架设（380/220V）应采用铁横担、瓷瓶水平架设，档距不大于 35m，线间距离不小于 0.3m。

①架空线路必须采用绝缘导线。架空绝缘铜芯导线截面积不小于 10mm^2，架空绝缘铝芯导线截面积不小于 16mm^2，在跨越铁路、管道的档距内，铜芯导线截面积不小于

16mm^2，铝芯导线截面积不小于 35mm^2。导线不得有接头。

②架空线路距地面一般不低于 4m，过路线的最下一层不低于 6m。多层排列时，上、下层的间距不小于 0.6m。高压线在上方，低压线在中间，广播线、电话线在下方。

③干线的架空零线应不小于相线截面的 1/2。导线截面积在 10mm^2 以下时，零线和相线截面相同。支线零线是指干线到闸箱的零线，应采用与相线大小相同的截面。

④架空线路最大弧垂点至地面的最小距离，见表 5.1-1。

架空线路最大弧垂点至地面的最小距离（m）　　　　　　表 5.1-1

架空线路地区	线路负荷	
	1kV 以下	1~10kV
居民区	6	6.5
交通要道（路口）	6	7
建筑物顶端	2.5	3
特殊管道	1.5	3

⑤架空线路摆动最大时与各种设施的最小距离（m）：外侧边线与建筑物凸出部分的最小距离 1kV 以下时为 1m，1~10kV 时，为 1.5m。在建工程（含脚手架）的外侧边线与架空线路的边线之间的最小距离：1kV 以下时为 4m；1~10kV 时为 6m。

⑥杆上紧线应侧向操作，并将夹紧螺栓拧紧，紧有角度的导线时，操作人员应在外侧作业。紧线时装设的临时脚踏支架应牢固。如用大竹梯，必须用绳将梯子与电杆绑扎牢固。调整拉线时，杆上不得有人。

⑦紧绳用的钢丝或钢丝绳，应能承受全部拉力，与电线连接必须牢固。紧线时导线下方不得有人。终端紧线时反方向应设置临时拉线。

⑧大雨、大雪及六级以上强风天，停止登杆作业。

电缆线路：

电缆干线应采用埋地或架空敷设，严禁沿地面明敷设，并应避免机械损伤和介质腐蚀。

（1）电缆在室外直接埋地敷设时，必须按电缆埋设图敷设，并应砌砖槽防护，埋设深度不得小于 0.6m。

（2）电缆的上下各均匀铺设不小于 5cm 厚的细砂，上盖电缆盖板或红机砖作为电缆的保护层。

（3）地面上应有埋设电缆的标志，并应有专人负责管理。不得将物料堆放在电缆埋设的上方。

（4）有接头的电缆不准埋在地下，接头处应露出地面，并配有电缆接线盒（箱）。电缆接线盒（箱）应防雨、防尘、防机械损伤，并远离易燃、易爆、易腐蚀场所。

（5）电缆穿越建筑物、构筑物、道路、易受机械损伤的场所及引出地面从 2m 高度至地下 0.2m 处，必须加设防护套管。

（6）电缆线路与其附近热力管道的平行间距不得小于 2m，交叉间距不得小于 1m。

（7）橡套电缆架空敷设时，应沿着墙壁或电杆设置，并用绝缘子固定，严禁使用金属裸线作绑线。电缆间距大于 10m 时，必须采用钢丝或钢丝绳吊绑，以减轻电缆自重，最大弧垂距地面不小于 2.5m。电缆接头处应牢固可靠，作好绝缘包扎，保证绝缘强度，不得承受外力。

（8）在施建筑的临时电缆配电，必须采用电缆埋地引入。电缆垂直敷设时，位置应充分利用竖井、垂直孔洞。其固定点每楼层不得少于一处。水平敷设应沿墙或门口固定，最大弧垂距离地面不得小于 1.8m。

5.1.5 设备安装

（1）安装高压油开关、自动空气开关等有返回弹簧的开关设备时，应将开关置于断开位置。

（2）搬运配电柜时，应有专人指挥，步调一致。多台配电盘（箱）并列安装时，手指不得放在两盘（箱）的结合部位，不得触摸连接螺孔及螺丝。

（3）露天使用的电气设备，应有良好的防雨性能或有可靠的防雨设施。配电箱必须牢固、完整。使用中的配电箱内禁止放置杂物。

（4）剔槽、打洞时，必须戴防护眼镜，锤子柄不得松动。錾子不得卷边、裂纹。打过墙、楼板透眼时，墙体后面，楼板下面不得有人靠近。

5.1.6 内线安装

（1）安装照明线路时，不得直接在板条顶棚或隔声板上行走或堆放材料；因作业需要行走时，必须在大楞上铺设脚手板；顶棚内照明应采用 36V 低压电源。

（2）在脚手架上作业，脚手板必须满铺，不得有空隙和探头板。使用的料板，应放入工具袋随身携带，不得投掷。

（3）在平台、楼板上用人力弯管器煨弯时，应背向楼心，操作时面部要避开。大管径管子灌砂煨管时，必须将砂子用火烘干后灌入。用机械敲打时，下面不得站人，人工敲打上下要错开，管子加热时，管口前不得有人停留。

（4）管子穿带线时，不得对管口呼唤、吹气，防止带线弹出。两人穿线，应配合协调，一呼一应。高处穿线，不得用力过猛。

（5）钢索吊管敷设，在断钢索及卡固时，应预防钢索头扎伤。绷紧钢索应用力适度，防止花篮螺栓折断。

（6）使用套管机、电砂轮、台钻、手电钻时，应保证绝缘良好，并有可靠的接零接地。漏电保护装置灵敏有效。

5.1.7 电气调试

（1）进行耐压试验装置的金属外壳，必须接地，被调试设备或电缆两端如不在同一地点，另一端应有专人看守或加锁，并悬挂警示牌。待仪表、接地检查无误，人员撤离后方可升压。

（2）电气设备或材料作非冲击性试验，升压或降压，均应缓慢进行。因故暂停或试验结束，应切断电源，安全放电。并将升压设备高压侧短路接地。

（3）电力传动装置系统及高低压各型开关调试时，应将有关的开关手柄取下或锁上，悬挂标志牌，严禁合闸。

（4）用摇表测定绝缘电阻，严禁有人触及正在测定中的线路或设备，测定容性或感性设备材料后，必须放电，遇到雷电天气，停止摇测线路绝缘。

（5）电流互感器禁止开路，电压互感器禁止短路和以升压方式进行。电气材料或设备需放电时，应穿戴绝缘防护用品，用绝缘棒安全放电。

5.1.8 施工现场变配电及维修

(1) 现场变配电高压设备，不论带电与否，单人值班严禁跨越遮拦和从事修理工作。

(2) 高压带电区域内部分停电工作时，人体与带电部分必须保持安全距离，并应有人监护。

(3) 在变配电室内，外高压部分及线路工作时，应按顺序进行。停电、验电、悬挂地线，操作手柄应上锁或挂表示牌。

(4) 验电时必须戴绝缘手套，按电压等级使用验电器。在设备两侧各相或线路各相分别验电。验明设备或线路确实无电后，即将检修设备或线路做短路接地。

(5) 装设接地线，应由两人进行。先接接地端，后接导体端，拆除时顺序相反。拆接时均应穿带绝缘防护用品。设备或线路检修完毕，必须全面检查无误后，方可拆除接地线。

(6) 接地线应使用截面积不小于 $25mm^2$ 的多股软裸铜线和专用线夹。严禁使用缠绕的方法进行接地和短路。

(7) 用绝缘棒或传统机构拉、合高压开关，应带绝缘手套。雨天室外操作时，除穿戴绝缘防护用品外，绝缘棒应有防雨罩，应专人监护。严禁带负荷拉、合开关。

(8) 电气设备的金属外壳必须接地或接零。同一设备可做接地和接零。同一供电系统不允许一部分设备采用接零，另一部分采用接地保护。

(9) 电气设备所用的保险丝（片）的额定电流应与其负荷量相适应。严禁其他金属线代替保险丝（片）。

课题2 材 料 要 求

(1) 所有材料规格型号及电压等应符合设计要求，并有产品合格证。

(2) 电缆外观完好无损，无明显皱折和扭曲现象，油浸电缆应密封良好，无漏油、渗油现象，橡胶套及塑料电缆外皮及绝缘层无老化、裂纹。

(3) 各种金属型钢不应有明显锈蚀，管内无毛刺，所有紧固螺栓，均应用镀锌件。

(4) 凡使用的 PVC 管，其材料均应具有耐热、耐燃、耐冲击并符合防火规范要求。

(5) PVC 管材应壁厚均匀一致，内外光滑、无针孔、气泡，内外径应符合国家统一标准。

(6) 所用塑料管附件与明配塑料制品，如各种灯头盒、开关盒、插座盒、管箍等宜使用配套的阻燃塑料制品，有产品合格证。

(7) 绝缘导线规格、型号符合设计要求，并有产品合格证。

(8) 镀锌钢丝应顺直无背扣、扭结等现象，并具有相应的机械拉力。

(9) 应根据管径大小选择相应规格的护口。

(10) 应根据导线截面和导线的根数，选择相应型号的加强型绝缘钢壳螺旋接线钮。

(11) 尼龙压接线帽，适于 $2.5mm^2$ 以下铜导线的压接，应根据导线截面和根数选择使用相应规格（大号、中号、小号）的尼龙压接线帽。

（12）套管选用时，应采用与导线材质、规格相应的（铜、铝、铜铝过渡）套管。

（13）接线端子（接线鼻子），应根据导线的根数和总截面选择相应规格的接线端子。

（14）采用钢绞线作为钢索，其截面积应根据实际跨距、荷重及机械强度选择，最小截面不小于 10mm²，且不得有背扣、松股、断股、抽筋等现象。如采用镀锌圆钢作为钢索，其直径不得小于 10mm。

（15）镀锌圆钢吊钩，直径不应小于 8mm。镀锌圆钢耳环直径不应小于 10mm。耳环孔直径不应小于 10mm。接口处应焊死，尾断应完成燕尾。扁钢吊架，应采用镀锌扁钢其厚度不应小于 1.5mm，宽度不应小于 20mm，镀锌层无脱落现象。

（16）金属线槽及其附件，应采用经过镀锌处理的定型产品。其规格、型号应符合设计要求。线槽内外应光滑平整，无棱刺，无扭曲、翘边等变形现象。

（17）各型灯具的型号、规格必须符合设计要求和国家标准的规定。灯内配线严禁外露，灯具配件齐全，无机械损伤、变形、油漆剥落，灯罩破裂，灯箱外翘等现象。所有灯具应有产品合格证。

（18）灯具导线、照明灯具使用的导线及其电压等级不应大于交流 500V，其最小线芯截面应符合表 5.2-1 的要求。

线芯最小允许截面　　　　　　　　　　表 5.2-1

安装场所的用途		线芯最小截面（mm²）		
		铜芯软线	铜　　线	铝　　线
照明用灯头线	民用建筑室内	0.4	0.5	1.5
	工业建筑室内	0.5	0.8	2.5
	室外	1.0	1.0	2.5
移动式用电设备	生活用	0.2	—	—
	生产用	1.0	—	—

（19）吊扇规格、型号必须符合设计要求，并有产品合格证。扇叶不得有变形现象，有吊杆时应考虑吊杆长短，平直度问题。

（20）塑料（木）台应有足够的强度，受力后无弯翘变形等现象，木台应完整，无劈裂，油漆完好无脱落。

（21）采用钢管作为灯管的吊管时，钢管内径不小于 10mm。

（22）花灯的吊钩其圆钢的直径不小于吊挂销钉的直径，且不得小于 6mm，吊扇的挂钩不小于吊挂销钉的直径，且不得小于 10mm。

（23）瓷接头应完好无损，所有配件齐全。

（24）支架必须根据灯具的重量选用相应规格的镀锌材料做成支架。

（25）灯卡具（爪子），塑料灯卡具（爪子）不得有裂纹、缺损现象。

（26）各型开关、插座必须符合设计要求，并有产品合格证。

（27）瓷闸盒或瓷插保险，瓷件不得有破损、裂痕，铜件固定牢固，动静刀口接触良好。带电部位不得明露，应采用绝缘物封填严实，并有产品合格证。

（28）熔丝的规格应符合本支路负荷的容量要求，一般选择不得大于本支路负荷的1.5 倍。

(29) 漏电开关规格型号及基本参数应符合设计要求，并有产品合格证。

(30) 成套定型配电柜应根据设计要求的型号规格选用合格产品，并有产品合格证。

(31) 其他材料：胀管、木螺钉、螺栓、螺母、垫圈、弹簧垫、灯头铁件、钢丝、灯架、灯口、日光灯脚、灯泡、灯管、镇流器、电容器、启辉器、启辉器座、熔断器、吊盒（法兰盘）、软塑料管、吊链、线卡子、灯罩、尼龙丝网、焊锡、焊剂（松香、酒精）、橡胶绝缘带、黑胶布、砂布、石棉布等。

课题 3 机 具 设 备

(1) 测电笔，是电工常用检测设备带电部分和电源线路是否带电的工具。使用时，用拇指触及电笔尾部的金属体，当金属笔尖接触带电体对地电压超过 60V 时，氖管就会发光。测电笔有钢笔式和螺丝刀式两种，如图 5.3-1 所示。

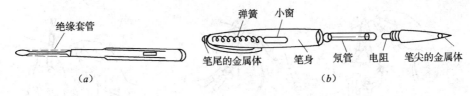

图 5.3-1 测电笔

(2) 螺钉旋具。又称螺丝刀或起子，是松紧螺钉的工具，刀口有扁形和十字形两种，如图 5.3-2 所示。电工不宜使用金属杆直通柄部的旋具，以防触电。

(3) 剥线钳，是用以剥离导线绝缘层的电工专用工具，如图 5.3-3 所示。

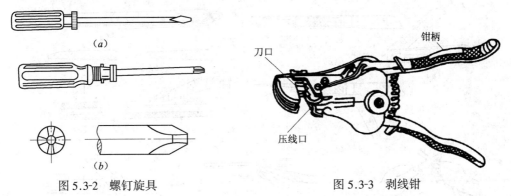

图 5.3-2 螺钉旋具   图 5.3-3 剥线钳

(4) 尖嘴钳。钳口头部细长呈圆锥形。适宜在较狭小的空间操作，如图 5.3-4 所示。

(5) 斜口钳。用于剪切导线或细金属丝的专用工具。由于剪切口与钳柄成一角度，适于在较狭窄的空间操作，如图 5.3-5 所示。

(6) 钢丝钳，是钳夹和剪切导线的工具，在钳柄上装有绝缘套，耐电压 500V 以上。钳柄应保持绝缘良好，可用于带电作业，如图 5.3-6 所示。

(7) 电工刀。有普通、两用和多用三种。电工在电气安装中，常用于割削导线绝缘层，切割木台缺口和木榫等，但不能在带电体上操作，如图 5.3-7 所示。

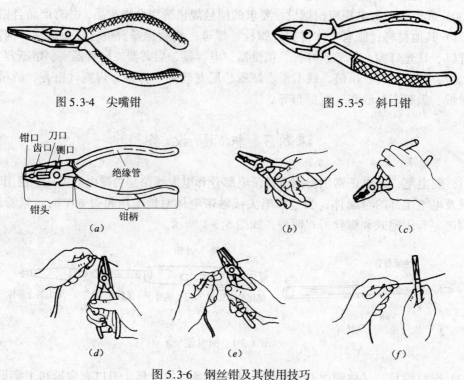

图 5.3-4 尖嘴钳　　　　　　　　图 5.3-5 斜口钳

钳口　刀口
齿口　铡口
　　　　　　绝缘管
钳头　　钳柄
（a）　　　　　　　（b）　　　　　（c）

（d）　　　　　　　（e）　　　　　　（f）

图 5.3-6 钢丝钳及其使用技巧
(a) 结构；(b) 握法；(c) 扳螺母；(d) 弯绞电线；
(e) 切割电线；(f) 铡切钢丝

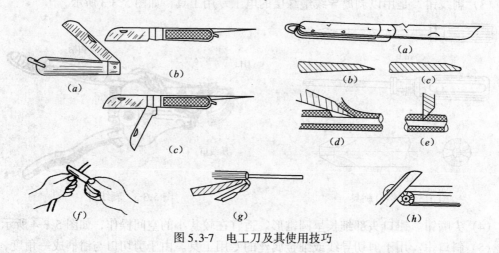

图 5.3-7 电工刀及其使用技巧

课题 4　操　作　工　艺

5.4.1　导线连接

导线连接的基本要求是：导线连接的接触，电阻要小，有足够的机械强度，并恢复到原来的绝缘防护等级，保证运行安全可靠。

单股铜芯线的连接：

（1）绞接，将两根芯线相交成 X 状，相互绞绕 2～3 圈，然后，将每根芯线的线头紧贴在另一根芯线上紧密缠绕 6 圈，剪去多余的线头和剪平芯线末端，如图 5.4-1 所示。

（2）T 形分支连接将支路芯线与干线芯线连接将支路芯线的根部留空 3～5mm 如图 5.4-2 所示在干线芯线上环绕成结状，再将支线线头拉紧扳直，紧密缠绕在干线芯线上，缠绕长度为芯线直径的 6～8 倍，用钢丝钳剪掉线头并钳平。

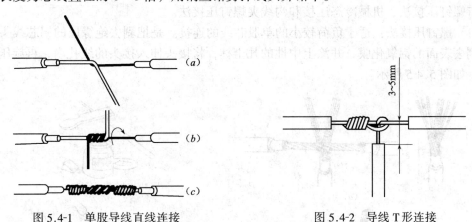

图 5.4-1　单股导线直线连接　　　　　　图 5.4-2　导线 T 形连接

7 股芯线的连接：

有直接连接和 T 字分支连接法。

（1）直接连接方法：

①将剥去绝缘体层的两根芯线拉直，将芯线的 1/3 根部绞紧，将余下的 2/3 芯线头分散成伞状，并逐根拉直；②将两根芯线头隔根对齐并扳平两端芯线；③将一端 7 股芯线按 2、2、3 股分成三组，接着将第一组 2 股线扳起，并按顺时针方向缠绕 2 圈，将余下的 3 根芯线向右折直；④再将第二组的 2 根芯线扳直，按顺时针方向缠绕两圈，将余下的 2 根芯线向右折直；⑤最后将第三组的 3 根芯线扳直，也按顺时针方向缠绕 3 圈，剪去每组多余的芯线，钳平线端，用同样的方法缠另一边芯线，如图 5.4-3 所示。

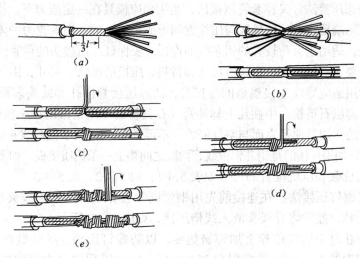

图 5.4-3　7 股芯线直接连接

（2）7 股芯线的 T 字分支连接法：

①将分支线散开拉直，接着将线头的 1/8 根部进一步绞紧，再将 7/8 处部分的芯线分成两组，并排齐，接着将干线的芯线用螺丝刀撬分成两种，再将支线的一组芯线插入两组芯线中间。②将右边三根芯线的一组往干线一边按顺时针紧绕 3~4 圈，钳平线端，再将左边四根芯线的一组按逆时针方向紧绕 4~5 圈钳平线端并剪去余线，如图 5.4-4 所示。

铝芯导线的连接：

有螺钉压接法、机械冷态压接和沟线夹螺钉压接法。

（1）螺钉压接法：适于负荷较小的单股芯线的连接。是把剥去绝缘层的铝芯线头用钢丝刷刷去表面的铝氧化膜，并涂上中性的凡士林，将接头伸入接头的线孔内，再旋压螺钉压接，如图 5.4-5 所示。

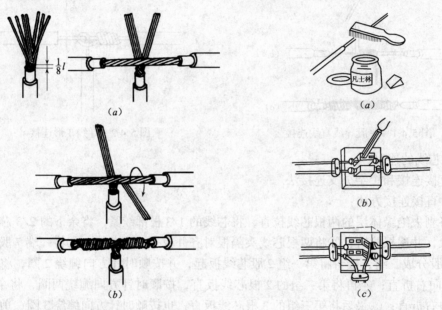

图 5.4-4　7 股芯线的 T 字分支连接　　　图 5.4-5　螺钉压接法连接

（2）机械冷态压接法：又称套管压接法，是用相应模具在一定压力下，将套在导线两端的压接管紧压在两端导线上，使导线与压接管间形成金属扩散，两者成为一体，构成导电通路。套管压接法，适用于负荷较大的铝芯线的连接。要保证冷压接头的可靠性，主要取决于影响质量的三个要素：压接管的形状、尺寸和材料，压模的形状、尺寸，铝导线表面氧化处理。接线前，选用适应导线连接规格的压接管，清除压接管内孔和线头表面的氧化层和污物，并在上涂一薄层石英粉—中性凡士林油膏（石英粉的作用是帮助在压接时挤破氧化膜，中性凡士林油膏的作用是使铝表面与空气隔绝，不再氧化），按要求把两线头插入压接管，用压管钳进行压接，如果压接的是钢芯铝绞线，两线之间垫上一条铝质垫板。如图 5.4-6 所示。

压接管的压坑数和压坑位置的尺寸如表 5.4-1、表 5.4-2、表 5.4-3。

（3）沟线夹螺钉压接法：在连接前先用钢丝刷除去导线线头和沟线夹线槽的氧化层，并涂上中性凡士林，然后将导线头放入线槽压接，如图 5.4-7 所示。

压接时，应在每个压接螺栓上加弹簧垫圈，以防螺钉松动。导线截面积在 75mm² 以下时用一副小型沟线夹，导线截面积在 75mm² 以上时，需用两副大型沟线夹，两者之间相距 300~400mm。适用于架空线路的分支连接。

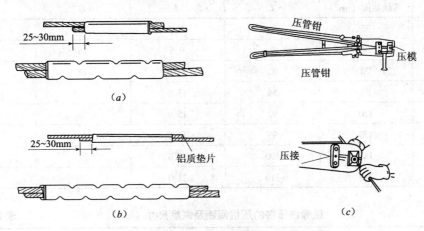

图 5.4-6　钳压接线法

（a）铝绞线；（b）钢芯铝绞线；（c）压接管压接

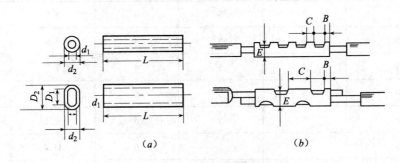

表 5.4-1图　铝套管及其压接规格

小截面铝连接管尺寸 表 5.4-1

套管形式	导线截面（mm²）	线芯外径（mm）	钢套管尺寸（mm）					压接尺寸（mm）		压后尺寸 E（mm）
			d_1	d_2	D_1	D_2	L	B	C	
圆 形	2.5	1.76	1.8	3.8			31	2	2	1.4
	4	2.24	2.3	4.7			31	2	2	2.1
	6	2.73	2.8	5.2			31	2	1.5	3.3
	10	3.55	3.6	6.2			31	2	1.5	4.1
椭圆形	2.5	1.76	1.8	3.8	3.6	5.6	31	2	8.8	3.0
	4	2.24	2.3	4.7	4.6	7	31	2	8.4	4.5
	6	2.73	2.8	5.2	5.6	8	31	2	8.4	4.8
	10	3.55	3.6	6.2	7.2	9.8	31	2	8	5.5

铝连接管的规格尺寸　单位：（mm） 表 5.4-2

规　格	芯线截面（mm²）	L	d	D	l
QL-16	16	66	5.26	10	2
QL-25	25	68	6.8	12	2

规 格	芯线截面（mm²）	L	d	D	l
QL-35	35	72	8.0	14	3
QL-50	50	78	9.6	16	4
QL-70	70	82	11.6	18	4
QL-95	95	86	13.6	21	5
QL-120	120	92	15.0	23	5
QL-150	150	95	16.6	25	5
QL-185	185	100	18.6	27	6
QL-240	240	110	21.0	31	6

铝导线压接的压坑间距及深度尺寸（mm）　　　　　　　　表 5.4-3

适 用 范 围	压 坑 间 距			压坑深度	剩余厚度
	b_1	b_2	b_3	h_1	h_2
QL-16	3	3	4	5.4	4.6
QL-25	3	3	4	5.9	6.1
QL-35	3	5	4	7.0	7.0
QL-50	3	5	6	8.3	7.7
QL-70	3	5	6	9.2	8.8
QL-95	3	5	6	11.4	9.6
QL-120	4	5	7	12.5	10.5
QL-150	4	5	7	12.8	12.2
QL-185	5	5	7	13.7	13.3
QL-240	5	6	7	16.1	14.9

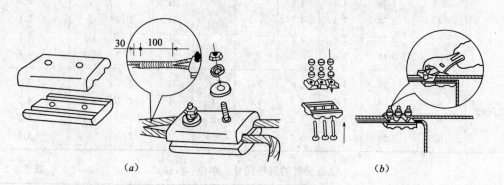

（a）　　　　　　　　　　　　　　（b）

图 5.4-7　沟线夹的安装

（a）小型沟线夹；（b）大型沟线夹

192

导线线头与接线头的连接：

各种电气设备、电气装置和电器装置用具均没有连接导线，用的是接线柱。常用的接线柱有针孔式、螺钉平压式和瓦形式三种。

（1）针孔式。接线柱依靠针孔顶部压紧螺钉压住线头来完电连接的。电流容量较小的接线柱通常只有一个压紧螺钉；电流容量较大或连接要求较高的，通常有两个压紧螺钉。

①单股芯线与针孔式接线柱的连接方法：单股芯线与接线柱连接时，最好按要求的长度将线头折成双股并排插入孔内，并应使压紧螺丝钉顶住在双股芯线的中间，如图5.4-8所示。若芯线直径较大无法插入双股芯线，则应在插入前将芯线线头略向上弯曲。上述两种线头的工艺处理都能有效地防止压紧螺钉稍松时线头脱出针孔。

②多股芯线与针孔式接线柱的连接方法：连接时，必须将多股芯线按原拧绞方向，用钢丝钳绞紧，套上专用套管，用压钳夹紧，再插入针孔内拧紧压紧螺钉，如图5.4-9所示，套管选用应与芯线的截面相适应。

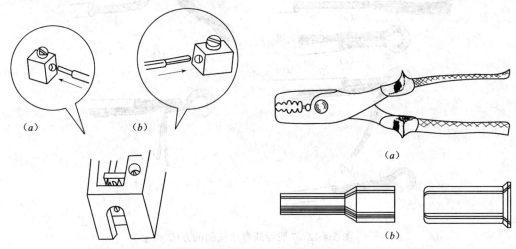

图 5.4-8　单股芯线与针孔式接线柱的连接
（a）单股芯线插入连接；（b）芯线折成双股进行连接

图 5.4-9　套管与套管压钳
（a）套管压钳；（b）套管

（2）线头与螺钉平压式接线柱的连接。是利用半圆头、圆柱头的平面并通过垫圈紧压导线线头来完成连接。连接这类线头的要求是：压接圈的弯曲方向必须与螺钉的拧紧方向保持一致，并放在垫圈下面，导线绝缘层不得压入垫圈内，螺钉必须拧得足够紧，如图5.4-10所示。

①单股导线压接圈的弯法如图5.4-11所示。

②7股导线弯压接圈的方法如图5.4-12所示。

③导线线头的连接方法如图5.4-13所示。

导线的封端：

是为保证导线线头与电器设备的连接质量和机械性能，对于导线截面积大于$10m^2$的多股铜线、铝线一般都应在导线线头上焊接或压接接线端子（又称接线鼻子、接线耳）。

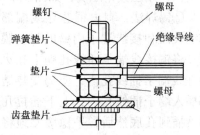

图 5.4-10　线头与螺钉平压式
接线柱的连接

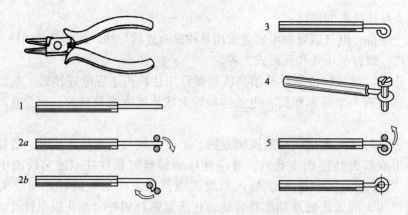

图 5.4-11　用圆口钳弯压接圈

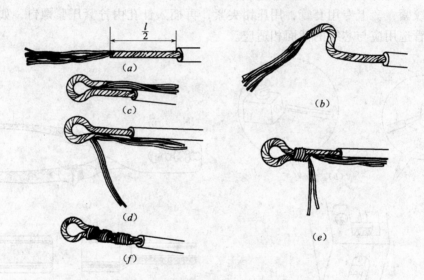

图 5.4-12　7 股导线弯压接圈的方法

（1）铜导线的封端，常用压接法和锡焊法。由于铝导线易氧化，用锡焊法较困难，其封端一般采用压接法。

①压接法：将导线线芯涂上石英粉—凡士林油膏插入内壁也涂上石英粉—凡士林油膏的铜接线端子孔内，用压接钳压实，如图 5.4-14 所示。

②锡焊法：剥去铜芯导线端部的绝缘层，除去芯线表面和接线端子内壁的氧化膜，涂以无酸焊锡膏。将铜接线端子插线孔朝上在火里加热，把锡条插在线端子插线孔内，使锡受热熔化，把芯线的端部插入端子插线孔内，上下插拉几次使其充分接触锡液插到孔底然后，平稳缓慢地将接线端子浸入冷

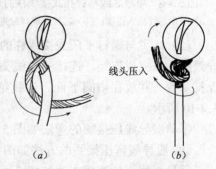

线头压入

图 5.4-13　软导线线头的连接方法
（a）围绕螺钉后再自缠；
（b）自缠一圈后，端头压入螺钉

水中，使锡液凝固将芯线与铜接线端子焊牢。用锉刀将铜接线端子表面焊锡除掉，用砂布打光后包上绝缘带即可与电气接线桩连接，如图 5.4-15 所示。

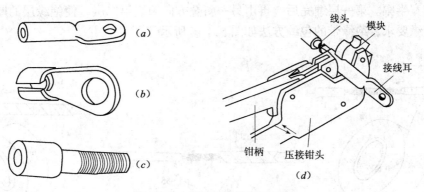

图 5.4-14　铜导线压接法封端

（a）大载流量用接线耳；（b）小载流量用接线耳；

（c）接线桩螺钉；（d）导线线头与接线头的压接方法

封　端　方　法	图　　示	封　端　方　法	图　　示
①剥掉铜芯导线端部的绝缘层，除去芯线表面和接线端子内壁的氧化膜，涂以无酸焊锡膏	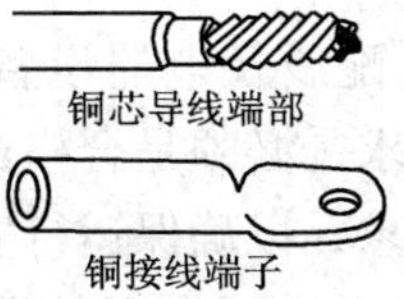 铜芯导线端部 铜接线端子	④把芯线的端部插入接线端子的插线孔内，上下插拉几次后把芯线插到孔底	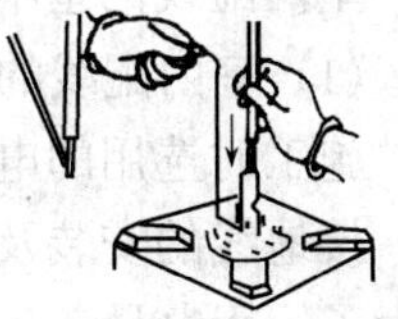
②用一根粗钢丝系住铜接线端子，使插线孔口朝上并放到火里加热	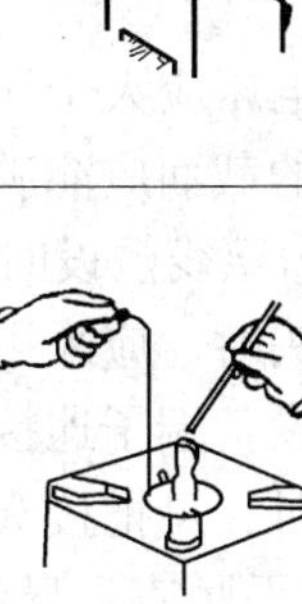	⑤平稳而缓慢地把粗钢丝和接线端子浸到冷水里，使液态锡凝固，芯线焊牢	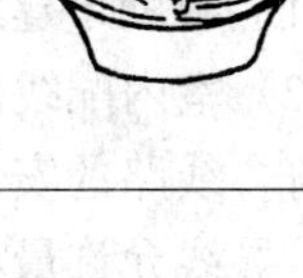
③把锡条插在铜接线端子的插线孔内，使锡受热后熔解在插线孔内	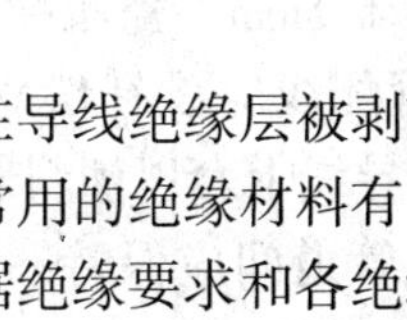	⑥用锉刀把铜接线端子表面的焊锡除去，用砂布打光后包上绝缘带，即可与电器接线桩连接	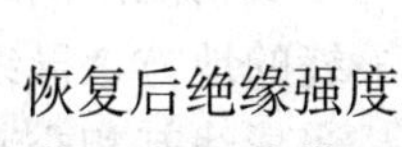

图 5.4-15　铜导线锡焊法封端

恢复导线绝缘：

　　为保护用电安全，在导线绝缘层被剥离或破损后，必须立即恢复，恢复后绝缘强度不低于原有的绝缘等级。常用的绝缘材料有自粘性橡胶带、黄蜡带、塑带、涤纶胶带、塑料胶带和黑胶布。应根据绝缘要求和各绝缘带性能选用。由于黑胶布防水性差，通常与黄蜡带或塑料带配合使用。绝缘带进行导线绝缘的方法是：一般选用20mm宽度绝缘带，采用斜叠法包缠，先从完整的绝缘层开始，包缠两个带宽后方可进入连接处的芯线部分，每圈压叠带宽半幅。第一层缠完后，再由另一斜叠方向缠绕第二层，使绝缘层的厚度达到电压等级绝缘要求，绝缘带的包缠方法如图 5.4-16 所示。

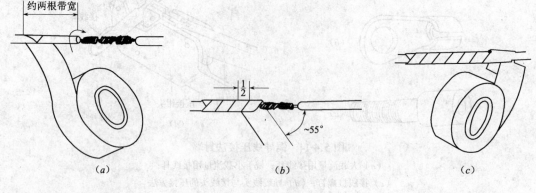

图 5.4-16 绝缘带的包、缠方法

5.4.2 室内配线敷设

室内配线的基本原则和要求：

（1）室内配线的基本原则是：①安全。室内配线及电器设备必须保证安全运行。因此，施工时选用的电气设备和材料应符合图纸要求，必须是合格产品。施工中对导线的连接、接地线的安装及导线的敷设等应符合质量要求，以确保运行安全。②可靠。室内配线是为了给用电设备供电而设置的。有的室内配线由于不合理的设计与施工，造成很多隐患，给室内用电设备运行的可靠性造成很大影响。因此，必须合理布局，安装牢固。③经济。在保证安全可靠运行和发展的可能条件下，应该考虑其经济性，选用最合理的施工方法，尽量节约材料。④方便。室内配线应保证操作运行可靠，使用和维护方便。⑤美观。室内配线施工时，配线位置及电气设备安装位置的选定，应注意不要损坏建筑物的整体美观，且应有助于建筑物的美化。

（2）室内配线的要求是：①所用的导线的额定电压应大于线路的工作电压。导线的绝缘应符合线路的安装方法和敷设环境的条件。导线的截面应能满足供电质量和机械强度的要求，导线允许最小截面如表 5.4-4 所列的数值。②导线敷设时，应尽量避免接头。因为常常由于导线接头质量不好而造成事故。若必须接头时，应采用压接或焊接。③导线在连接和分支处，不应受到机械力的作用，导线与电气设备端子连接时要牢靠压实。④穿在管内的导线，在任何情况下都不能有接头，必须接头时，可把接头放在接线盒或灯头盒、开关盒内。⑤各种照明线应垂直和水平敷设，要求横平竖直，导线水平高度距地不应小于2.5m；垂直敷设不低于 1.8m，否则应加管、槽保护，以防机械损伤。⑥导线穿墙时应装过墙套管保护，过墙套管两端伸出墙面不小于 10mm。⑦当导线沿墙壁或顶棚敷设时，导线与建筑物之间的最小距离：瓷夹板配线不应小于 5mm，瓷瓶配线不小于 10mm。在通过伸缩缝的地方，导线敷设应稍有松弛。对于线管配线应设补偿盒，以适应建筑物的伸缩性。当导线互相交叉时，为避免碰线，应在每根导线上套以塑料管，并将套管固定，避免窜动。⑧为确保用电安全，室内电气管线与其他管道间应保持一定距离，如表 5.4-5。施工中，如不能满足表中所列距离时，则应采取如下措施。（A）电气管线与蒸汽管线不能保持表中距离时，可在蒸汽管道外包以隔热层，这样平行净距可减到 200mm；交叉距离须考虑施工维修方便，但管线周围温度应经常在 35℃ 以下。（B）电气管线与采暖管线、热水管线不能保持表中距离时，可在采暖管线、热水管道外包隔热层。（C）裸导线应敷设在管道上面，当不能保持表中距离时，可在裸导线外加装保护网或保护罩。

线芯允许最小截面　　　　　　　　　　　　　　　　　　　　　　　表 5.4-4

敷 设 方 式 及 用 途	线芯最小截面（mm²）		
	铜芯软线	铜 线	铝 线
一、敷设在室内绝缘支持件上的裸导线		2.5	4
二、敷设在绝缘支持件上的绝缘导线其支持点间距为：			
（1）1m 及以下　　　室内		1.0	1.5
室外		1.5	2.5
（2）2m 及以下　　　室内		1.0	2.5
室外		1.5	2.5
（3）6m 及以下		2.5	4
（4）12m 及以下		2.5	6
三、穿管敷设的绝缘导线	1.0	1.0	2.5
四、槽板内敷设的绝缘导线		1.0	1.5
五、塑料护套线敷设		1.0	1.5

室内配线与管道间最小距离　　　　　　　　　　　　　　　　　表 5.4-5

管 道 名 称		配 线 方 式		
		穿管配线	绝缘导线明配线	裸导线配线
		最　小　距　离　（mm）		
蒸汽管	平 行	1000/500	1000/500	1500
	交 叉	300	300	1500
暖、热水管	平 行	300/200	300/200	1500
	交 叉	100	100	1500
通风、上下水、压缩空气管	平 行	100	200	1500
	交 叉	50	100	1500

注：表中分子数字为电气管线敷设在管道上面的距离、分母数字为电气管线敷设在管道下面的距离。

线管配线：

（1）线管选择

线管的选择，首先应根据敷设环境决定管子的种类、规格。一般明配于潮湿场所和埋于地下的管子，均应使用厚壁钢管；明配或暗配于干燥场所的钢管，宜使用薄壁钢管。硬塑料管适用于室内或有酸、碱等腐蚀介质的场所。但不得在高温和易受机械损伤的场所敷设。半硬塑料管和塑料波纹管适用于一般民用建筑的照明工程暗敷设，但不得在高温场所敷设。软金属管多用来作为钢管和设备的过渡连接。

管子规格的选择应根据管内所穿导线的根数和截面决定，一般规定管内导线的总截面积（包括外护层）不应超过管子截面积的 40%。可参照表 5.4-6 选择线管的外径。

所选用的线管不应有裂缝和扁折、无堵塞。钢管管内应无铁屑及毛刺，切断口应锉平，管口应刮光。

线芯截面（mm²）	焊接钢管（管内导线根数）									电线管（管内导线根数）									线芯截面（mm²）
	2	3	4	5	6	7	8	9	10	10	9	8	7	6	5	4	3	2	
1.5		15		20			25			32				25			20		1.5
2.5		15		20			25			32				25			20		2.5
4	15		20		25			32				32		25			20		4
6		20		25			32			40		32		25		20			6
10	20	25		32		40		50					40		32		25		10
16		25		32	40		50								40		32		16
25		32		40	50		70									40	32		26
35	32	40		50		70		80									40		35
50	40	50		70			80												
70		50		70		80													
95		50	70		80														
120		70		80															
150		70	80																
185	70	80																	

（2）线管加工

①除锈涂漆

对于非镀锌焊接钢管，为防止锈蚀，在配管前应对管子进行除锈、刷防腐漆。管子内壁除锈，可用圆形钢丝刷，两头各绑一根钢丝，穿过管子，来回拉动钢丝刷，把管内铁锈清除干净。管子外壁除锈，可用钢丝刷打磨，也可用电动除锈机。除锈后，把管子的内外表面涂以防锈漆。但钢管外壁刷漆的要求方式与钢管种类有关。

（A）埋入混凝土内的钢管不刷防腐漆；

（B）埋入道渣垫层和土层内的钢管应刷两道热沥青；

（C）埋入墙内的钢管应刷红丹漆等防腐漆；

（D）钢管明敷时，焊接钢管应刷一道防腐漆，一道面漆；

（E）埋入有腐蚀的土层中的钢管，应按设计规定进行防腐处理。电线管一般因为已刷防腐黑漆，可在管子接口处以及漆脱落处补刷即可。

②切割套丝

在配管时，应根据实际情况对管子进行切割。管子切割时严禁用气割，应使用钢锯或电动无齿锯进行切割。

管子和管子连接，管子和接线盒、配电箱的螺纹连接，都需要在管子端部进行套丝。焊接钢管套丝，可用管子铰板（俗称带丝）或电动套丝机，常用的有 $1.3 \sim 5.1 \mathrm{cm}$（$1/2 \sim 2\mathrm{in}$）和 $5.7 \sim 10.2 \mathrm{cm}\left(2\frac{1}{4} \sim 4\mathrm{in}\right)$ 两种。电线管和硬塑料管套丝，可用圆丝板。

套丝时，先将管子固定在管子压力钳上压紧，然后套丝。如利用电动套丝机，可提高功效。套完丝后,应随即清扫管口,以免割破导线绝缘。

③弯曲

根据线路敷设的要求,线管改变方向需要将管子弯曲。但在线路中,管子弯曲多会给穿线和维护换线带来困难。因此,施工时要尽量减少弯头。为便于穿线,管子弯曲后的角度,一般不应小于90°,如图5.4-17所示。管子弯曲半径,明配时,一般不小于管外径的6倍,最低不小于管外径的4倍;暗配时,不应小于管外径的6倍;埋于地下或混凝土楼板内时,不应小于管外径的10倍。为了穿线方便,在电线管路长度和弯曲超过下列数值时,中间应增设接线盒。

(A)管子长度每超过30m,无弯曲时;

(B)管子长度每超过20m,有一个弯时;

(C)管子长度每超过15m,有两个弯时;

(D)管子长度每超过8m,有三个弯时。

管子弯曲,可采用弯管器,弯管机或用热煨法。一般直径小于 DN 50mm 的钢管,可用弯管器,这种方法比较简单方便。如图5.4-18所示,操作时,先将管子需要弯曲部位的前段放在弯管器内,管子的焊缝放在弯曲方向的背面或侧面,以防管子弯扁,然后用脚踩住管子,手扳弯管器柄,稍加一定的力,使管子略有弯曲,再逐点移动弯管器,使管子弯成所需的弯曲半径和角度。小口径的厚壁钢管也可用氧—乙炔焰加热,弯制。

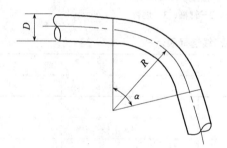

图 5.4-17　钢管的弯曲半径　　　　图 5.4-18　用弯管器弯管的情况
D——管子直径；α——弯曲角度；
R——弯曲半径

管径 DN 50mm 以上的管子,可用弯管机或热煨法,用弯管机时,要根据管子弯曲半径的要求选择模具的规格。使用热煨法时,为防止管子弯扁,可先在管内填满干砂子。在装填砂子时,要边装砂子边敲打管子,使其填实,然后用木塞堵住两端。进行局部加热时,管子应慢慢转动,使管子的加热部位均匀受热,然后在胎具内弯曲成型。成型后浇水冷却,倒出砂子。管子的加热长度可根据下式计算:

$$L = \frac{\pi \cdot \alpha \cdot R}{180°}$$

式中　α——弯曲角度,°;

　　　R——弯曲半径,mm。

当 α 为90°时,煨弯加热长度 L = 1.57R。如 DN 80 钢管,弯曲半径 R 为管外径 D(88.5mm)的6倍,则 L = 1.57 × 6 × 88.5mm ≈ 834mm。由于弯头冷却后角度往往要回缩

2°～3°，所以在弯制时宜比预定弯曲角度略大2°～3°。

硬塑料管的弯曲，可用煨热法。将塑料管放在电烘箱内加热或放在电炉上加热，待至柔软状态时，把管子放在胎具内弯曲成型。

(3) 线管连接

①钢管连接

无论是明敷还是暗敷，一般都应采用管箍螺纹连接，特别是潮湿场所，以及埋地和防爆线管。为了保证管接口的严密性，管子的丝扣部分应涂以铅油缠上麻丝，用管钳子拧紧，使两管端间吻合。不允许将管子对焊连接。在干燥少尘的厂房内对于直径 DN 50mm 及以上的管端也可采用套管焊接的方式，套管长度为连接管外径的 1.5～3 倍，焊接前，先将管子两端插入套管，并使连接管的对口处在套管的中心，然后在两端焊接牢固。钢管采用管箍连接时，要用圆钢或扁钢作跨接线焊在接头处，使管子之间有良好的电气连接，以保证接地的可靠性，如图 5.4-19 所示。跨接线焊接应整齐一致，焊接面不得小于接地线截面的 6 倍，但不得将管箍焊死。跨接线的规格可参照表 5.4-7 来选择。

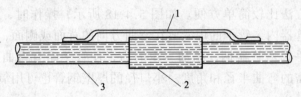

图 5.4-19　钢管连接处接地

1—跨接线；2—管箍；3—钢管

跨接线选择表　　　　　　　　　　　　　　表 5.4-7

公　称　直　径　（mm）		跨　接　线　（mm）	
电　线　管	钢　　管	圆　钢	扁　钢
≤32	≤25	φ6	
40	32	φ8	
50	40～50	φ10	
70～80	70～80	φ12	−25×4

钢管进入灯头盒、开关盒、接线盒及配电箱时，暗配管可用焊接固定，管口露出盒（箱）应小于 5mm，明配管应用锁紧螺母或护帽固定，露出锁紧螺母的丝扣为 2～4 扣。

②硬塑料管连接

硬塑料管连接通常有两种方法。第一种方法叫插入法。插入法又分为一步插入法和二步插入法。一步插入法适用于 D_e50 及以下的硬塑料管；二步插入法适用于 D_e65 及以上的硬塑料管。第二种方法叫套接法。

一步插入法：

(A) 将管口倒角，如图 5.4-20 所示。将需要连接的两个管端，一个加工成内斜角（作阴管），一个加工成外斜角（作阳管），角度为 30°。

(B) 将阴管、阳管插接段的尘埃等杂物除净。

(C) 将阴管插接段（插接长度为管径的 1.1～1.8 倍），放在电炉上加热数分钟，使其呈柔软状态。加热温度为 145℃左右。

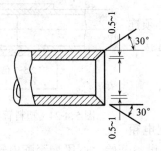
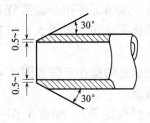

图 5.4-20　管口倒角

（D）将阳管插入部分涂上胶粘剂（如过氧乙烯胶水等），厚度要均匀，然后迅速插入阴管，待中心线一致时，立即用湿布冷却，使管口恢复原来硬度。插接后情况如图 5.4-21 所示。

二步插入法：

（A）将管口倒角，如一步插入法。

（B）清理插接段，如一步插入法。

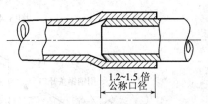

图 5.4-21　插接情况

（C）阴管加热，把阴管插入温度为 145℃的热甘油或石蜡中（也可采用喷灯、电炉、炭火炉加热），加热部分的长度为管径的 1.1～1.3 倍，待至柔软状态后，即插入已被甘油加热的金属模具，进行扩口，待冷却到 50℃左右时取下模具，再用冷水内外浇，继续冷却，使管子恢复原来硬度。成模型的外径比硬管内径大 2.5%左右。成型模插接情况如图 5.4-22 所示。

（D）在阴、阳管插接段涂以胶粘剂，然后把阳管插入阴管内，加热阴管使其扩大部分收缩，然后急加水冷却。

此道工序也可改为焊接连接，即将阳管插入阴管后，用聚氯乙烯焊条在接合处焊 2～3 圈，以保证密封。焊接情况如图 5.4-23 所示。

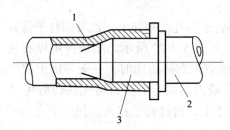

图 5.4-22　成型模插入情况
1—扩口时导向端；
2—此端在工具台上固定；
3—成型模

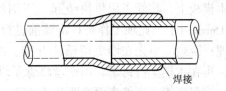

图 5.4-23　焊接连接情况

套接法：

先把同直径的硬塑料管加热扩大成套管，然后把需要连接的两管端倒角，并用汽油或酒精将插接端擦干净，待汽油挥发后，涂以胶粘剂，迅速插入热套管中，并用湿布冷却。套接情况如图 5.4-24 所示，也可以用焊接方法予以焊牢密封。

半硬塑料管应使用套管粘接法连接，套管的长度不应小于连接管外径的 2 倍，接口处应用胶粘剂粘接牢固。

塑料波纹管一般情况下很少需要连接。当必须连接时，应采用管接头连接。如图 5.4-25 所示为管接头示意图。

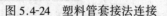

线管进入接线盒的操作步骤如图 5.4-26 所示。

2.5~3 倍
公称口径

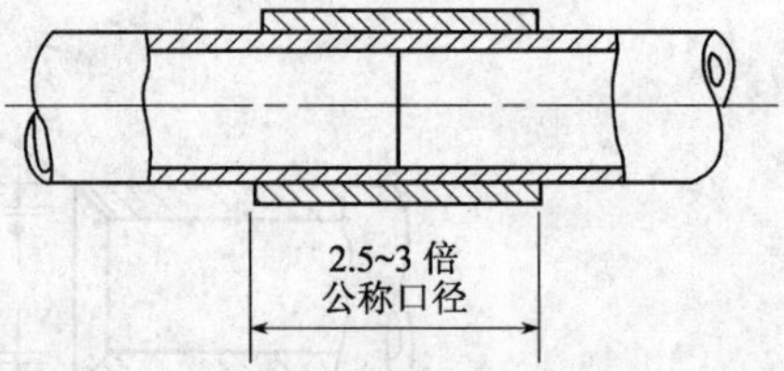

图 5.4-24　塑料管套接法连接

（4）线管敷设

线管敷设（俗称配管）。配管工作一般从配电箱开始，逐段配至用电设备处，有时也可以从用电设备开始，逐段配至配电箱处。

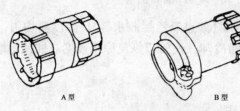

A 型　　　　　　B 型

图 5.4-25　波纹管管接头示意图

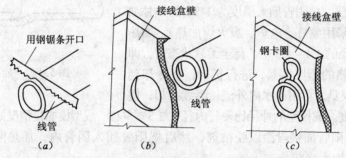

图 5.4-26　线管入接线盒操作步骤示意图
（a）开口；（b）入接线盒；（c）卡固

①暗配管

在现浇混凝土构件内敷设管子，可用钢丝将管子绑扎在钢筋上，也可用钉子将管子钉在木模板上，将管子用垫块垫起，用钢丝绑牢，如图 5.4-27 所示。垫块可用碎石块，垫高 15mm 以上。此项工作是在浇灌前进行的。当线管配在砖墙内时，一般是随土建砌砖时预埋；否则应事先在墙上留槽或开槽。线管在砖墙内的固定方法，可先在砖缝里打入木楔，再在木楔上钉钉子，用钢丝将管子绑扎在钉子上，再将钉子打入，使管子充分嵌入槽内。应保证管子离墙表面净距离不小于 15mm。

在地坪内，须在土建浇筑混凝土前埋设，固定方法可用木桩或圆钢等打入地中，用钢丝将管子绑牢。为使管子全部埋设在地坪混凝土层内，应将管子垫高，离土层 15～20mm，这样，可减少地下湿土对管子的腐蚀作用。埋于地下的电线管路不宜穿过设备基础，在穿过建筑物基础时，应加保护管保护。当许多管子并排敷

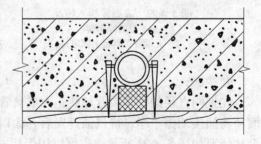

图 5.4-27　木模板上管子的固定方法

设在一起时，必须使其各个离开一定距离，以保证其间也灌上混凝土。进入落地式配电箱的管子应排列整齐，管口应高出基础面不小于 50mm。为避免管口堵塞影响穿线，管子配好后应将管口用木塞或牛皮纸堵好。管子连接处以及钢管接线盒连接处，要做好接地处理。

当电线管路遇到建筑物伸缩缝、沉降缝时，必须作相应伸缩、沉降处理。一般是装设补偿盒。在补偿盒的侧面开一个长孔，将管端穿入长孔中，而另一端用六角螺母与接线盒拧紧固定，如图 5.4-28（b）所示。

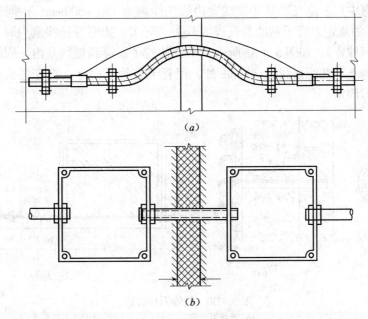

图 5.4-28　线管经过伸缩缝补偿装置
（a）软管补偿；（b）装设补偿盒补偿

波纹管由地面引至墙内时安装如图 5.4-29 所示。

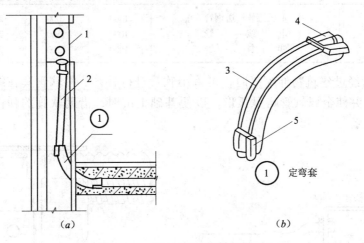

图 5.4-29　波纹管引至墙内做法
1—接线盒；2—波纹管；3—定性套；4—卡盖；5—卡盖

②明配管

明配管应排列整齐、美观、固定点间距均匀。一般管路应沿建筑物结构表面水平或垂直敷设，其允许偏差在 2m 以内均为 3mm，全长不应超过管子内径的 1/2。当管子沿墙、柱和屋架等处敷设时，可用管卡固定。管卡的固定方法，可用膨胀栓或弹簧螺栓直接固定在墙上，也可以固定在支架上。支架形式可根据具体情况按照国家标准图集 D463（二）选择，如图 5.4-30 所示。当管子沿建筑物的金属构件敷设时，若金属构件允许点焊，可把厚壁管点焊在钢构件上。对于薄壁管（电线管）和塑料管只能应用支架和管卡固定。管卡与终端、转弯中点、电气器具或接线盒边缘的距离为 150～500mm；中间管卡最大间距应符合表 5.4-8 的规定。管子贴墙敷设进入开关、灯头、插座等接线盒内时，要适当将管子煨成双弯（鸭脖弯），如图 5.4-31 所示。不能使管子斜穿到接线盒内。同时要使管子平整的紧贴建筑物上，在距接线盒 300mm 处，用管卡将管子固定。在有弯头的地方，弯头两边也应有管卡固定。

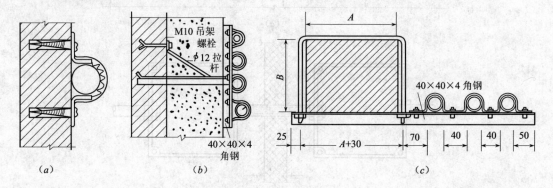

图 5.4-30　线管固定方法

（a）钢管沿墙敷设；（b）钢管沿墙跨柱敷设；（c）钢管沿屋架下弦侧敷设

线管中间管卡最大允许距离（mm）　　　　表 5.4-8

敷　设　方　式	最大允许距离　　　　线 管 直 径 线 管 类 别	15～20	25～30	40～50	65～100
吊梁、支架或 沿墙敷设	低压流体输送钢管	1500	2000	2500	
	电　线　管	1000	1500	2000	3500
	塑　料　管	1000	1500	2000	

明配钢管经过建筑物伸缩缝时，可采用软管进行补偿。将软管套在线管端部，如图 5.4-32 所示，并使金属软管略呈弧形，以便基础下沉时，借助软管的弹性而伸缩，如图 5.4-28（a）所示。

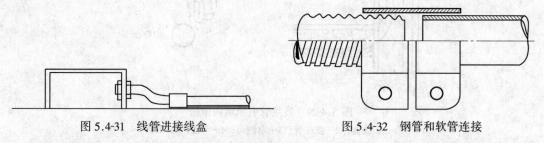

图 5.4-31　线管进接线盒　　　　　　图 5.4-32　钢管和软管连接

硬塑料管沿建筑物表面敷设时，在直线段上每隔 30m 要装设一只温度补偿装置，以适应其膨胀性，如图 5.4-33 所示。在支架上空敷设的硬塑料管，因可以改变其挠度来适应长度的变化，所以，可不装设补偿装置。

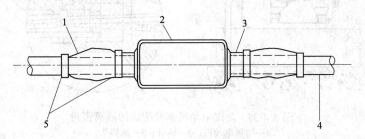

图 5.4-33　塑料管补偿装置
1—软聚氯乙烯管；2—分线盒；3—在分线盒上焊一段大的硬管；
4—硬聚氯乙烯管插入盒子上的套管中可以自由伸缩；
5—软聚氯乙烯带涂以胶粘剂（如一号聚氯乙烯胶粘剂）包扎使不漏气

明配硬塑料管在穿楼板易受机械损伤的地方应用钢管保护，其保护高度距离楼板面不应低于 500mm。

在爆炸危险场所内明配钢管时，凡自非防爆车间进入防爆车间的引入口均应采用密封措施，使有爆炸危险的空气不能逸出，图 5.4-34 为钢管与电缆的穿墙密封情况。

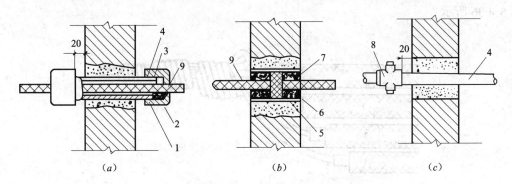

图 5.4-34　钢管与电缆穿墙密封情况
（a）单根非铠装电缆的穿墙做法；
（b）单根铠装电缆的穿墙做法；（c）单根管子穿墙做法
1—密封接头（成套）；2—橡皮封垫（成套）；3—垫圈（成套）；4—钢管；
5—水泥预制管；6—黏土填充物；7—料堵（浸胶麻绳）；8—四通隔离密封；9—电缆

钢管明配线，应在电机的进线口，管路与电气设备连接困难处、管路通过建筑物的伸缩缝、沉降缝处装设防爆挠性连接管，防爆挠性连接管弯曲半径不应小于管外径的 5 倍。

管子间及管子与接线盒、开关盒之间都必须用螺纹连接，螺纹处必须用油漆麻丝或聚四氟乙烯带缠绕后旋紧，保证密封可靠。麻丝及聚四氟乙烯带缠绕方向应和管子的旋紧方向一致，以防松散。

引入电机或其他用电设备的电源线连接点，应用防止松脱的措施，并应放在密封的接线盒或接线罩内。动力电缆不许有中间接头，如图 5.4-35 所示。

（5）线管穿线

管内穿线工作一般应在管子全部敷设完毕及土建地坪和粉刷工程结束后进行。在穿线

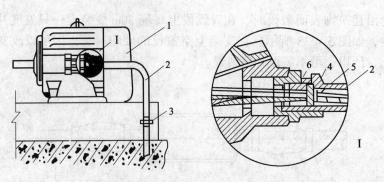

图 5.4-35　防爆电动机钢管配线的隔离密封
1—防爆电动机；2—钢管；3—活接头；
4—压板；5—料堵（细棉绳）；6—密封填料（沥青混合物）

前应将管中的积水及杂物清除干净。

导线穿管时，应先穿一跟钢线作引线。当管路较长或弯曲较多时，应在配管时就将引线穿好。一般在现场施工中对于管路较长，弯曲较多，从一端穿入钢引线有困难时，多采用从两端同时穿钢引线，且将引线头弯成小钩，当估计一根引线端头超过另一根引线端头时，用手旋转较短的一根，使两根引线绞在一起，然后把一根引线拉出，此时就可以将引线的一端与需穿的导线结扎在一起。在所穿电线根数较多时，可以将电线分段结扎，如图 5.4-36 所示。

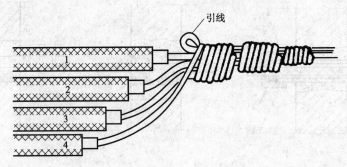

图 5.4-36　多根导线的绑法

拉线时，应由两人操作，较熟悉的一人担任送线，另一人担任拉线，两人送拉动作要配合协调，不可硬送、硬拉。当导线拉不动时，两人应反复来回拉 1～2 次再向前拉，不可过分勉强而将引线或导线拉断。

在较长的垂直管路中，为防止由于导线的本身自重拉断导线或拉松接线盒中的接头，导线每超过下列长度，应在管口处或接线盒中加以固定。对 50mm² 以下的导线，长度为 30m；70～95mm² 的导线，长度为 20m；120～240mm² 的导线，长度为 18m。导线在盒内的固定方法如图 5.4-37 所示。

穿线时应严格按照规范要求进行，不同回路、不同电压和交流与直流的导线，不得穿入同一根管子内。但下列回路可以除外：

①电压为 65V 以下的回路；

②同一台设备的电机回路和无抗干扰要求的控制回路；

206

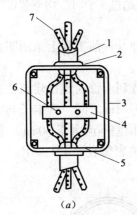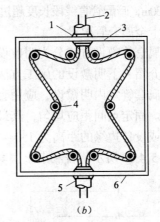

图 5.4-37 垂直管线的固定

(a) 固定方法之一

1—电线管；2—根母；3—接线盒；

4—木制线夹；5—护口；6—M₆机螺栓；7—电线

(b) 固定方法之二

1—根母；2—电线；3—护口；4—瓷瓶；5—电线管；6—接线盒

③照明花灯的所有回路；

④同类照明的几个回路，但管内导线总线数不应多于8根。对于同一交流回路的导线必须穿于同一根钢管内。不论何种情况，导线的管内都不得有接头和扭结，接头应放在接线盒内。

钢管与设备连接时，应将钢管敷设到设备内；如不能直接进入时，可在钢管出口处加金属软管或塑料软管引入设备。金属软管和接线盒等连接要用软管接头，如图5.4-38所示。

穿线完毕，即可进行电器安装和导线连接。

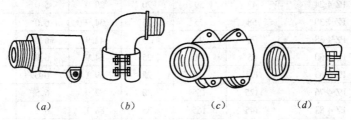

图 5.4-38 金属软管的各种管接头

(a) 外螺纹接头；(b) 弯接头；(c) 软管接头；(d) 内螺纹接头

普利卡金属套管敷设：

(1) 普利卡金属套管的加工

普利卡金属套管用专用切割刀切割，也可使用钢锯切割。切割时，用手握住管子就可以切割，要求断面光滑、整齐。

切管时，将普利卡金属套管切割刀刃，轴向垂直对准普利卡金属套管螺纹沟，尽量成直角切断，如放在工作台上切割时要用力边压边切。切割后，将切断面内侧用刀柄绞动一下。

普利卡金属套管的弯曲比较方便，可根据弯曲方向的要求，不需要任何工具用手自由弯曲。

普利卡金属套管的弯曲角度不宜小于90°，弯曲半径不应小于管径的6倍。一般明配管直线段长度超过 30m，暗配管直线段长度超过 15m 或直角弯超过 3 个时，均应装设中间接线盒。

（2）普利卡金属套管敷设

普利卡金属套管敷设方式分为明敷设和暗敷设两种，目前工程上采用明敷设的方式较多，下面主要介绍一下明敷设的施工方法。

普利卡金属套管室内明敷设，应用套管管卡子将普利卡管固定在建筑物表面，与钢管固定方法相同。固定点间距应均匀，其最大间距在 0.5~1m 之间，管卡子与终端、转弯中点、电气器具或设备边缘的距离为 150~300mm，允许偏差不应大于 30mm。普利卡金属套管管卡子如图 5.4-39 所示，普利卡金属套管管卡子规格表如表 5.4-9 所示。

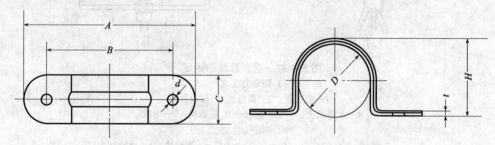

图 5.4-39 普利卡金属套管管卡子

普利卡金属套管管卡子规格表（mm）   表 5.4-9

型　　号	普利卡套管规格	A	B	C	D	d	H	t
SP-10	PZ-4-10	30	42	15	13.3	4.0	16.3	1.0
SP-12	PZ-4-12	33	45	16	16.1	5.0	18.7	1.0
SP-15	PZ-4-15	36	48	16	19.2	5.0	20.5	1.0
SP-17	PZ-4-17	39	51	18	21.7	5.0	23.0	1.0
SP-24	PZ-4-24	47	59	20	29.0	5.0	30.7	1.0
SP-30	PZ-4-30	58	75	25	34.9	6.0	38.0	1.2
SP-38	PZ-4-38	70	94	25	42.9	6.0	45.1	1.2
SP-50	PZ-4-50	85	100	25	54.9	6.0	57.6	1.2
SP-63	PZ-4-63	123	145	25	69.1	6.0	71.8	1.6
SP-76	PZ-4-76	125	155	30	82.9	6.5	85.5	1.6
SP-83	PZ-4-83	145	165	35	88.1	6.5	91.0	1.6
SP-101	PZ-4-101	181	211	35	107.3	6.5	111.0	1.6

普利卡金属套管在吊顶内敷设时，当管子在 24 号及以下时，可直接固定在吊顶的主龙骨上，并用卡具安装固定，如图 5.4-40 所示。当管子规格在 50 号及以下时，允许利用吊顶的吊杆或在吊杆上另设附加龙骨敷设，如图 5.4-41 所示。

金属线槽敷设：

金属线槽一般适用于正常环境的室内场所明敷设。金属线槽一般由 0.4~1.5mm 的钢板压制而成，为具有槽盖的封闭式金属线槽。

（1）金属线槽安装前，首先根据图线确定出电源及箱（盒）等电气设备、器具的安装位置，然后用粉袋弹线定位，分匀档距标出线槽支、吊架的固定位置。

金属线槽敷设时，吊点及支持点的距离，应根据工程实际情况确定，一般在直线段固定间距不应大于 3m，在线槽的首端、终端、分支、转角、接头及进、出接线盒应不大于 0.5m。

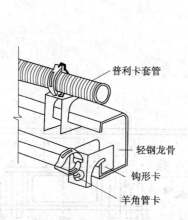

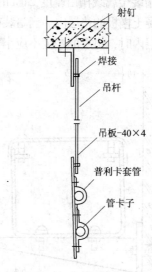

图 5.4-40　金属套管在主龙骨上安装　　　　图 5.4-41　金属套管使用吊杆吊板安装

（2）墙上安装

金属线槽在墙上安装时，可采用 8×35 半圆头木螺钉配塑料胀管的安装方式。金属线槽在墙上安装如图 5.4-42 所示。

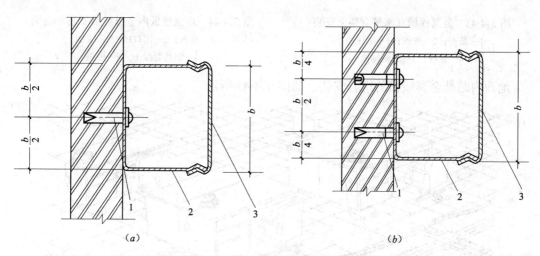

图 5.4-42　金属线槽在墙上安装

（a）1—半圆头木螺钉；2—电线槽；3—盖板
（b）1—半圆头螺丝；2—电线槽；3—盖板

金属线槽在墙上水平架空安装也可使用托臂支撑。金属线槽沿墙在水平支架上安装如图 5.4-43 所示。

金属线槽沿墙垂直敷设时，可采用角钢支架或扁钢支架固定金属线槽，支架的长度应根据金属线槽的宽度和根数确定。

支架与建筑物的固定应采用 M10×80 的膨胀螺栓紧固，或将角钢支架预埋在墙内，线槽用管卡子固定在支架上。支架固定点间距为 1.5m，底部支架距楼（地）面的距离不应小于 0.3m。

地面内暗装金属线槽敷设：

地面内暗装金属线槽由厚度 2mm 的钢板制成，可直接敷设在混凝土地面、现浇混凝土楼板或预制混凝土楼板的垫层内。当暗装在现浇混凝土楼板内，楼板厚度不应小于 200mm；当敷设在楼板垫层内时，垫层的厚度不应小于 70mm。在现浇楼板内的安装，如图 5.4-44 所示。

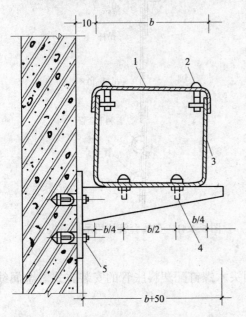

图 5.4-43　金属线槽在水平支架上安装

1—盖板；2—螺丝；3—电线槽；

4—螺栓；5—膨胀螺栓

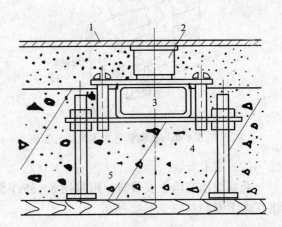

图 5.4-44　现浇楼板内金属线槽安装示意图

1—地面；2—出口线；3—线槽；

4—钢筋混凝土；5—模板

地面内暗装金属线槽的组合安装，如图 5.4-45 所示。

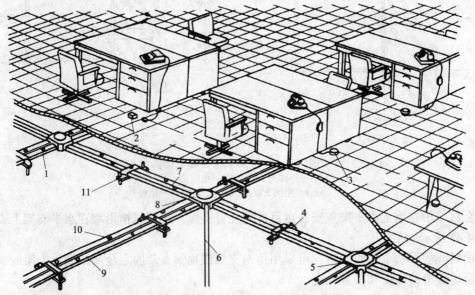

图 5.4-45　地面内暗装金属线槽组装示意图

1、10—出线口；2、3—电源插座出线口；4、11—支线；5、8—分线盒；6—钢管；7、9—线槽地面内暗装金属线槽，应根据施工图纸中线槽的形式，正确选择单压板或双压板支架，将组合好的线槽与支架，沿线路走向水平放置在地面或楼板的模板上，如图5.4-46所示，然后再进行线槽的连接。

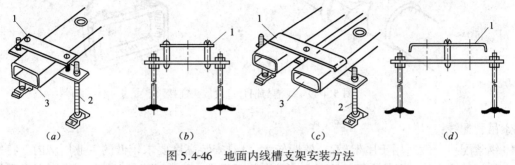

图5.4-46　地面内线槽支架安装方法
(a) 1—盖压板；2—卧脚螺栓；3—线槽
(b) 1—支架压板
(c) 1—双压板；2—卧脚螺栓；3—线槽
(d) 1—支架压板

地面内暗装金属线槽的制造长度一般为3m，每0.6m设一出线口，当需要线槽与线槽相互连接时，应采用线槽连接头进行连接，如图5.4-47所示。当遇到线路交叉、分支或弯曲转向时，应安装分线盒，如图5.4-48所示。

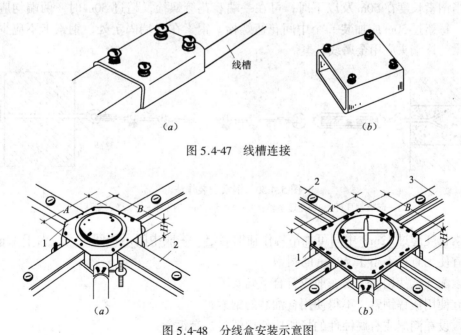

图5.4-47　线槽连接

图5.4-48　分线盒安装示意图
(a) 1—分线盒；2—线槽　(b) 1—分线盒；2、3—线槽

线槽端部与配管连接，应使用线槽与钢管过渡接头，如图5.4-49所示。

地面内暗装金属线槽全部组装好后，应进行一次系统调整。调整符合要求后，将各盒盖盖好或堵严，防止盒内进入水泥砂浆，直至配合土建施工结束为止。

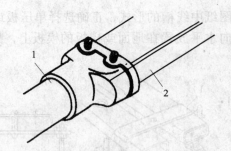

图 5.4-49　线槽与钢管过渡接头连接
1—钢管；2—线槽

钢索吊管配线：

钢索配线一般适用于屋架较高,跨距较大,灯具安装高度要求较低的工业厂房内。特别是在纺织工业中用得较多,原因是厂房内没有起重设备,生产所要求的亮度高,标高又限制在一定的高度内。

钢索配线就是在钢索上吊瓷瓶配线、吊钢管(或塑料)配线或吊塑料护套线配线。同时灯具也吊装在钢索上,配线方法除安装钢索外,其余与前面讲的基本相同。钢索两端用穿墙螺栓固定,并用双螺母紧固,钢索用花篮螺丝拉紧。

(1) 钢索安装

钢索安装如图 5.4-50 所示。其终端拉环应固定牢固,并能承受钢索在全部负载下的拉力。当钢索长度在 50m 及以下时,可在一端装花篮螺栓,超过 50m 时,两端均应装花篮螺栓,每超过 50m 应加装一个中间花篮螺栓。钢索在终端固定处,钢索卡不应少于两个。钢索的终端头应用金属线扎紧。

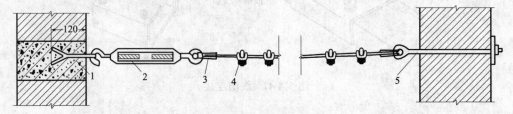

图 5.4-50　钢索安装作法
1—起点端耳环；2—花篮螺丝；3—鸡心环；4—钢索卡；5—终点端耳环

钢索长度超过 12m,中间可加吊钩作辅助固定。一般中间吊钩间距不应大于 12m,中间吊钩宜使用直径不小于 $\phi 8mm$ 的圆钢。

钢索配线索使用的钢索一般应符合下列要求：

①宜使用镀锌钢索,不得使用含油芯的钢索；

②敷设在潮湿或有腐蚀性的场所应使用塑料护套钢索；

③钢索的单根钢丝直径应小于 $\phi 0.5mm$；并不应有扭曲和断股现象；

④选用圆钢作钢索时,在安装前应调直预伸和刷防腐漆。

钢索安装前,可先将钢索两端固定点和钢索中间的吊钩装好,然后将钢索的一端穿入鸡心环的三角圈内,并用两只钢索卡一反一正夹牢。钢索一端装好后,再装另一端,先用紧线钳把钢索收紧,端部穿过花篮螺栓处的鸡心环。如图 5.4-51 所示。用上述同样的方法把钢索折回固定。花篮螺栓的两端螺杆均应旋进螺母，并使其保持最大距离，以备作钢索弛度调整。将中间钢索固定在吊钩上后，即可进行配线等工作。

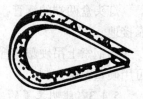

图 5.4-51　鸡心环

钢索配线敷设的弛度不应大于 100mm，当用花篮螺栓调节后，弛度仍不能达到时，应增设中间吊钩。这样既可保证对弛度的要求，又可减小钢索的拉力。

钢索上各种配线支持件之间，支持件与灯头盒间，以及瓷瓶配线的线间距离应符合表 5.4-10 的规定。

钢索配线线间距离及支持件间距（mm）　　　　　　　　表 5.4-10

配 线 类 别	支持件最大间距	支持件与灯头盒间最大距离	线 间 最 小
钢　　管	1500	200	—
硬塑料管	1000	150	—
塑料护套线	200	100	—
瓷柱配线	1500	100	35

（2）钢索吊管配线

这种配线就是在钢索上进行管配线。在钢索上每隔 1.5m 设一个扁钢吊卡，再用管卡将管子固定在吊卡上。在灯位处的钢索上，应安装吊盒钢板，用来安装灯头盒。安装做法如图 5.4-52 所示。

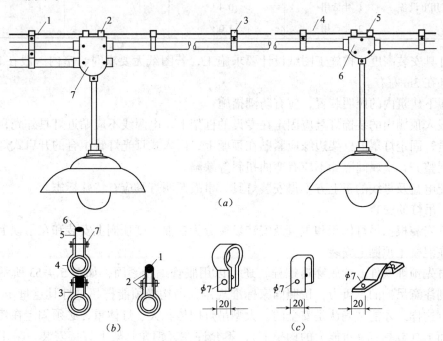

图 5.4-52　钢索吊管灯具安装做法图

（a）钢索吊管灯具安装示意图

1—扁钢吊卡；2—吊灯头盒卡子；3—扁钢吊卡；4—钢索；5—吊灯头盒卡子；6—三通灯头盒；7—五通灯头盒

（b）钢索吊管剖面

1—钢索；2—吊卡；3—扁钢吊卡；4—钢管或塑料管；5—扁钢吊卡；6—钢索；7—M6 螺栓

（c）各种吊卡示意图

213

灯头盒两端的钢管，应焊接跨接地线，以保证管路连成一体，接地可靠，钢索亦应可靠接地。

当钢索上吊硬塑料管配线时，灯头盒可改为塑料盒，管卡也可改为塑料管卡。吊卡也可用硬塑料板弯制。

5.4.3 照明装置的安装

灯具的安装：

照明灯具安装要求如下：

①安装的灯具应配件齐全、无机械损伤和变形，油漆无脱落，灯罩无损环。

②螺口灯头接线必须将相线接在中心端子上，零线接在螺纹的端子上；灯头外壳不能有破损和漏电。

③照明灯具使用的导线按机械强度最小允许线芯截面应符合表 5.4-11 的规定。

线芯最小允许截面   表 5.4-11

安装场所及用途	线芯最小截面（mm^2）		
	铜芯软线	铜线	铝线
一、照明灯头线 1. 民用建筑室内	0.4	0.5	1.5
2. 工业建筑室内	0.5	0.8	2.5
3. 室外	1.0	1.0	2.5
二、移动式用电设备 1. 生活用	0.4	—	—
2. 生产用	1.0	—	—

④灯具安装高度：按施工图纸设计要求施工，若图纸无要求时，室内一般在 2.5m 左右；室外在 3m 左右。

⑤地下建筑内的照明装置，应有防潮措施。

⑥嵌入顶棚内的装饰灯具应固定在专设的框架上，电源线不应贴近灯具外壳，灯线应留有余量，固定灯罩的框架边缘应紧贴在顶棚上，嵌入式日光灯管组合的开启式灯具、灯管应排列整齐，金属间隔片不应有弯曲扭斜等缺陷。

⑦配电盘及母线的正上方不得安装灯具。事故照明灯具应有特殊标志。

（1）吊灯的安装

吊灯安装根据吊灯体积和重量及安装场所分为在混凝度顶棚上安装和在吊顶上安装。

①在混凝土顶棚上安装

要事先预埋铁件或置放穿透螺栓，还可以用胀管螺栓紧固，如图 5.4-53 所示。安装时要特别注意吊钩的承重力，按照国家标准规定，吊钩必须能挂超过灯具重量 14 倍的重物，只有这样，才能被确认是安全的。大型吊灯因体积大、灯体重，必须固定在建筑物的主体棚面上（或具有承重能力的构架上），不允许在轻钢龙骨架上直接安装。采用胀管螺栓紧固时，胀管螺栓规格最小不宜小于 M6，螺栓数量至少要 2 个，不能采用轻型自攻型胀管螺钉。

在楼板里预埋铁件时要注意几点：

（A）在混凝土未浇灌时，绑扎钢筋的同时，把预埋件按灯具的位置固定好，防止位移。

（B）在浇灌混凝土时，浇灌预埋件的部位不能移动，还要防止在振动混凝土时，预埋件产生位移。

②在吊顶上的安装

小型吊灯在吊顶上安装时，必须在吊顶主龙骨上设灯具紧固装置。可将吊灯通过连接件悬挂在紧固装置上，其紧固装置与主龙骨上的连接应可靠，有时需要在支持点处对称加设与建筑物主体棚面间的吊杆，以抵消灯具加在吊顶上的重力，使吊顶不至于下沉、变形。其安装如图5.4-54所示。吊杆处顶棚面最好加套管，这样可以保证顶棚面板的完整；安装时一定要注意牢固性和保证可靠性。

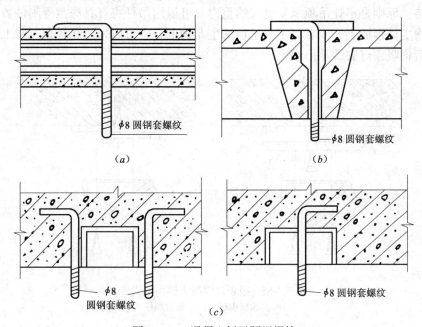

图5.4-53　混凝土板里预埋螺栓

（a）预制板吊挂螺栓；（b）楼板缝里放置螺栓；（c）现浇板里预埋螺栓

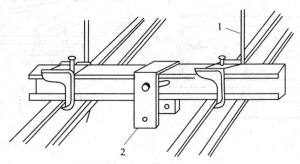

图5.4-54　吊灯在吊顶上安装

1—加设吊杆；2—固定吊灯

（2）吸顶灯的安装

①吸顶灯在混凝土棚顶上安装

可以在浇筑混凝土前，根据图纸要求把木砖预埋在里面，也可以安装金属胀管螺栓，如图5.4-55所示。在安装灯具时，把灯具的底台用木螺钉安装在预埋木砖上，或者用紧固螺栓将底盘固定在混凝土棚顶的金属胀管螺栓上，吸顶灯再与底台、底盘固定。如果灯具底台直径超过100mm，往预埋木砖上固定时，必须用2个螺钉。圆形底盘吸顶灯紧固螺栓数量不得少于3个；方形或矩形底盘吸顶灯紧固螺栓不得少于4个。

②吸顶灯在吊顶上安装

小型、轻体吸顶灯可以直接安装在吊顶棚上，但不得用吊顶棚的罩面板作为螺钉的紧固基面。安装时应在罩面板的上面加装木方，木方规格为60mm×40mm，木方要固定在吊顶的主龙骨上。安装灯具的紧固螺钉拧紧在木方上，安装情况如图5.4-56所示。较大型吸顶灯安装，原则是不让吊顶承受更大的重力。可以用吊杆将灯具底盘等附件装置悬吊固定在建筑物主体顶棚上；或者固定在吊顶的主龙骨上；也可以采用在轻钢龙骨上紧固灯具附件，而后将吸顶灯安装至吊顶上。

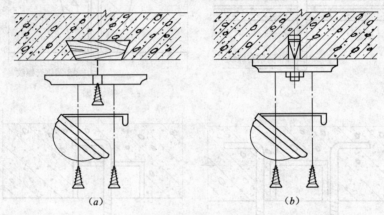

图5.4-55　吸顶灯混凝土棚面上安装
(a) 预埋木砖；(b) 胀管螺栓

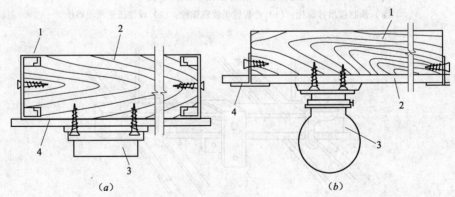

图5.4-56　吸顶灯在吊顶上安装
(a) 1—轻钢龙骨；2—加设木方；3—灯具；4—吊顶罩面板；
(b) 1—加设木方；2—吊顶罩面板；3—灯具；4—"⊥"型龙骨

(3) 壁灯的安装

①壁灯安装，先固定底台，然后再将灯具螺钉紧固在底台上。壁灯底台除正圆形以外，其他形状的底台几乎没有成品出售，大部分须根据台灯底座的形状在现场制作，制作

底台的材料可用松木、椴木板材。板材厚度应不小于 15mm，木底台必须刷饰面油漆，既增加美观，又可防止吸潮变形。

②在墙面、柱面上安装壁灯，可以用灯位盒的安装螺孔旋入螺丝来固定，也可在墙面上打孔置入金属或塑料胀管螺栓。壁灯底台固定螺丝一般不少于 2 个。体积小、重量轻、平衡性较好的壁灯可以用 1 个螺栓，采取挂式安装。在直径较小的柱子上安装时，也可以在柱子上预埋金属构件或用抱箍将金属构件固定在柱子上，然后固定灯具。

③壁灯安装高度一般为灯具中心距地面 2.2m 左右；床头壁灯以 1.2 ~ 1.4m 高度较适宜。壁灯安装如图 5.4-57 所示。

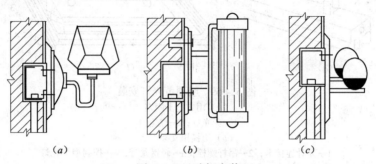

图 5.4-57 壁灯安装
(a) 利用灯位和螺孔固定灯具；(b) 用胀管螺栓固定灯具；
(c) 用 1 个螺栓将灯具悬挂固定

(4) 荧光灯的安装

荧光灯（日光灯）的安装方式有吸顶、吊链和吊管三种。安装时应按电路图正确接线；开关应装在镇流器侧；镇流器、启辉器、电容器要相互匹配。

①荧光灯电路的组成

荧光灯（日光灯）电路由三个主要部分组成：灯管、镇流器和启辉器，如图 5.4-58 所示。

②荧光灯的安装

荧光灯的安装工艺主要有两种。一种是吸顶式安装，另一种是吊链式安装。

(A) 吸顶荧光灯的安装：

根据设计图确定出荧光灯的位置，将荧光灯贴紧建筑物表面，荧光灯的灯架应完全遮盖住灯头盒，对着灯头盒的位置打好进线孔，将

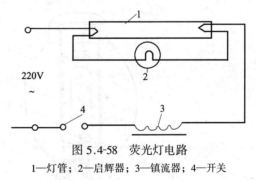

图 5.4-58 荧光灯电路
1—灯管；2—启辉器；3—镇流器；4—开关

电源线甩入灯架，在进线孔处应套上塑料管以保护导线。找好灯头盒螺孔的位置，在灯架的底板上用电钻打好孔，用机螺丝拧牢固。在灯架的另一端应使用胀管螺栓加以固定。如果荧光灯是安装在吊顶上的，应该将灯架固定在龙骨上。灯架固定好后，将电源线压入灯架内的端子板上。把灯具的反光板固定在灯架上，并将灯架调整顺直，最后把荧光灯管装好，如图 5.4-59 所示。

(B) 吊链荧光灯的安装：

在建筑物顶棚上安装好的塑料（木）台上，根据灯具的安装高度，将吊链编号挂在灯

架挂钩上，并且将导线编叉在吊链内，并引入灯架，在灯架的进线孔处应套上软塑料管以保护导线，压入灯架内的端子板内。将灯具导线和灯头盒中甩出的导线连接，并用绝缘胶布分层包扎紧密，理顺接头扣于塑料（木）台上的法兰盘内，法兰盘（吊盒）的中心应与塑料（木）台的中心对正，用木螺丝将其拧牢。将灯具的反光板用机螺丝固定在灯架上。最后，调整好灯脚，将灯管装好。

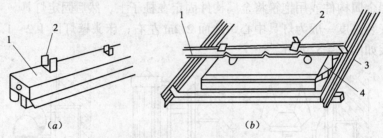

图 5.4-59　吸顶荧光灯安装
(a) 用方抱卡固定
1—荧光灯；2—方抱卡
(b) 用横担支架固定
1—龙骨连接卡；2—吊杆螺栓；3—轻钢龙骨；4—控制型荧光灯

(5) 高压水银灯的安装

高压水银灯又称高压汞灯，是一种较新型的电光源。它的主要优点是发光效率较高、寿命长、省电、耐振。广泛应用于街道、广场、车间、工厂等场所的照明。

①高压水银灯的构造：

高压水银灯的主要部件有灯头、石英放电管和玻璃外壳，玻璃外壳的内壁涂有荧光粉。石英放电管抽真空后，充有一定量的汞和少量的氩气。管内封装有钨制的主电极 E_1、E_2 和辅助电极 E_3，如图 5.4-60 所示。工作时管内的压力可升高至 $0.2 \sim 0.6 MPa$，因此称高压汞灯。

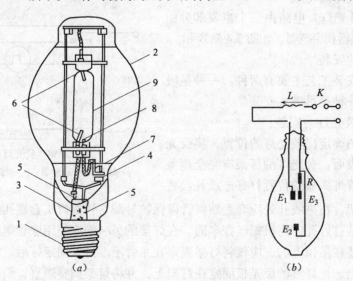

图 5.4-60　高压水银灯
(a) 高压水银灯的构造；(b) 高压水银灯工作电路图
1—灯头；2—玻璃壳；3—抽气管；4—支架；5—导线；
6—主电极 E_1、E_2；7—启动电阻；8—辅助电极 E_3；9—石英放电管

②高压水银灯的安装：

高压水银灯应垂直安装。因为水平安装时，光通量减少约70%，而且容易自熄灭。镇流器应安装在灯具附近人体接触不到的地方，并应在镇流器上覆盖保护物。高压水银灯功率在125W以下应配用E_{29}型瓷质灯座；功率在175W及以上应配用E_{40}型瓷质灯座。外镇流型高压水银灯安装时，一定要使镇流器与灯泡相匹配，否则，会烧坏灯泡。

③特点及使用注意事项：

（A）电压偏移对高压水银灯的正常工作影响较大，当电压突然降低超过额定电压5%时，灯泡可能会自行熄灭。所以在电路中接有电动机时，应考虑电动机启动时电压波动的影响。另外，电压变化对其光通量也有较大影响，电压增高，光通量增加；反之，光通量减少。

（B）高压水银灯寿命可达5000h以上，但频繁开关对寿命有影响。另外，由于启动时间和再启动时间长，所以高压水银灯不能用作应急照明和要求迅速点燃的场所。

（C）高压水银灯玻璃外壳的温度高，灯泡的玻璃外壳破损后，仍能点亮，但大量紫外线射出，会灼伤人眼和皮肤。

（6）碘钨灯安装

应按产品要求及电路图正确接线和安装。碘钨灯是卤钨灯系列的一种，是一种新型的热辐射光源。它是在白炽灯的基础上改进而来的，与白炽灯相比，卤钨灯系列有以下特点：体积小、光通量稳定、光效高、光色好、寿命长。

①碘钨灯的构造：

碘钨灯主要有电极、灯丝和石英灯管组成。管内抽真空后充以微量的碘蒸气和氩气。由于灯管尺寸小，机械强度高，充入的惰性气体压力较高，这样大大抑制了灯丝的挥发，所以其使用寿命较长。

②碘钨灯的安装：

安装碘钨灯，要求灯管装在配套的灯架上，如图5.4-61所示。灯架距可燃物的净距不得小于1m，离地垂直高度不宜少于6m。并且必须使灯管保持水平，其水平线偏离应小于±4°，否则将会严重缩短灯管寿命。灯管温度约250℃，室外安装应有防雨措施。

③特点及使用注意事项：

（A）由于灯丝温度高，碘钨灯比白炽灯辐射的紫外线要多。

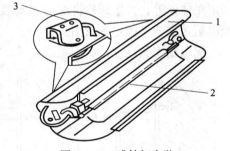

图5.4-61　碘钨灯安装
1—配套灯架；2—灯管；3—接线桩

（B）灯管关闭温度高达600℃左右，故不能与易燃物接近，也不允许用任何人工冷却。

（C）碘钨灯耐振性差，不应在有振动的场所使用，也不能作移动式局部照明。

（D）碘钨灯要配用专用的照明灯具。

（E）碘钨灯功率在1000W以上时，应使用胶盖瓷底刀开关。

照明配电箱的安装：

照明配电箱有标准和非标准型两种。标准配电箱可向生产厂家直接订购或在市场上直接购买，非标准配电箱可自行制作。照明配电箱的安装方式有明装、嵌入式暗装和落地式安装。下面就配电箱安装的要求及三种安装方法的实施作简单介绍。

照明配电箱安装要求如下。

①在配电箱内，有交、直流或不同电压时，应有明显的标志或分设在单独的板面上。

②导线引出板面，均应套设绝缘管。

③配电箱安装垂直偏差不应大于3mm。暗设时，其面板四周边缘应紧贴墙面，箱体与建筑物接触的部分应刷防腐漆。

④照明配电箱安装高度，底边距地面一般为1.5m；配电板安装高度，底边距地面不应小于1.8m。

⑤三相四线制供电的照明工程，其各相负荷应均匀分配。

⑥配电箱内装设的螺旋式熔断器（RL1），其电源线应接在中间触点的端子上，负荷线接在螺纹的端子上。

⑦配电箱上应标明用电回路名称。

(1) 悬挂式配电箱的安装

悬挂式配电箱可安装在墙上或柱子上。直接安装在墙上时，应先埋设固定螺栓，固定螺栓的规格和间距应根据配电箱的型号和重量以及安装尺寸决定。螺栓长度应为埋设深度（一般为120~150mm）加箱壁厚度以及螺帽和垫圈的厚度，再加上3~5扣螺纹的余量长度。

悬挂式配电箱安装如图5.4-62所示。

施工时，先量好配电箱安装口尺寸，在墙上划好孔位，然后打洞，埋设螺栓（或用金属膨胀螺栓）。待填充的混凝土牢固后，即可安装配电箱。安装配电箱时，要用水平尺校正其水平度，同时要校正其安装的垂直度。

配电箱安装在支架上时，应先将支架加工好，然后将支架埋设固定在墙上，或用抱箍固定在柱子上，再用螺栓将配电箱安装在支架上，并进行水平和垂直调整。图5.4-63为配电箱在支架上固定示意图。

配电箱安装高度按施工图纸要求。配电箱上回路名称也按设计图纸给予标明。

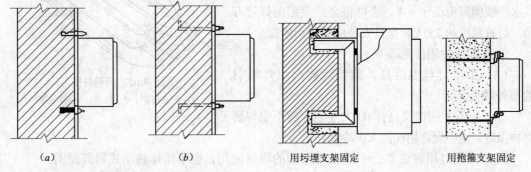

（a）　　　　　（b）　　　　　用坆埋支架固定　　用抱箍支架固定
图5.4-62　悬挂式配电箱安装　　　　　图5.4-63　支架固定配电箱
（a）墙上胀管螺栓安装；（b）墙上螺栓安装

(2) 嵌入式配电箱的安装

嵌入式暗装配电箱的安装，通常是按设计指定的位置，在土建砌墙时先把配电箱底预埋在墙内。预埋前应将箱体与墙体接触部分刷防腐漆，按需要砸下敲落孔压片，有贴脸的配电箱，把贴脸卸掉。一般当主体工程砌至安装高度时，就可以预埋配电箱，配电箱应加钢筋过梁，避免安装后变形，配电箱底应保持水平和垂直，应根据箱体的结构形式和墙面装饰厚度来确定突出墙体的尺寸。预埋时应做好线管与箱体的连接固定，箱内配电盘安装前，应先清除杂物，补齐护帽，零线要经零线端子连接。配电盘安装后，应接好接地线。照明配电箱安装高度按施工图样要求，配电板的安装高度，一般底边距地面不应小于1.8mm。安装的垂直误差不大于3mm。

当墙壁的厚度不能满足嵌入式要求式，可采用半嵌入式安装，使配电箱的箱体一半在墙面外，一半嵌入墙内，其安装方法与嵌入式相同。

（3）配电箱的落地式安装

配电箱落地安装时，在安装前先要预制一个高出地面一定高度的混凝土空心台，如图5.4-64所示。这样可使进出线方便，不易进水，保证运行安全。进入配电箱的钢管应排列整齐，管口高出基础面50mm以上。

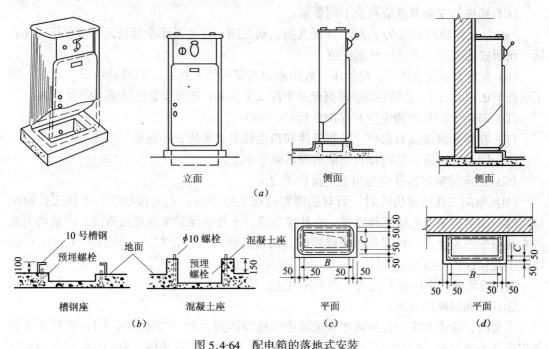

图 5.4-64　配电箱的落地式安装
（a）安装示意图；（b）配电箱基座示意图；（c）独立式安装；（d）靠墙面安装

开关、插座及吊扇的安装：

（1）开关和插座的安装

开关的作用是接通或断开照明灯具电源的器件。根据安装形式分为明装式和暗装式两种。明装式有扳把开关；暗装式多采用扳把开关或跷板式开关。插座的作用是为移动式电器和设备提供电源。有单相三极三孔插座、三相四极四孔插座等种类。开关、插座安装必须牢固，接线要正确，容量要合适。它们是电路的重要设备，直接关系到安全用电和供电。

①开关安装的要求：

（A）同一场所开关的切断位置应一致，操作应灵活可靠，接点应接触良好。

（B）开关安装位置应便于操作，各种开关距地面一般为1.3m，距门框为0.15～0.2m。

（C）成排安装的开关高度应一致，高低差不大于 2mm。

（D）电器、灯具的相线应经开关控制，民用住宅禁止装设床头开关。

（E）跷板开关的盖板应端正严密，紧贴墙面。

（F）在多尘、潮湿场所和户外应用防水拉线开关或加装保护箱。

（G）在易燃、易爆场所，开关一般应装在其他场所控制，或用防爆型开关。

（H）明装开关应安装在符合规格的圆木或方木上。

②插座安装的要求：

（A）交、直流或不同电压的插座应分别采用不同的形式，并有明显标志，且其插头与插座均不能互相插入。

（B）单相电源一般应用单相三极三孔插座，三相电源就用三相四极四孔插座，在室内不导电地面可用两孔或三孔插座，禁止使用等边的圆孔插座。

（C）插座的安装高度应符合下列要求。

（a）一般距地面高度为 1.3m，在托儿所、幼儿园、住宅及小学等场所不应低于 1.8m，同一场所安装的插座高度应尽量一致。

（b）车间及试验室的明、暗插座一般距地面高度不低于 0.3m，特殊场所暗装插座一般不应低于 0.15m，同一室安装的插座高低差不应大于 5mm，成排安装的插座不应大于 2mm。

（D）舞台上的落地插座应有保护盖板。

（E）在特别潮湿及有易燃、易爆气体和粉尘较多的场所，不应装设插座。

（F）明装插座应安装在符合规格的圆木或方木上。

（G）插座的额定容量应与用电负荷相适应。

（H）单向二孔插座接线时，面对插座左孔接工作零线，右孔接相线；单相三孔插座接线时，面对插座左孔接工作零线，右孔接相线，上孔接保护零线或接地线，严禁将上孔与左孔用导线相连；三相四孔插座接线时，面对插座左、下、右三孔分别接 A、B、C 相线，上孔接保护零线或接地线。

（I）暗装的插座应有专用盒、盖板应端正、紧贴墙面。

③开关和插座的安装：

明装时，应先在定位处预埋木榫或膨胀螺栓以固定木台（方木或圆木），然后在木台上安装开关或插座。暗装时，应设有专用接线盒，一般是先行预埋，再用水泥砂浆填充抹平，接线盒口应与墙面粉刷层平齐，等穿线完毕后再安装开关或插座，其盖板或面板应端正，紧贴墙面。

安装开关的一般方法如图 5.4-65 所示。所有开关均应串接在电源的相线上。各只跷板开关的通端位置应一致（跷板上面凸出为开灯）。

安装方法与开关安装方法基本相似。接线必须符合规定，不能乱接。例如一般规定单相三孔插座接线时，应面对插座左孔接零线，右孔接相线，上孔接保护零线或接地。三相四孔插座面对插座左口接 A 相、下孔接 B 相、右孔接 C 相、上孔接保护零线或接地。

（2）吊扇的安装

吊扇安装需在土建施工中预埋吊钩。吊钩的选择和安装很重要，造成电扇坠落的事故，往往是由于吊钩选择不当或安装不牢引起的。

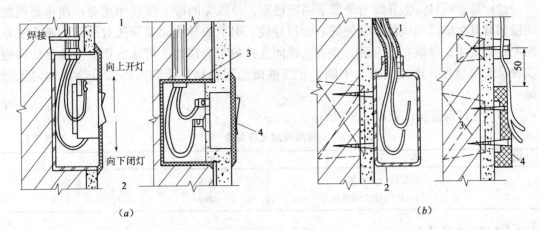

图 5.4-65　开关和插座的安装
(a) 暗装扳把开关
1—接线盒；2—开关板；3—塑料盒；4—开关
(b) 明管开关或插座
1—钢管；2—明开关盒；3—木砖；4—木台

①对吊钩的要求：

（A）吊钩应能可靠承受吊扇重量，吊扇的中心和吊钩垂直部分要在同一直线上，如图 5.4-66 所示。

（B）吊钩伸出建筑物的长度应以盖上电扇吊杆上护罩后能将整个吊钩全部罩住为宜。

（C）现场弯制的吊钩，其直径不应小于吊扇悬挂销钉的直径，且不得小于 10mm。

（D）预埋混凝土中的挂钩应与主筋相焊接。如无条件焊接时，可将挂钩末端部分弯曲后与主筋绑扎，固定牢固。

②吊扇安装：

（A）扇叶距地面高度不应低于 2.5m。

（B）吊杆上的悬挂销钉必须装设防振橡皮垫及防松装置。

（C）吊扇组装时，应符合下列要求。

（a）严禁改变扇叶角度。

（b）扇叶的固定螺钉应有防松装置。

（D）接线正确，运转时扇叶不应有显著颤动。

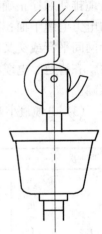

图 5.4-66　吊钩弯制尺寸和安装要求

课题 5　质 量 标 准

5.5.1　架空导线架设工程

（1）保证项目：①金具的规格、型号、质量必须符合设计要求。高压绝缘子的交流耐压试验结果必须符合施工规范规定。②高压瓷件表面严禁有裂纹、缺损、瓷釉烧坏等缺陷。重点检查承力杆上的绝缘子。③导线连接必须紧密、牢固，连接处严禁有断股和损伤；导线的接续管在压接或校直后严禁有裂纹。

223

（2）基本项目：①导线与绝缘子固定可靠，导线无断股、扭绞和死弯；超量磨损的线段和有其他缺陷的线段修复完好。②过导线、引下线导线间及导线对地间的最小安全距离符合要求；导线布置合理、整齐，线间连接的走向清楚，辨认方便。③线路的接地线敷设走向合理，连接紧密、牢固，导线截面选用正确，需防腐的部分涂漆均匀无遗漏。

（3）允许偏差项目如表 5.5-1 所示。

导线弛度允许偏差 表 5.5-1

项 次	项 目	允 许 偏 差	检 查 方 法
1	实际与设计值差	5%	尺量检查
2	同一档内导线间弛度差	50mm	

5.5.2 电缆敷设工程

（1）保证项目：①电缆的耐压试验结果、泄漏电流和绝缘电阻必须符合施工规范规定。②电缆敷设必须符合以下规定：电缆严禁有绞拧、铠装压扁、护层断裂和表面严重划伤等缺陷，直埋敷设时，严禁在管道上面或下面平行敷设。

（2）基本项目：①坐标和标高正确，排列整齐，标志柱和标志牌设置准确；防燃、隔热和防腐要求的电缆保护措施完整。②在支架上敷设时，固定可靠，同一侧支架上的电缆排列顺序正确，控制电缆在电力电缆下面，1kV 及其以下电力电缆应放在 1kV 以上的电力电缆下面；直埋电缆埋设深度、回填土要求、保护措施以及电缆间和电缆与地下管网间平行或交叉的最小距离均应符合施工规范规定。③电缆转弯和分支处不紊乱，走向整齐清楚、电缆标志桩、标志牌清晰齐全，直埋电缆的隐蔽工程记录及坐标图齐全、准确。

（3）电缆最小弯曲半径和检验方法应符合表 5.5-2 的规定。

电缆最小弯曲半径及检验方法 表 5.5-2

项 次	项 目			弯 曲 半 径	检 验 方 法
1	电缆最小允许弯曲半径	油浸纸绝缘电力电缆	单 芯	$\geq 20d$	尺量检查
			多 芯	$\geq 15d$	
		橡皮绝缘电力电缆	橡皮或聚氯乙烯护套	$\geq 10d$	
			裸 铅 护 套	$\geq 15d$	尺量检查
			铅护套钢带铠装	$\geq 20d$	
		塑料绝缘电力电缆		$\geq 10d$	
		控 制 电 缆		$\geq 10d$	

注：d 为电缆外径

5.5.3 钢管敷设工程

（1）保证项目：①导线间和导线对地间的绝缘电阻值必须大于 0.5MΩ。②薄壁钢管严禁熔焊连接。

（2）基本项目：①连接紧密，管口光滑，护口齐全，明配管及其支架、吊架应平直牢固、排列整齐，管子弯曲处无明显折皱，油漆防腐完整，暗配管保护层大于 15mm。②盒、箱设置正确，固定可靠，管子进入盒、箱处顺直，在盒、箱内露出的长度小于 5mm；用锁紧螺母固定的管口，管子露出锁紧螺母的螺纹为 2~4 扣。线路进入电气设备和器具的管口位置正确。③管路的保护应符合以下规定：穿过变形缝处有补偿装置，补偿装置能活动自如；穿过建筑物和设备基础处加保护套管。补偿装置平整，管口光滑，护口牢固，与管子连接可靠；加保护套管处在隐蔽工程记录中标示正确。④金属电线保护管、盒、箱及支架接地。电器设备器具和非带电金属部件的接地，支线敷设应符合以下规定：连接紧密牢固，接地线截面选用正确，需防腐的部分涂漆均匀无遗漏，线路走向合理，色标准确，涂刷后不污染设备和建筑物。

（3）允许偏差项目：电线管弯曲半径、明敷管安装允许偏差和检查方法应符合表 5.5-3 的规定。

保护管弯曲半径、明配管安装允许偏差和检查方法　　　　表 5.5-3

项次	项		目	弯曲半径或允许偏差	检查方法
1	管子最小弯曲半径	暗 配 管		≥6D	尺量检查及检查安装记录
		明配管	管子只有一个弯	≥4D	
			管子有两个弯及以上	≥6D	
2	管子弯曲处的弯扁度			≤0.1D	尺量检查
3	明配管固定点间距	管子直径（mm）	15~20	30mm	尺量检查
			25~30	40mm	
			40~50	50mm	
			65~100	60mm	
4	明配管水平、垂直敷设任意 2m 段内	平 直 度		3mm	拉线，尺量检查
		垂 直 度		3mm	吊线，尺量检查

5.5.4　硬质阻燃塑料管（PVC）管明敷设工程

（1）保证项目：塑料管材质其氧指数应达到 35% 以上。塑料管不得在室外高温和易受机械损伤的场所明敷设。

（2）基本项目：①管路连接时，使用胶粘剂连接紧密、牢固；配管及其支架、吊架应平直、牢固、排列整齐；管子弯曲处，无明显折皱、凹扁现象。②盒箱设置正确，固定可靠，管子插入盒、箱时应用胶粘剂，粘结严密、牢固，采用端接头与内锁母时，应控紧盒壁不松动。③管路保护应符合以下规定：穿过变形缝处有补偿装置，补偿装置能活动自如；穿过建筑物和设备基础处，应加保护管；补偿装置平正，管口光滑，内锁母与管子连接可靠；加套保护管在隐蔽工程记录中标示正确。

（3）允许偏差项目：硬质塑料管（PVC）弯曲半径安装的允许偏差和检验方法应符合表 5.5-4 的规定。

5.5.5　塑料阻燃型可挠（波纹）管敷设工程

（1）保证项目：波纹管的材质及适用场所必须符合设计要求和施工规范规定。

（2）基本项目：①管路连接紧密，管口光滑，保护层大于 15mm。检验方法：观察、尺量检查和检查隐蔽工程记录。②盒、箱设置正确，固定可靠，管子进入盒、箱处顺直，在盒、箱内露出的长度应小于 5mm。检验方法：观察、尺量检查。③管路穿过变形缝处有补偿装置，补偿装置能活动自如。

（3）允许偏差项目：管路敷设及盒、箱安装允许偏差，如表 5.5-5 所示。

硬质塑料管（PVC）安装保护管弯曲半径允许偏差和检验方法 表 5.5-4

项次	项	目		弯曲半径或允许偏差	检查方法
1	管子最小弯曲半径	暗 配 管		≥6D	尺量检查及检查安装记录
		明配管	管子只有一个弯	≥4D	
			管子有两个弯及以上	≥6D	
2	管子弯曲处的弯扁度			≤0.1D	尺量检查
3	明配管固定点间距	管子直径（mm）	15～20	30mm	尺量检查
			25～30	40mm	
			40～50	50mm	
			65～100	60mm	
4	明配管水平、垂直敷设任意 2m 段内	平 直 度		3mm	拉线，尺量检查
		垂 直 度		3mm	吊线，尺量检查

注：D 为管子外径。

管路辐射及盒、箱安装允许偏差 表 5.5-5

项次	项	目	允许偏差	检 验 方 法
1	管子最小弯曲半径		≥6D	尺量检查及检查安装记录
2	管子弯曲处的弯扁度		≤0.1D	尺量检查
3	箱垂直度	高 50cm 以下	1.5mm	吊线、尺量检查
		高 50cm 以上	3mm	
4	箱 高 度		5mm	尺量检查
5	盒垂直度		0.5mm	吊线、尺量检查
6	盒 高 度	并列安装高差	0.5mm	尺量检查
		同一场所高差	5mm	
7	盒、箱凹进墙面深度		10mm	尺量检查

注：D 为管子外径。

5.5.6 金属线槽配线安装工程

（1）保证项目：①导线及金属线槽的规格必须符合设计要求和有关规范规定。②导线之间和导线对地之间的绝缘电阻值必须大于 0.5MΩ。

（2）基本项目：①线槽敷设：线槽应紧贴建筑物表面，固定牢靠，横平竖直，布置合理，盖板无翘角，接口严密整齐，拐角、转角、丁字连接、转弯连接正确严实，线槽内外无污染。②支架与吊架安装：可用金属膨胀螺栓固定或焊接支架与吊架，也可采用万能卡具固定线槽，支架与吊架应布置合理、固定牢固、平整。③线路保护：线路穿过梁、墙、楼板等处时，线槽不应被抹死在建筑物上；跨越建筑物变形缝处的线槽底板应断开，导线和保护地线均应留有补偿余量；线槽与电气器具连接严密，导线无外露现象。④导线的连接：连接牢固、包扎严密、绝缘良好，不伤线芯，接头应设置在器具或接线盒内，线槽内无接头。

（3）允许偏差项目：线槽水平或垂直敷设直线部分的平直度和垂直度允许偏差不应超

过 5mm。

5.5.7 钢索配管配线工程

（1）保证项目：①钢索终端拉环必须牢固、拉紧、调节装置齐全；钢索端头要用专用金具卡牢，其数量不得少于两个，并且用金属线绑扎牢固。②钢索及金属管、吊架必须做有明显可靠的保护接地，中间的花篮螺丝和金属盒的两端应做跨接地线。③导线之间和导线对地之间的绝缘电阻值必须大于 0.5MΩ。

（2）基本项目：①钢索的中间固定应符合以下规定：中间固定点的间距不大于 12m；吊钩将钢索固定牢固，吊杆或其他支持点受力正常；吊杆不歪斜，油漆完整。吊点均匀，钢索表面整洁，镀锌钢索无锈蚀，固定点间距相同，钢索的弛度一致。②导线敷设应横平竖直，不应有扭绞、死弯和绝缘层损坏等缺陷。跨越建筑物变形缝时，导线应留有补偿余量，护套线与导线穿越梁、墙、楼板等处时应加穿保护管。③瓷柱（珠）应清洁完整、无裂纹、破损的现象，安装时不能颠倒。

（3）允许偏差项目：钢索配管配线的允许偏差和检验方法应符合表 5.5-6 的规定。

钢索配管配线的允许偏差 表 5.5-6

项 次	项 目		允许偏差（mm）	检验方法
1	各种配管、配线支持间的距离	钢管配线	30	尺量检查
2		硬塑料管配线	20	
3		塑料护套线配线	5	
4		瓷柱配线	30	

5.5.8 灯具、吊扇安装工程

（1）保证项目：①灯具、吊扇的规格、型号及使用场所必须符合设计要求和施工规范的规定。②吊扇和 3kg 以上的灯具，必须预埋吊钩或螺栓，预埋件必须牢固可靠。③低于 2.4m 以下的灯具的金属外壳部分应做好接地或接零保护。④吊扇的放松装置齐全可靠，扇叶距地不应小于 2.5m。

（2）基本项目：①灯具、吊扇的安装：灯具、吊扇安装牢固端正，位置正确，灯具安装在木台的中心。器具清洁干净，吊杆垂直，吊链日光灯的双链平行、平灯口，马路弯灯、防爆弯管灯固定可靠，排列整齐。②导线与灯具、吊扇的连接：导线进入灯具、吊扇处的绝缘保护良好，留有适当余量。连接牢固紧密，不伤线芯。压板连接时压紧无松动，螺栓连接时，在同一端子上导线不超过两根，吊扇的防松垫圈等配件齐全。吊链灯的引下线整齐美观。

（3）允许偏差项目：器具成排安装的中心线允许偏差 5mm。

5.5.9 配电箱（盘）安装工程

（1）保证项目：器具的接地（接零）保护措施和其他安全要求必须符合施工规范规定。

（2）基本项目：①配电箱安装应符合以下规定：位置正确，部件齐全，箱体开孔合适，切口整齐。暗式配电箱盖紧贴墙面；零线经汇流排（零线端子）连接，无绞接现象；油漆完整，盘内外清洁，箱盖、开关、灵活，回路编号齐全，结线整齐，PE 线安装明显牢固。②导线与器具连接应符合以下规定：（A）连接牢固紧密，不伤线芯。压板连接时压紧无松动；螺栓连接时，在同一端子上导线不超过两根，防松垫圈等配件齐全。（B）电气设备、器具和非电金属部件的接地（接零）支线敷设应符合以下规定：连接紧密、牢固，接地（接零）线截面选用正确，需防腐的部分涂漆均匀无遗漏。线路走向合理，色标准确，涂刷后不污染设备和建筑物。

（3）允许偏差：配电箱（盘）体高50mm以下，允许偏差1.5mm。配电箱（盘）体高50mm以上，允许偏差3mm。

5.5.10　开关、插座安装工程

（1）保证项目：插座的接地（零）保护措施必须符合施工验收规范的有关规定。

（2）基本项目：①开关、插座的安装位置正确。盒子内清洁，无杂物，表面清洁、不变形，盖板紧贴建筑物的表面。②开关切断相线。导线进入器具处绝缘良好，不伤线芯。插座的接地线单独敷设，不允许与工作零线混用。

（3）允许偏差项目：①明装开关，插座的地板和暗装开关、插座的面板并列安装时，开关，插座的高度差允许为0.5mm。②同一场所的高度差为5mm。③面板的垂直允许偏差0.5mm。

实 操 训 练

实训1　普通照明器具安装操作

（1）题目和要求：

①在室内屋顶安装两套荧光灯可用护套线走明线，要求两个灯分别控制。

②在室内墙上安装两个壁灯，其中一个靠近门，可用护套线走明线，要求两个灯分别控制。

（2）工具：

电工常用工具、万用表、人字梯。

（3）材料：

荧光灯2套、壁灯2套、单联跷板式开关4个，双联跷板式开关1个，软导线、护套线若干，木（塑料）台5个，电工辅料若干。

实训2　7胶铜芯线的直连接

（1）要求：根据书中图示方法进行操作。

（2）工具和材料：

①常用电工手工工具。

②BV7/1.35导线若干。

③绝缘带。

复习思考题

1.电工安全作业有哪些内容？

2. 配电箱根据其用途和功能可分为几级？

3. 架空线与其他物体的间距是如何规定的？

4. 地下敷设电缆时应注意什么？

5. 采用扁钢作为吊架，应符合哪些要求？

6. 请简述出测电笔的使用方法及剥线钳、斜口钳、钢丝钳的用途。

7. 导线连接的基本要求？

8. 7股芯线有哪些连接方法，分别是什么？

9. 铝芯导线有哪些连接方法，分别用于什么场合？

10. 常用的接线柱有几种方式？

11. 室内配线的基本原则和要求是什么？

12. 简述明配管、暗配管的施工有哪些规定？

13. 钢管的连接通常采用什么方法？

14. 简述普利卡金属套管敷设的方法及要求？

15. 钢索配线适用与什么场合？

16. 吊灯安装有哪些工艺方法？

17. 吸顶灯安装有哪些工艺方法？

18. 照明配电箱的安装要求是什么？

19. 开关插座的安装要求是什么？

20. 吊扇安装有哪些注意事项？

参 考 文 献

1. 机械电子工业部统编. 管道工基本操作技能. 北京: 机械工业出版社, 1992
2. 张学助, 张朝晖编著. 通风空调工长手册. 北京: 中国建筑工业出版社, 1998
3. 全国建设职业教育教材编委会. 电气安装实际操作. 北京: 中国建筑工业出版社, 2000
4. 北京城建科技促进会等编. 建筑安装分项工程施工工艺规程. 北京: 中国市场出版社, 2004
5. 韩永学主编. 建筑电气施工技术. 北京: 中国建筑工业出版社, 2004
6. 李公藩编著. 塑料管道施工. 北京: 中国建材工业出版社, 2001